인류는 어떻게 기후에 영향을 미치게 되었는가

PLOWS, PLAGUES, AND PETROLEUM

인류는 어떻게 기후에 영향을 미치게 되었는가

초판 1쇄 인쇄일 2017년 6월 22일   초판 1쇄 발행일 2017년 6월 27일

지은이 윌리엄 F. 러디먼 | 옮긴이 김홍옥
펴낸이 박재환 | 편집 유은재 | 관리 조영란
펴낸곳 에코리브르 | 주소 서울시 마포구 동교로 15길 34 3층(04003) | 전화 702-2530 | 팩스 702-2532
이메일 ecolivres@hanmail.net | 블로그 http://blog.naver.com/ecolivres
출판등록 2001년 5월 7일 제10-2147호
종이 세종페이퍼 | 인쇄 · 제본 상지사 P&B

ISBN 978-89-6263-160-9 93400

책값은 뒤표지에 있습니다.   잘못된 책은 구입한 곳에서 바꿔드립니다.

인류는 어떻게

기후에 영향을

미치게 되었는가

윌리엄 F. 러디먼 지음 | 김홍옥 옮김

에코리브르

아내 진저, 그리고 알리샤와 더스틴에게

차례

△▽△▽△▽

표와 그림 목록

표

그림

1970년대 대기오염방지법이 통과되자 하강곡선을 그리고 있음을 보여준다.

머리말
△▽△▽△

이 책을 집필하기 위해 연구에 착수한 것은 컬럼비아 대학 라몽-도허티 지구관측소(Lamont-Doherty Earth Observatory)에서 근무하다가 버지니아 대학 환경과학과 교수로 자리를 옮긴 뒤였다. 나는 학부생 조너선 톰슨 (Jonathan Thomson)을 지도하면서, 과거에 나를 당혹스럽게 만든 수수께끼를 풀기 위한 한 학기간의 연구 프로젝트에 그가 관심을 보이도록 이끌었다. 그 수수께끼는 다름 아니라 자연의 메탄 통제와 관련해 내가 알고 있는 지식을 총동원했을 때 대기중의 메탄 농도가 떨어져야 마땅했을 지난 5000년 동안 그 농도가 되레 증가했다는 사실이었다. 우리는 2001년 메탄과 관련한 비정상적인 추세는 인간 활동 탓임을 밝힌 공동논문을 동료 심사 학술지에 발표했다.

　2001년 초 은퇴한 뒤, 집에서 그와 비슷한 수수께끼를 푸는 일에 매달렸다. 지난 8000년 동안 자연적인 요소들에 비추어볼 때 역시 이산화탄소 농도가 떨어지리라 예측되었는데도 그 농도가 오히려 증가한 사실에 관한 것이었다. 2003년, 나는 초기인류의 활동이 기후에 영향을 끼친다는 가설을 간추린 논문을 발표함과 동시에, 샌프란시스코에서 열린 미국 지구물리학회(American Geophysical Union, AGU) 연례회의에서 그와 관련한 강연을 했다. 최근에는 과거보다 한층 더 불어난 대학의 청중들 앞에서 강연을 하기도 했다. 사람들은 내 가설에 흥미를 보였고 자극을 받기도 했지만, 과학에서는 과격할 정도로 새로운 생각이 그리 빨리 수용되지는 않는 법이다. 과학계는 여전히 어떻게 반응할지 신중을 기하고 있으며, 내 가설에 따른 최종판단은 유보되어 있다.

이 책의 골자를 이루는 탐구작업은 40년간 기후과학 분야에 몸담아온 내 경험에서 비롯된 것이므로, 내 가설이나 이 책과 관련한 이들 모두에게 감사를 표하자면 끝이 없을 것이다. 다만 몇몇 사람들만큼은 특별히 언급해야 마땅하다. 무엇보다 클라이맵(CLIMAP: Climate: Long range Investigation, Mapping and Prediction의 약자로, 1970~1980년대에 마지막 최대 빙하기의 기후조건을 지도화하기 위해 가동된 조사 프로젝트─옮긴이) 그룹과 작업하면서 지구 궤도 변화가 지구 기후에 미치는 영향을 이해할 수 있었다. 그 그룹에서 존 임브리(John Imbrie)는 귀감이 될 만한 존재였으며, 닉 섀클턴(Nick Shackleton)과 짐 헤이스(Jim Hays)도 핵심적인 구성원이었다. 빙상과 열대몬순이 기후에 미치는 영향에 관해서는 코맵(COHMAP: The Cooperative Holocene Mapping Project─옮긴이) 그룹과 작업하면서 이해를 넓혔다. 코맵에는 훌륭한 '선생님'인 존 쿠츠바흐(John Kutzbach)와 주요 구성원 톰 웹(Tom Webb), 허브 라이트(Herb Wright), 얼레인 스트리트 퍼롯(Alayne Street-Perrott)이 포진해 있었다. 존 쿠츠바흐와 함께 티베트 고원의 융기가 기후에 미친 영향을 연구하면서 기후 모델의 유용성과 한계를 깨달았다. 동료 앤드루 매킨타이어(Andrew McIntyre), 과거에 내가 지도한 대학원생 앨런 믹스(Alan Mix), 네드 포크라스(Ned Pokras), 글렌 존스(Glenn Jones), 모린 레이모(Maureen Raymo), 그리고 피터 디메노컬(Peter deMenocal)과 공동작업을 하면서 지식의 지평이 한층 넓어졌다. 최근 몇 년간 수많은 이들과 토론을 벌이고 그들의 출판물을 접하면서 기후사와 인류사의 여러 측면에 대해 이해의 폭이 확장되었다. 그 가운데 앙드레 베르쥐(Andre Berger), 월리 브로우커(Wally Broecker), 재레드 다이아몬드(Jared Diamond), 리처드 호튼(Richard Houghton), 마이크 만(Mike Mann), 닐 로버츠(Neil Roberts), 피터 탄스(Pieter Tans), 짐 화이트(Jim White), 마이클 윌리엄스(Michael Williams)는 특별히 언급하고 싶은 이들이다.

삽화를 그려준 밥 스미스(Bob Smith), 내가 집필한 교과서《지구의 기후(Earth's Climate)》에 실린 그림 몇 개를 고쳐 쓸 수 있도록 허락해준 W. H. 프리먼(W. H. Freeman), 그리고 출판계의 난맥상을 무사히 헤쳐나갈 수 있도록 이끌어준 잭 랩체크(Jack Repcheck)와 홀리 호더(Holly Hodder)에게 감사드린다. 잉그리드 널리크(Ingrid Gnerlich)는 이 원고가 프린스턴 대학 출판부의 검토 과정을 무난히 통과할 수 있도록 빼어난 기량을 발휘했다. 그 밖에 꼼꼼히 교열을 봐준 아니타 오브라이언(Anita O'Brien)과 출간 과정 전반을 지휘한 데일 코튼(Dale Cotton)에게도 감사드린다. TIAA/CREE 퇴직연금 덕택에 이 책이 세상에 나올 수 있었다.

1부

지구 기후를 통제하는 요인

∿∿∿∿

위성에서 바라본 지구의 모습을 떠올려보라. 푸른 바다가 행성 지구의 3분의 2 이상을 뒤덮고 있고, 나머지는 갈색과 녹색을 띤 육지다. 1.5킬로미터 두께의 하얀 빙상이 육지 일부분(남극대륙과 그린란드)을 뒤덮고 있다. 희끄무레한 해빙이 극지방의 대양 위로 1미터 두께의 빙모(ice cap)를 이루고 있는데, 남반구와 북반구에서 계절에 따라 정반대 리듬으로 오르내림을 되풀이한다. 그러니까 남반구의 해빙이 커지면 북반구의 해빙은 작아지는 식이다. 이 모든 것이 어지럽게 깔린 구름과 얇고 푸른 대기권에 에워싸여 있다. 〔얼음층은 크게 육지 기원 얼음층과 해양 기원 얼음층으로 구분할 수 있다. 먼저, 육지 기원 얼음층을 표현하는 용어에는 빙하, 빙상, 빙붕, 빙산 등이 있다. 빙하(glacier)는 눈이 오랫동안 쌓여 다져져 육지의 일부를 이루는 얼음층을 의미한다. 빙하 가운데 대륙의 드넓은 지역을 마치 침대를 덮은 시트(sheet, 床)처럼 뒤덮고 있는 거대한 얼음덩어리는 특별히 빙상(ice sheet)이라 일컫는다. 산악 지역에 조성된 그보다 규모가 작은 빙하는 산악빙하(alpine glacier)다. 빙붕(ice shelf)과 빙상(iceberg)은 빙하에서 파생된 것들로, 빙붕은 대륙의 가장자리에 붙어서 바다에 떠 있는 얼음덩어리고, 빙상은 육지의 빙하로부터 완전히 분리되어 해면을 표류하는 얼음덩어리다. 한편 해양 기원 얼음층에는 해빙(sea ice)이 있다. 바다에 떠 있다는 점에서는 빙산과 다를 바 없지만, 빙산은 그 기원을 육지 얼음층인 빙하에 두고 있는 반면, 해빙은 바닷물이 얼어서 형성된 얼음덩어리다—옮긴이.〕

자연적인 기후 시스템의 근원적이고도 광대한 부분과 비교해보면, 인간이 구축한 가장 커다란 구조물이라고 해봐야 지극히 하찮을뿐더러 육안으로는 잘 보이지도 않는다. 피라미드·댐·도로 따위는 고성능 망원경을 쓰지 않고서는 우주에서 볼 수가 없다. 밤의 어둠에 휩싸인 쪽 지구에서는 심지어 밝게 빛나는 도시들조차 불빛으로 이루어진 작은 섬처럼 보일 뿐이다.

이러한 관점에서 보자면, 인간이 이 같은 광대한 기후 시스템의 작용에 뭔가 유의미한 영향을 끼칠 수 있다는 말이 얼토당토않게 들린다. 인간이 대관절 무슨 수로 이 방대한 규모의 파랗거나 하얗거나 초록인 지대에 변화를 가할 수 있단 말인가? 하지만 실제로 우리 인간은 그렇게 하고 있다. 오늘날 믿을 만한 기후과학자들 가운데 인간이 지난 200년 동안 주로 대기중에 존재하는 이산화탄소와 메탄 같은 온실가스의 농도를 증가시켜서 지구 기후에 영향을 끼쳐왔음을 의심하는 이는 없다. 온실가스는 태양에 의해 달구어진 지구표면이 배출한 복사에너지를 가두는데, 지구 대기권이 보유한 이 여분의 열기가 지구 기후를 따뜻하게 만드는 것이다.

측정 결과 지난 세기에 온실가스와 지구 온도는 분명히 증가한 것으로 드러났다. 그러므로 이른바 지구 온난화 논쟁이란 인간이 정말로 기후를 따뜻하게 만들고 있는지, 혹은 우리가 향후 몇 십 년 동안 기후를 따뜻하게 만들 것인지 여부에 관한 것이 아니다. 우리가 지구 온도를 올리고 있으며, 앞으로 몇 십 년간 온실가스 농도를 증가시켜서 지구 온도를 더욱 높이리라는 것은 의심할 나위가 없는 사실이다.

진지하게 논의되어야 하는 것은 '온도가 얼마만큼 오를 것인가' 하는 문제뿐이다. 그러니까 우리가 지구 기후를 거의 눈치채지 못할 만큼 오직 약간만 따뜻하게 만들 것이냐, 아니면 가령 북극 주변을 뒤덮은 흰 해빙이 대부분 녹아 북극이 푸른 바다가 되는 식으로, 기후 시스템을 한층 더 광범위하게 변화시킬 것이냐 하는 문제다. 현재로서는 어느 누구도 '온도가 얼마만큼 오를 것인가' 하는 문제에 딱 부러진 답을 내놓지 못하고 있다.

지구 온난화 논쟁의 또 다른 측면은, 그렇다면 그러한 변화가 '좋으냐' '나쁘냐'이다. 이 질문에 대한 답은 다양할뿐더러 질문자의 가치관에 따라 저마다 달라진다. 세상은 복잡하고, 이 주제의 복잡다단함을 고려해보건대 좋다 나쁘다 중 어느 한 쪽 편만 드는 것은 적절치 않다. 그러나 이 책에서 다루는 내용은 대부분 오늘날처럼 불꽃 튀는 정치적 설전이나 방송 토론의 대상으로 떠올랐다가 몇 년 뒤 흐지부지 잊히는 문제에 관한 것이 아니다. 이 책이 주력하는 것은 우리가 과거로부터 무엇을 배울 수 있느냐이다.

인류와 인류의 조상들이 지구상에서 살았던 대부분의 시간 동안, 우리는 기후에 영향을 끼치지 않았다. 수적으로도 얼마 되지 않았을뿐더러 식량과 물을 찾아 쉴 새 없이 여기저기 옮겨 다닌 우리의 석기시대 선조들은 수백만 년 동안 지구 풍경에 영구적인 '발자국'을 남기지 않았다. 기나긴 지질시대에 걸쳐 기후는 주로 태양 주위를 도는 지구 궤도의 미세한 변화라는 자연적인 이유 탓에 달라졌다. 자연이 기후를 통제했다.

그러나 약 1만 2000년 전 농업이 도입된 뒤로 모든 것이 달라졌다. 이 지역 저 지역 떠돌아다니던 인류는 마침내 처음으로 작물을 기르는 논밭 옆에서 정착생활을 할 수 있었다. 그리고 점차 좀더 믿을 만한 작물과 가축을 섭취함으로써 영양상태가 좋아져 수렵-채집 생활을 하던 과거보다 인구가 훨씬 더 빠르게 증가하기 시작했다. 그 결과 인간 정착지가 늘어났고 인류는 육지의 점점 더 많은 지역에 영원히 지워지지 않는 '발자국'을 남겼다.

만약 농업이 시작된 이후의 지표면을 저속촬영 필름으로 보게 된다면, 지난 수천 년 동안 유라시아 남부 전역에서 미묘하지만 중요한 변화가 일어났음을 깨달을 것이다. 중국, 인도, 남부 유럽, 그리고 북부 아프리카에서 짙은 초록색이 밝은 초록색이나 갈색이 감도는 초록색으로 서서히 달라지고 있다는 사실도 확인할 수 있다. 이들은 최초의 마을이나 도시가 생겨난 지역으로, 농경지를 확보하거나 조리와 난방에 쓸 땔감을 얻고자 광활한 진초록색 삼림을 시시각각 잘라낸 결과 밝은 초록색 목초지나 갈색이 감도는 초록색 경작지가 늘어난 것이다.

최근까지만 해도 과학자들은 인류가 100~200년 전 처음으로 기후 변화에 영향을 끼치기 시작했다고 믿었다. 산업혁명에 따른 온실가스 배출이 초래한 변화의 직접적인 결과로서 말이다. 그러나 나는 이 책에서 그와는 사뭇 다른 견해를 제시하고자 한다. 자연이 통제하던 기후가 인간이 통제하는 기후로 달라지기 시작한 것은 무려 수천 년 전의 일이었으며, 그것은 농업과 관련한, 얼핏 보기에는 '목가적인' 변혁의 결과로 생겨났다는 내용이다. 우리 인류는 도시를 건설하기 전에, 인쇄술을 발명하기 전에, 그리고 주요 종교를 확립하기 전에 일찌감치 기후를 변화시키고 있었다. 진작부터 농사를 짓고 있었으니 말이다.

01

기후사와 인류사

대다수 과학자들은 인류가 지구 기후에 영향을 끼치기 시작한 것은 1800년대의 일이고, 그때 이후 그러한 추세는 꾸준히 확대되고 있다는 견해를 받아들인다. 이러한 견해를 뒷받침해주는 증거들은 꽤나 탄탄해 보인다. 그림 1.1A에서 보듯이, 자연과 인간이 동시에 만들어내는 두 온실가스〔이산화탄소(CO_2)와 메탄(CH_4)〕가 이례적으로 증가하기 시작했다. 지난 100~200년 동안의 변화 속도와 수위는 얼음 코어(ice core) 속 기포로 파악한 그 어떤 과거의 기록도 훌쩍 뛰어넘는다. 온실가스는 지구 기후를 따뜻하게 만드는 까닭에 온실가스가 느닷없이 증가하면 분명 지구 온난화가 야기되었을 것이다.

그러나 그림 1.1A에 나타난 증거의 한 가지 측면은 사뭇 기만적이다. 마술사들은 한 손을 현란하게 움직임으로써 실제로 천천히 마술을 부리는 나머지 손에 주의를 기울이지 못하게 만드는 속임수를 구사한다. 어떤 의미에서 보자면 1850년 이후의 급격한 변화란 정확히 이런 유의 속임수에 속한다. 그것은 사람들이 1800년대 이전에 수 세기 동안 진행되어온 중요한 온실가스 농도 증가에 관심을 기울이지 못하도록 막는다. 좀더 미묘한 변화는 한층 더딘 속도로, 시기적으로도 한참 더 과거로 거슬러 올라간 때로부터 시작되었지만, 인류가 기후에 미친 영향이라는 측면에서 보자면 그에 버금갈 만큼 중요한 것으로 밝혀졌다.

나는 실상은 그림 1.1B에 나타난 관점과 더 가깝다고 생각한다. 더 느리지만 꾸준히 축적되는 변화가 수천 년 동안 진행되었고, 그러한 변화가 미친 영향의 총량은 지난 100~200년에 걸친 산업시대의 폭발적 변화량과 거의 맞먹는 정도였다. 이것은 '토끼와 거북'의 우화를 떠올리게 한다. 토끼는 몹시 빨랐지만 출발이 너무 늦었던 터라 거북을 따라잡기에 역부족이었다. 반면 거북은 느릿느릿 기어갔지만 일찌감치 출발한 덕에 토끼를 가뿐히 제칠 수 있었다.

이 비유에 등장하는 거북이 바로 농업이다. 이산화탄소 농도는 인류가 경작지와 목초지를 확보하고자 중국·인도·유럽 등지에서 삼림을 파괴하고 불태우기 시작한 8000년 전부터 서서히 늘어나기 시작했다. 메탄은 인류가 쌀농사를 짓기 위해 관개를 도입하고 전례 없는 규모로 가축을 사육하기 시작한 5000년 전에 그 비슷한 규모로 증가했다. 이 두 가지 변화는 처음에는 무시할 만한 수준이었지만, 오랜 세월에 걸쳐 문명이 발생하고 세계 전역으로 퍼져나가는 동안 지구 기후에 점점 더 많은, 더 의미심장한 영향을 끼쳤다.

물론 과학자들을 비롯한 대다수 사람들은 인류가 일찌감치 기후에 관여하기 시작했다는 주장을 처음에는 곧이들으려 하지 않았다. 원시적인 기술을 지닌 한 줌밖에 안 되는 인간이 대관절 어떻게 그리 오래전부터 지구 기후를 바꿔놓을 수 있었단 말인가? 그림 1.1B에 드러난 '거북' 판이 맞는다고 어떻게 장담할 수 있는가? 지난 반세기 동안 지식이 비약적

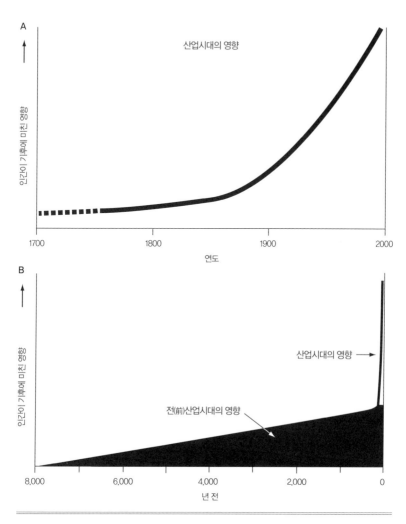

A

산업시대의 영향

인간이 기후에 미친 영향

1700 1800 1900 2000

연도

B

산업시대의 영향 →

전(前)산업시대의 영향

인간이 기후에 미친 영향

8,000 6,000 4,000 2,000 0

년 전

그림 1.1 인간이 지구의 기후와 환경에 끼친 영향을 바라보는 두 가지 관점. A: 지난 200년에 걸친 산업시대에 중요한 변화가 시작되었다고 보는 관점. B: 산업시대 이전부터 그보다 훨씬 오랜 기간에 걸쳐 더 느리지만 그에 필적할 만큼 중요한 변화가 이루어졌다고 보는 관점.

으로 발전한 두 가지 과학연구 분야—즉 기후사와 초기인류사—에서 확보한 증거를 보면 이 질문에 답을 얻을 수 있고, 인류가 진작부터 기후에 영향을 미쳤다는 사실을 확인할 수 있다.

내가 거의 40년 전 기후과학 분야에서 대학원생으로 이력을 시작했을 때, 기후과학은 기실 흔히 말하는 '분야' 축에도 끼지 못했다. 세계 각지의 대학이나 연구소에 뿔뿔이 흩어져 있던 연구자들이 꽃가루(화분) 입자, 바다 플랑크톤 껍데기, 해수온도와 염도의 기록, 빙상의 이동, 그 밖에 기후 시스템을 이루는 숱한 부분들을 현대적 형태와 지질 기록에서 얻은 증거가 암시해주는 과거의 징후를 동원해 연구했다. 반세기 전에는 그런 사람들이 고작 몇 십 명에 불과했다. 대개 서유럽이나 미국 동부에서 독학한 '유한계급'의 지질학자나 지리학자, 혹은 대학에 적을 둔 이들이었다. 그들 가운데 어떤 이가 100명 남짓한 동료들을 불러놓고 상이한 분야에서 나온 새로운 연구결과들을 비교해보자고 학회를 여는 일도 더러 있었다.

그러나 오늘날 이 분야는 몰라보게 달라졌다. 세계 각지에서 수천 명의 연구자들이 항공기, 선박, 인공위성, 혁신적인 화학·생물학 기술, 고성능 컴퓨터 따위를 이용해 기후 시스템의 다양한 측면을 연구하는 일에 매달리고 있다. 지질학자들은 육지와 바다의 기나긴 변천 과정을 측정한다. 지구화학자들은 물질의 운동을 추적하고 기후 시스템의 변화율을 측정한다. 기상학자들은 수치 모델을 써서 대기 순환과 대기와 해양의 상호작용을 모의실험한다. 빙하학자들은 빙상이 어떻게 달라지는지 분석한다. 생태학자나 해양생물학자들은 육지 식물과 바다 플랑크톤의 역할을 다룬다. 기후학자들은 지난 수십 년에 걸친 기후의 추이를 추적한다. 긴 이름의 머리글자를 따서 간판을 내건 수백 개 단체가 해마다 주제를 달리해 기후 관련 학회를 연다. 오늘날 기후과학 분야에는 내가 연구를 시작할 무렵의 사람들보다 더 많은 수의 단체가 포진해 있다.

지구 기후사 연구는 과거의 기후에 관한 기록을 담은 물질이라면 무엇이든 마다 않고 활용한다. 그러한 기후 기록물의 예로는 바다를 누비는 연구선이 수집한 심해 코어, 남극대륙이나 그린란드의 빙상에서 화석연료 채취기로 뽑아내거나 손으로 혹은 태양력을 이용해 산악빙하에서 시추한 얼음 코어, 호수의 진흙에서 수동으로 채취한 부드러운 호상 퇴적층, 수동 드릴을 사용해 나무에서 뽑아낸 가느다란 목재 코어, 열대 산호초의 산호 표본 따위를 들 수 있다. 조사대상 기간은 지난 수천만 년 전의 지질학적 과거에서부터 비교적 가까운 과거인 역사시대, 그리고 오늘날에 이르기까지 저마다 다양하다.

지난 반세기 넘게 이처럼 광범위한 조사가 이루어진 끝에, 기후 변화 관련 지식은 여러 방면에서 눈부시게 발전했다. 수천만 년 혹은 수억 년에 걸쳐 일어난 지구 기온, 지역 강수량, 지구 빙상 크기의 변화는 대륙 이동, 산맥이나 고원의 융기와 침식, 대륙을 잇는 지협(地峽)의 개폐 같은 판구조론에 따른 지표면 재편과 관련이 있었다. 그런가 하면 그보다 짧은 수만 년에 걸친 온도·강수량·빙상의 주기적 변화는 지축의 기울기, 지구 궤도의 모양처럼 태양을 둘러싼 지구 궤도상의 미묘한 변화와 연관되어 있었다. 한층 더 짧은 기간인 수백 년 혹은 수십 년 동안의 기후 변화는 대규모의 화산 분화나 태양 활동의 미세한 변화와 관련이 있었다.

일부 과학자들은 이와 같이 진행되고 있는 기후사 연구의 성과를 지구과학에서 이루어진 네 가지 혁명 가운데 가장 최근의 혁명으로 꼽기도 한다. 기후 관련 지식 또한 나머지 세 가지 혁명과 마찬가지로 서서히 진척되기는 했지만 말이다. 1700년대에 제임스 허턴(James Hutton)은 지구란 더딘 과정에 따라 서서히 축적되는 기나긴 변화사를 간직한 오래된 행성이라고 결론지었다. 그로부터 100년 정도밖에 지나지 않았을 무렵, 오래된 행성이라는 허턴의 개념은 비로소 성경에 등장하는 족장들의 수명을 일일이 더해 지구가 기원전 4004년 10월 26일에 탄생했노라고 밝힌 어느 영국 대주교〔제임스 어서(James Ussher) ─ 옮긴이〕의 주장을 대체하기에 이른 다. 오늘날에는 화학·물리학·생물학·천문학이 지질학을 기반으로 한 결론 ─ 즉 우리의 행성 지구는 실상 매우 오래전에 만들어졌고, 실제 나이 는 수십억 살에 이른다 ─ 을 뒷받침하는 결정적인 증거들을 다투어 내놓고 있다.

1859년 찰스 다윈(Charles Darwin)은 자연선택설을 발표했다. 자연선택 설은 부분적으로, 화석 기록이 잘 보존되어 있는 장구한 시기(약 6억 년) 에, 끊임없이 변화하지만 잘 확인된 순서에 따라 유기체가 명멸하는 현상 을 밝힌 초기 연구를 기반으로 한 것이었다. 다윈은 새로운 종의 진화란 생식과 생존에 이로운 생명체의 속성을 점진적으로 선택한 결과라고 설 명했다. 다윈의 학설은 기본 얼개는 널리 받아들여지지만, 아직껏 새로운 직관의 도전을 받거나 그에 의해 보완되고 있다. 예컨대 매우 드물게도 수억 년마다 한 차례씩 거대 운석이 지표면과 충돌해 살아 있는 유기체 대다수를 대멸종으로 몰아감으로써 진화에 얼마간 기여했다는 것은 최근 에서야 밝혀진 사실이다. 이러한 재앙은 살아남은 종이 (잠시 동안이나마) 다 른 유기체들과 거의 혹은 전혀 경쟁하지 않는 상태로 진화할 수 있게끔 생태적 지위를 넓혀주었다.

결국 판구조론으로 귀결되는 지구과학 역사상 세 번째 혁명은 1912년 알프레트 베게너(Alfred Wegener)가 대륙이동설을 제안하면서 시작되었다. 이 학설은 세간의 관심을 끌었지만, 북미와 유럽의 일부 지역에서는 50년 넘게 배척당했다. 마침내 1960년대 말 일군의 과학자들이 수십 년간 수 합된 해양 지구물리학 데이터를 통해 지각과 맨틀 바깥층으로 구성된 이른바 10여 개의 '판(plate)' 덩어리가 최소한 과거 1억 년 동안 지구표면을 서서히 이동한 게 틀림없다는 사실을 밝혀냈다. 많은 이들이 3~4년 만에 광범위한 데이터를 설명해주는 판구조론의 위력을 실감하고 그 학설이 기본적으로 옳다는 사실에 승복했다. 으레 그렇듯이 반사적으로 반대하는 이들도 없지는 않았지만 말이다. 이 지식 분야의 혁명은 아직 완성된 게 아니다. 판의 움직임을 추동하는 기작이 무엇인지 여전히 명확하게 밝혀지지 않았기 때문이다.

과거의 세 가지 혁명과 마찬가지로, 기후과학의 혁명 역시 더디게 이루어졌으며 실상 아직도 진행 중이다. 그 혁명의 가장 오래된 뿌리는 1700년대 말로 거슬러 올라간 현장연구, 그리고 1800년대 말과 1900년대 초의 설명적 가설이다. 이 분야의 주요 진척은 1900년대 말에 시작되었고, 오늘날에도 계속되고 있으며, 앞으로도 수십 년간 끊임없이 이어질 것으로 보인다.

인류사 연구는 결코 기후과학만큼 방대한 분야는 아니지만, 거의 그에 필적하는 세간의 관심을 불러 모으고 있다. 이 분야 역시 50년 전의 지적 지평을 훌쩍 뛰어넘는 수준으로 확장되었다. 50년 전에는 우리의 머나먼 선조들에 관한 화석 기록이 보잘것없었다. 인류와 인류의 조상들은 언제나 물을 얻을 수 있는 수원(水源) 근처에서 살았고, 다습한 토양에는 포식동물이 지나치고 만 뼈들 대부분을 분해하는 산이 들어 있다. 수백만 년 전에 살았던, 수가 얼마 안 되는 우리 선조들의 소중한 유해가 보존되어 있을 가능성은 희박한 것이다. 유인원이 인류로 진화했다는 초기 다윈의 가설에 반대한 이들이 '잃어버린 고리(missing links: 진화 과정에서 유인원과 인간 사이에 존재했을 것으로 추정되지만 그 화석은 발견되지 않은 동물—옮긴이)'를 들어 반론을 펼쳤을 때, 때로는 그 비판을 반박하기가 쉽지 않았다. 알려진 기록에서의 간극은 실로 엄청났다. 그러나 오늘날 인류 진화의 기록에서 잃어버린 고리는 기껏해야 잃어버린 '작은' 고리에 불과하다. 자그마치 100만 년에 이르던 간극이 그 10분의 1도 안 될 만큼 좁혀진 것이다. 아프리카에서 노두(露頭: 광맥이나 암석의 노출부―옮긴이)를 집요하게 파헤치다가 우연히 화석 유골을 발견한 소수의 인류학자와 그 조수들이 그 간극을 메워준 덕택이다.

유골이 고대 호수의 두 용암층(오래전에 단단한 현무암이 되어버린) 사이에 낀 퇴적물에서 발견되었다고 치자. 그 현무암층의 연대는 안에 들어 있는 주요 광물 유형의 방사성붕괴를 통해 측정할 수 있다. 연대측정 결과 두 층이 각각 250만 년 전, 230만 년 전에 퇴적한 것으로 밝혀진다면, 그 사이 호상 퇴적층에서 발견된 유골의 주인은 필시 그 중간 시기에 생존한 동물일 것이다. 지난 50년 동안 이런 식으로 발견된 유골 수십 가지를 연대 측정한 결과, 우리의 머나먼 선조들이 시간이 흐르면서 어떻게 변화해 왔는지가 시시각각 드러났다.

비록 유인원에서 현생인류로 진화한 경로가 낱낱이 밝혀지려면 여전히 해결해야 할 일이 산적해 있지만, 기본 추세는 명확하다. 신뢰할 만한 과학자들 가운데 이 일반적인 결론에 이의를 제기하는 사람은 없는 것으로 알고 있다. 인간과 유인원을 이어주는 생명체〔오스트랄로피테신(australopithecine), 즉 '남쪽의 유인원'〕는 450만 년 전부터, 사람속〔호모(Homo)〕에게 자리를 내준 250만 년 전까지 살았다. 우리는 사람속을 인간 비슷한 존재로 여기기는 하지만 완전한 인간으로 보지는 않는다. 오늘날 인류학자들은 250만 년 전 이후 출현한 존재는 모두 초기인류〔호미니드(hominid)〕로 간주한다. 완전한 현생인류가 등장한 것은 약 10만 년 전에 이르러서였다. 이 기나긴 과정에서 유념해야 할 특징은 뇌 크기의 증가,

자르거나 부수거나 파헤치기 위한 석기의 사용술 발달, 그리고 좀더 뒤에 나타난 불의 통제 등이다.

최근에 인류사에 관한 지식은 한층 더 주목할 만한 진전을 이루었다. 수십 년 전 고고학 분야는 주로 대도시와 건물, 그리고 대부호들의 무덤에서 발굴한 문화유물에 집중했다. 그런데 오늘날 이 분야는 도시 지역에서 멀리 떨어진, 지구표면의 훨씬 더 넓은 부분에서 진행된 과거 인류의 활동을 탐색하는 환경지질학·역사생태학 같은 학문 영역을 포괄하거나 그와 교류하고 있다. (역시 방사성붕괴를 기반으로 한) 방사성탄소 연대측정으로 아주 작은 유기체 조각조차 시기를 알아맞힐 수 있게 되었다. 호상퇴적물 층에서 찾아낸 곡물 알갱이 몇 개만으로도 그것이 약 1만 2000년 전 근동(Near East)에서 경작된 것으로, 8000~5500년 전 한때 숲이던 유럽 지역으로 퍼져나간 것이라는 사실을 확인할 수 있다. 그 밖에도 고고학자들은 가옥을 이루는 주춧돌이나 흙벽돌을 발굴해 그것으로 수천 년 전의 인구밀도를 추정한다. 그런가 하면 또 다른 고고학자들은 태양이 낮게 떠 있는 이른 아침에 공중에서 찍은 사진을 분석해 지금으로부터 수백 년 전 농부들의 밭 재배 패턴을 정확하게 파악하기도 한다. 지구화학자들은 인간을 비롯한 여러 동물의 치아와 뼈에 보존된 탄소 유형을 보고 그들이 어떤 동식물을 먹고 살았는지 분간해낸다. 이러한 다채로운 탐색을 통해 지난 1만 2000년에 걸친 인류사의 발전 유형이 한층 또렷하게 드러났다.

두 연구 분야, 즉 기후사와 인류사는 과거에 집중하는 탓에, 범죄 수사 영역과 흡사한 측면이 많다. 누군가 집에 무단 침입해 살인을 저질렀다고 하자. 수사관이 도착해 범죄 현장을 살피면서 범인이 누구인지 밝혀낼 증거를 수집한다. 범인은 언제 어떻게 집에 들어왔는가? 사라진 물건은 없는가? 흙 묻은 발자국, 직물 등 증거가 남아 있는가? 수사관은 모든 증거들, 유력한 범인들이 구사하는 범죄수법을 토대로 서서히 범인의 신원을 파악하는 데 심혈을 기울인다. 범죄는 가족 구성원의 짓일까, 아니면 가족을 잘 알고 있는 면식범의 소행일까? 그것도 아니라면 일면식도 없는 타인이 저지른 것일까? 가능한 용의자 목록이 작성되면 수사관은 그들이 사건 발생 시각에 어디 있었는지 확인하고 주요 용의자들을 추려낸다.

수사관과 마찬가지로, 기후사와 인류사의 연구자들도 사건이 벌어진 뒤 현장에 도착한다. 이 경우 사건 발생 시점이 수백 년, 수천 년, 심지어 수백만 년 전이라는 게 범죄 수사와 다르다면 다른 점이다. 범죄 현장에서처럼 이 과학자들이 처음 만나는 것은 어떤 중요한 일이 일어났다는 증거다. 2만 년 전에는 1.5킬로미터 두께의 빙상이 오늘날의 토론토 시 전역을 뒤덮고 있었다. 오늘날 모래바람 부는 사하라 사막 남쪽 지역은 1만 년 전만 해도 개울이 흐르고 수많은 야생동물이 뛰노는 초원이었다.

과학자들은 자연스러운 호기심에 이끌려 어떻게 이런 놀라운 변화가 일어날 수 있었는지 궁금증을 품는다. 일부는 그러한 과정을 거치면서 설명을 위한 최초의 시도로 가설을 내놓는다. 중요한 발견이 이루어지기가 무섭게 다른 과학자들은 그 초기 가설에 도전하거나 그에 맞서는 대안적인 설명을 내놓는다. 몇 년, 심지어 몇 십 년에 걸쳐 수많은 과학자들이 이 개념들을 평가하고 실험하는 과정이 뒤따른다. 가설 가운데 일부는 부적절하거나 완전히 그릇된 것으로 판명된다. 대개는 추가적인 증거가 최초의 가설이 예측한 구체적인 사실들과 맞아떨어지지 않는 것으로 드러난 결과다. 만약 어떤 가설이 수년간의 도전을 이기고 살아남아 기존 증거뿐 아니라 새로운 증거들 상당 부분을 설명할 수 있다면, 그 가설은 비로소 학설로 인정받는다. 어떤 학설은 너무나 낯익어서 거의 자동적이다시피 연상되므로 패러다임이라 불리기도 한다. 그러나 위대한 패러다임조차 계속되는 시험에서 완전히 자유롭지는 못하다. 과학자들은 그 어느 것도 당연시하지 않으며, 제아무리 유서 깊고 성공적인 학설이라 하더라도 덮어놓고 보호막을 쳐주지는 않는다.

기후사를 연구하는 과학자들이 어떤 특정한 증거에 대해 단 하나의 인과론적 설명만을 찾아내는 경우란 극히 드물다. 범죄 현장에 빗대어보자면, 수사관은 살인 피해자 근처에서나 범인이 집 안에 들이닥치면서 흘린, 유죄를 입증할 만한 빼도 박도 못할 증거들을 찾아내게 마련이다. 용의자의 증거와 일치하는 선명한 발자국이나 DNA를 채취할 수 있는 혈흔 같은 것 말이다. 만약 그럴 경우 (검사가 완전히 무능하지만 않다면) 범인은 유죄판결을 면치 못할 것이다. 기후과학에서 관측(가령 오늘날에는 사라진 곳에 존재하는 빙상의 자취, 혹은 오늘날 사막으로 달라진 장소에서 발견된 고대 개울바닥의 흔적)에 따른 설명은 대체로 그럴듯한 견해를 뒷받침하는 여러 요소들로 이루어진다.

그러나 자연은 더러 인과관계를 드러내는 데 대단히 협조적일 때도 있다. 앞에서 언급한 지구 궤도의 변화는 몇 만 년이라는 규칙적인 주기를 띤다. 빙상 크기의 변화, 열대몬순의 강도 변화 같은 지구 기후 현상의 상당수에서도 그와 동일한 주기가 관측된다. '주기'란 그 정의상 지속 시간과 규모가 규칙적이므로 본시 예측 가능하다. 이 사실이야말로 나를 비롯한 기후과학자들에게 여간 중요한 점이 아니다. 우리는 과거의 기후 기록을 보고, 그 자연적인 주기가 언제 어디서 '정상적으로' 작동하는지 알아낼 수 있다. 그러나 만약 자연계가 정해놓은 장기적인 '규칙'에 들어맞지 않는 흐름을 발견하면, 응당 그 규칙에서 출발한 설명이 당연한 게 아니라는 결론에 이르게 된다.

나는 몇 년 전 교수직에서 물러나기 직전, 기후 시스템에 관해 내가 알고 있던 지식과 맞아떨어지지 않는 모종의 현상을 발견했다. 내 머리를 아프게 한 문제는 다름 아니라 자연적인 주기에 관해 그동안 알고 있었던 내용을 총망라해보건대 대기중의 메탄 수치가 감소했어야 할 5000년 전, 그 수치가 도리어 증가하기 시작했다는 사실이었다. 그때 이후 그것은 마치 피터 포크(Peter Falk)의 텔레비전 시리즈 〈형사 콜롬보(Columbo)〉에서 본 첫 장면 같다는 생각이 들었다. 콜롬보가 최근에 발생한 범죄의 현장을 막 조사하기 시작하는 첫 장면 말이다. 그는 자신이 최종적으로 범인으로 지목하게 되는 이와 이야기를 몇 마디 주고받고는 자리를 뜬다. 방을 나서려다 말고 발걸음을 멈춘 그가 머리를 긁적이면서 돌아서며 말한다. "'한 가지' 걸리는 문제가 있는데 말이죠……." 그 '한 가지' 걸리는 문제, 즉 왜 감소하지 않고 증가하는 경향을 보였는가, 이것이 모든 일이 시작된 출발점이었다.

〈형사 콜롬보〉에서는 콜롬보가 매번 나머지 시간 동안 사건의 조각을 일일이 꿰맞춰가면서 대체 무슨 일이 일어났던 것인지 밝혀낸다. 새로운 가설이 제기되는 방식도 그와 마찬가지다. 나는 어째서 메탄 농도가 감소하지 않고 증가하느냐라는 수수께끼를 부여안고 어떻게 하면 그 이유를 알아낼 수 있을지 고심을 거듭했고, 마침내 초기인류사를 다룬 문헌에서 만족할 만한 해답을 얻어낼 수 있었다. 메탄 농도가 비정상적으로 증가한 것은 바로 인류가 동남아시아에서 논농사를 짓기 위해 관개를 시작했을 무렵이다. 나는 물을 대기 위해 비자연적인 습지를 조성한 결과 거기에서 메탄이 배출된 현상이 그 비정상을 초래한 원인이었다는 결론에 도달했다.

'콜롬보 첫 장면'과 후속 조사에 이어 다른 유사한 수수께끼들이 뒤따랐다. 메탄과 마찬가지로 지난 8000년 동안 대기중의 이산화탄소 농도가 비정상적으로 증가한 이유는 무엇인가? 지구 궤도의 자연적인 주기에 따르면 이 시기에 틀림없이 나타났어야 마땅한데도 캐나다 북동부에서 새로운 빙상이 출현하지 않은 까닭은 무엇인가? 그리고 자연적인 과정으로 쉽사리 설명될 수 없고 인류사 최대의 '세계적 유행병'들과 관련이 있어 보이는 몇몇 일시적인 이산화탄소 감소의 원인은 무엇인가? 그러나 '콜롬보 첫 장면'을 살펴보기에 앞서, 인간은 어디에서 왔으며, 인간이 지구 상에 존재하는 동안 기후는 왜, 어떻게 변화해왔는지 살펴보기 위해 시간을 거슬러 올라가볼 필요가 있다.

2부

자연이 통제하다

∆∆∆∆

머나먼 선행인류의 선조에서 한층 더 직접적이고 완전한 인간 조상들에 이르는 상상하기 힘들 만큼 기나긴 세월 대부분의 시기에, 우리는 자연이 안겨주는 그 어떤 기후상의 변화에서도 그저 수동적인(혹은 기껏해야 반응을 보이는 정도의) 관계자에 불과했다. 우리의 머나먼 조상들은 극히 소수였고, 기술에도 서툴렀으며, 일정 지역에 잠시 머물다가 떠나기 바빴으므로 풍경에 의미심장한 족적을 남기거나 기후 시스템을 변화시킬 수 없었다. 방대한 시기에 걸쳐 기후 변화는 철저히 자연의 통제 아래 있었다.

이 기간이 얼마나 긴지 상상하기란 쉽지 않다. 지구 역사의 여러 측면을 연구하는 데 직업 이력을 고스란히 바친 우리 자신조차 그 어마어마함을 진정으로 이해하노라고 큰소리치지는 못할 것이다. 우리의 직계조상(호미니드)이 최초로 지구상에 등장한 이래 지난 250만 년은 지구 전 생애의 채 0.1퍼센트도 되지 않는 짧은 찰나에 불과하다. 그러나 그 시기만으로도 우리 각자의 개체적 삶뿐 아니라 인류의 역사시대(고작 2000년에 그친다) 전체를 훌쩍 뛰어넘는다. 이 분야에 발을 들여놓은 나 같은 연구자들은 일찌감치 '시간'이라고 표시된 머릿속 문서보관함에 수십억 년 전, 수백만 년 전, 수천 년 전, 이렇게 꼬리표를 달아서 정보를 보관하는 법을 익힌다. 〔장구한 지질시대를 아우르는 학문인 지질학에서는 시간과 관련해 '지금으로부터 몇 년 전(Before Present)'을 표기할 때 흔히 BP라는 기호를 사용한다. 이를테면 '지금으로부터 250만 년 전'이면 'BP 250만 년' 이런 식이다. 따라서 본문에 표기된 'OO년 전'은 모두 '지금으로부터 OO년 전', 즉 'BP OO년'을 의미한다―옮긴이.〕

우리는 이런 식으로 지구 이야기의 기본 얼개를 정리한다. 즉 지구는 46억 년 전에 생성되었다. 대기에 산소가 풍부해진 것은 약 22억 년 전이다. 6억 년 전 이후 최초로 바다 유기체가 단단한 화석 껍데기를 남겼다. 4억 년 전에는 육지에 복잡한 생명체가 정착했다. 3억 2500만~2억 5000만 년 전에는 모든 대륙이 거대한 초대륙, 즉 판게아(Pangaea: '모든 땅'이라는 뜻)로 한 덩어리였으며, 남극 근처 남극대륙 일부 지역에 빙상이 생성되었다. 판게아는 1억 7500만 년 전 이후 쪼개졌으며, 한때 더 컸던 태평양이 줄어들고 대서양이 등장했다. 오늘날보다 기후가 따뜻했던 1억 년 전에는 남극대륙에 빙상이 존재하지 않았다. 인도는 약 7000만 년 전 남극대륙에서 떨어져 나왔고, 그로부터 2000만 년 뒤 꾸역꾸역 아시아로 밀고 들어와서 티베트 고원과 히말라야 산맥을 융기시켰다. 그 무렵 남극대륙에 얼음이 등장했다. 400만 년 전 파나마 지협이 닫혀서 북아메리카와 남아메리카가 하나로 이어졌으며, 곧이어 북반구에 빙하기가 시작되었다.

우리는 나중에 특정 시기를 정해 연구를 진행했고, 그 기간의 지질학적 변화와 기후 변화의 소상한 순서를 밝혀냈다. 횟수를 거듭함에 따라 조사 기간에 대해 점점 더 확실하게 파악할 수 있었고, 마침내 '전문가'가 되었다. 그렇지만 그런 우리라고 해서 그 온갖 시간의 방대함을 진정으로 이해했다고는 생각지 않는다.

시간은 이 책에서 다룰 탐정 이야기에 결정적이랄 수 있는 정보를 제공해준다. 지구과학 역사상 네 번째 혁명―즉 지구 기후사 연구―의 최대 성공담은 상대적으로 작은 지구 궤도 변화와 상대적으로 큰 지구 기후 변화의 인과관계를 밝힌 대목이다. 이처럼 중대 발견이 이루어질 수 있었던 것은 더없이 상이한 분야인 지질학과 천문학이 손잡은 결과였다. 이 새로운 지식을 이루는 중요한 측면에는 두 가지가 있다. 하나는 북극 근방 고위도 지역의 기후 변화를 좌우하는 빙하기 주기의 원인이요, 다른 하나는 열대지방에 만연한 열대몬순 변동의 원인이다.

02

△△△△

수백만 년에 걸친 더딘 진행

남아프리카 어딘가에 360만 년 된 화석 발자국들이 호기심 많은 생태관광객의 눈길을 피해 얇은 표토층에 덮여 있다. 오래전 화산 분화가 일어난 직후 두 성체동물이 빗물을 머금은 축축하고 차가운 화산재 밭으로 걸어 나와 남겨놓은 발자국이다. 가끔가다가 두 벌의 발자국 가운데 하나의 바깥으로 또 하나의 발가락 자국이 튀어나와 있다. 마치 덩치 큰 아이가 그들 무리의 일원이어서 함께 따라 걸으며 어른들 가운데 하나가 만들어놓은 발자국 안을 디디다가 가끔씩 과녁을 살짝 벗어나기라도 한 것처럼 말이다. 나중에 화산재는 굳어서 암석이 되었고 그 위로 다른 퇴적물이 쌓였다. 한참 나중에 다시 화산 분화가 일어나서 그 퇴적물이 드러났다.

이 발자국은 유인원보다는 크지만 현생인류보다는 작은, 360만 년 전 동부 아프리카의 숲과 초원을 누비고 다닌 오스트랄로피테신이라 불리는 생명체의 것이다. 화산재에 찍힌 패턴을 보면, 만약 그들이 오늘날의 유인원처럼 이동하면서 팔을 사용했다면 생기게 마련인 손가락 관절이 땅에 닿은 흔적이 없다. 비슷한 시기나 심지어 그 이전 시기 것으로 추정되는, 이들 무리에 속한 다른 동물들의 화석 잔해를 보면, 보행에 적합한 발목 구조가 드러난다. 이들은 아직 인간은 아니지만 분명 인간으로 진화하는 길에 있었다.

이러한 시나리오가 얼마나 오래전에 일어난 일인지 감안해볼 때 이어지는 우리 조상들의 역사에서 가장 놀라운 점은 믿을 수 없으리만치 장구한 세월 동안 실상 크게 달라진 게 없다는 사실일 것이다. 360만 년 전, 우리의 머나먼 선조인 오스트랄로피테신은 이미 죽은 고기를 먹거나 작은 동물을 사냥하거나 채집을 해서 식량을 마련했다. 그러나 그로부터 359만 년 뒤에도, 즉 지금으로부터 1만 2000년 전에도 우리의 직접적인, 거의 완전한 인류의 직계조상 역시 어로(고기잡이)가 더해졌다 뿐 오스트랄로피테신과 하등 다를 바 없이 죽은 고기를 주워다 먹거나 작은 동물을 사냥하거나 채집을 해서 생계를 이어갔다. 심지어 오늘날에도 외따로 떨어진 지역에서 살아가는 일부 부족은 그와 같은 생활방식을 고수하고 있다. 마찬가지로 거의 250만 년 전에 석기를 사용하기 시작했고 따라서 석기시대가 열렸음에도, 6000~5500년 전(초기 이집트 문명이 피라미드를 축조하기 불과 얼마 전이다) 최초로 금속을 사용할 때까지 모든 인간은 여전히 석기시대 문화 속에서 살아갔다. 우리 역사를 이처럼 장기적인 관점에서 본다면 고대의 생활양식 대다수가 사라진 게 그리 오래전이 아니라는 데 놀라게 된다.

변화가 눈부시게 진행된 현대의 시각에서 보면, 우리 조상들이 지난 수백만 년 동안 거의 이렇다 할 진척을 이루지 못했다는 사실 역시 의아할 것이다. 오늘날 '빙하기의(glacial)'라는 단어는 상상할 수 있는 가장 느린 속도를 지칭하는 데 쓰이곤 하지만, 그처럼 굼뜨기 짝이 없는 빙상조차 우리 선조들이 원시적인 생존양식에서 여전히 벗어나지 못했던 시기 동안 최소 50번은 얼었다 녹았다를 되풀이했다. 우리가 이른바 '진보'라고 부르는 인류사의 거의 모든 일은 정녕 눈 깜짝할 사이에 불과한 지난 몇천 년 동안 일어났다.

인류사에 관한 숱한 이야기는 6500만 년 전 지름이 약 10킬로미터인 어느 소행성이 지구와 충돌한 사건으로 거슬러 올라간다. 그 이전의 1억~2억 년 동안 지구에서 가장 덩치 큰 유기체는 공룡이었고, 우리 조상인 포유류는 그들의 발밑에 깔리지 않도록 조심하거나 나무 꼭대기에서 다람쥐마냥 까불대는 작은 설치류 꼴이었다. 1980년 루이스 앨버레즈(Luis Alvarez)와 그의 아들 월터 앨버레즈(Walter Alvarez)가 발표한 가설에 따르면, 그때 소행성이 지구에 부딪친 결과 공룡, 즉 적어도 우리가 흔히 공룡이라는 이름과 함께 떠올리는 덩치 큰 동물들이 모조리 멸종했다.

어떻게 그런 일이 벌어질 수 있었는지는 여전히 논란거리다. 소행성 충돌이 일으킨 어마어마한 압력파, 충격과 함께 삽시간에 발생한 타는 듯한 열기, 모든 식물이 불타면서 이내 닥친 기아, 분출된 엄청난 양의 먼지층이 태양광선을 가리면서 수년간 이어진 지표면의 냉각, 뒤이어 수십 년간 계속된 강산성 빗물의 영향, 또는 이후 수백 년간 식물의 연소로 대기 중에 방출된 이산화탄소가 빚어낸 전 지구적 가열……. 이 가운데 어느 것이 공룡을 멸종으로 이끈 결정적인 계기였는지는 여전히 확신하기 어렵지만, 심각한 충돌이 발생했다는 사실 그 자체를 부정하는 이는 아무도 없다. 소행성 충돌은 독특한 화학적 흔적(chemical tracer: 화학추적자)을 남겼다. 지각에서는 극히 희귀한 원소인 이리듐이 전 지구상에서 얇은 퇴적층 띠로 발견된 것이다. 또한 소행성 충돌은 거대한 해일을 일으켰고, 그 해일이 대륙의 해안지대 깊숙이까지 덮쳤다.

'소행성 충돌 가설'이 발표된 이후 몇 년 동안, 그 반대파들은 반론을 제기했다. 그들은 소행성 충돌이 일어나기 한참 전에 많은 유의 공룡이 지질학적 기록에서 사라진 것으로 보인다고 지적했다. 그런 다음 다른 이유들로 기후 변화가 진행되고 있다는 것이 그 이야기의 일부이거나 심지어 전부라는 가설을 내놓았다. 그러나 그럴 가능성은 다음과 같은 이례적인 시민참여 과학에 의해 사실상 배제되었다. 미국 서부에서 과학과는 무관한 수백 명의 지원자들이 훈련을 받고 화석 유해를 찾기 위해 노두 채취에 나섰다. 치아나 작은 뼈 같은 자잘한 동물 유해를 찾으려고 수천 톤의 퇴적물을 체로 거르는 그야말로 무지막지한 노동에 뛰어든 것이다.

결과는 어느 정도 예측 가능했다. 즉 그들이 더 많은 노두를 찾아내고 더 많은 흙을 체질하면 더 많은 뼈를 찾아낼 수 있을 터였다. 결과는 예측한 대로였다. 그러나 그들이 찾아낸 것들 가운데 일부는 어느 면에서 전혀 예측할 수 없었다. 적어도 '소행성 충돌 가설'을 비판한 이들은 전혀 생각해내지 못한 것이었다. 지원자들은 충돌에 앞서 멸종했으므로 충돌층보다 한참 아래에 있어야 할 모든 유의 공룡 화석 유해를 충돌과 시기적으로 훨씬 더 가까운 층에서 발견한 것이다. 면밀하게 들여다볼수록 결과는 소행성 충돌로 공룡들이 일거에, 삽시간에 멸종했다는 가설 쪽과 더 잘 맞아떨어졌다. 이러한 시도는 지원자를 대거 투입해 노두를 샅샅이 살펴본다면 소행성 충돌이 일어난 바로 그 층위에서 실제 멸종의 흔적을 찾아낼 수 있음을 암시한다.

소행성 충돌로 비단 공룡뿐 아니라 숱한 생명체들이 사라졌으므로, 그것은 다윈이 100여 년 전 예상한 진화 과정에 새로운 관점을 부여했다. 생명체들은 필시 지난 수천만 년 혹은 수억 년 동안 이용 가능한 생태적 지위(와 생존수단)를 서로 차지하려고 다윈이 주장한 것과 대동소이한 방식으로 다투어왔을 것이다. 따라서 소행성 충돌의 생존자들은 비슷한 다른 존재들이 사라진 틈을 타서 더 많이 번식했고, 따라서 더 오래도록 살아남을 수 있었다. 이런 경쟁에서의 승리는 작은 이득이나 손실에 의해 좌우된다. 말하자면 생명의 진화를 제어하는 요소란 마치 보험회사 소속의 공인회계사가 연연하는 것 같은 사소한 차이다.

몇 억 년에 한 차례씩 거대한 암석 덩어리가 외계에서 날아들어 질서정연한 세계를 송두리째 재정비한다. 대다수 종(6500만 년 전 소행성 충돌 때는 70퍼센트)이 멸종하며, 그에 따라 살아남은 동물들은 별안간 한때는 경쟁이 치열했던 생태적 지위를 넉넉하게 보장받는다. 이제 그들은 그런 처지를 활용해 좀더 느긋하게, 다윈이 말한 이른바 재능 다양화를 도모했다. 진화의 이 같은 측면은 '행성 간 사격연습장 속의 삶'이라 불렸다. 이러한 대대적인 공격을 이기고 살아남을 수 있었던 것은 오직 일부 작은 동물들뿐이었다.

6500만 년 전 소행성 충돌 사건을 계기로 공룡 시대가 저물고 포유류 시대가 열렸다. 본시 작고 보잘것없고 설치류처럼 생겼던 포유류는 이내 고래 등 지상에서 가장 커다란 동물을 포함하는, 좀더 덩치 크고 복잡한 생명체 집단으로 진화했다. 그 가운데 하나의 계통은 오늘날의 여우원숭이와 매우 흡사한 동물로 진화했다. 수천만 년 전에 살았던, 꽉 붙들 수 있는 앞발과 잡기에 적합한 꼬리를 지니고 나무를 타고 다닌 원숭이 모습의 동물이었다. 이 계통은 다시 여러 갈래로 갈라졌고 약 1000만 년 전 원시적인 유인원 형태로 진화했다. 그 후 약 500만 년 전 그들로부터 침팬지와 우리 선조들이 속한 집단이 떨어져 나왔다. 450만~400만 년 전, 아프리카에 출현한 오스트랄로피테신은 화산재에 발자국을 남긴 동물들처럼 네 다리가 아니라 두 발로 일어서서 똑바로 걷기 시작했다. 직립보행 자세로 변했다는 것은 두개골을 받치는 등뼈의 위치로도 알아차릴 수 있다. 네 발로 걷는 동물의 경우는 등뼈가 두개골의 뒤쪽으로 이어지는 반면, (오스트랄로피테신을 비롯해) 똑바로 서서 두 발로 걷는 동물은 머리통이 정확히 등뼈의 위쪽에 놓인다.

인간종으로까지 진화가 이어지는 동안 세상은 서서히 차가워졌다. 남극대륙에서는 추위에 적응한 식물들이 처음에는 작은 산악빙하에, 그다음에는 얼었다 녹았다를 되풀이하는 더 큰 빙상에, 마침내 수백만 년 동안 제자리를 지키고 있는 두꺼운 빙상에 자리를 내주었다. 북극해 부근에는 온대 숲이 사라지고 대신 추위에 잘 견디는 침엽수림이, 더 나중에는 툰드라가 자리 잡았다. 열대지방의 고산지대에도 만년설이 나타나기 시작했다.

지구가 서서히 냉각한 원인으로는 두 가지가 제시되었다. 일부 과학자들은 바다가 주원인이라고 보았다. 바다는 대기와 거의 비슷한 정도로 열을 극지방에 날라다 주며, 해양순환은 판구조 변화에 영향을 받는다. 그런데 특별히 여러 개로 쪼개진 대륙들이 해양으로 하여금 새로운 통로를 따라 흐르게 하거나 함께 가세해서 그러한 흐름을 가로막았다는 것이다. 이와 관련해 가장 빈번하게 언급되는 해양통로(oceanic gateway: 개방되거나 폐쇄됨으로써 해양순환을 바꾸는 대륙과 대륙 사이의 공간—옮긴이) 변화의 예는 수천만 년 전 남아메리카와 오스트레일리아가 남극대륙에서 떨어져 나왔다는 가설이다. 과거에는 남극을 향해 흐르던 온대 바닷물이 육지 장애물을 만나 방향을 틀면서 다량의 열을 남극대륙에 실어다 주었다. 그런데 이제 남아메리카와 오스트레일리아가 떨어져나가자 방해받지 않는 강한 동서 해류가 남극대륙 주변에 발달했고 그로 인한 극으로의 열 흐름 손실로 남극대륙이 빙하로 뒤덮일 만큼 차가워졌다는 설명이다. 그 외에 자주 언급되는 해양통로 변화의 예는 약 400만 년 전 마침내 파나마 지협이 막혔다는 것이다. 과거에는 북아메리카와 남아메리카 사이에 뚫린 간극을 통해 태평양으로 서진하던 대서양 열대바다가 북으로 방향을 틀어 고위도 쪽으로 흐르게 되었다. 이 경우 가설은 그로부터 불과 100만 년 만에 난류가 북쪽에 실어다 준 가외의 수증기로 인해 빙상이 불어나기 시작했다는 것이다.

이 해양통로 가설을 믿지 않는 이들이 있는데, 나 역시 그 가운데 하나다. 남반구에서는 해양통로 변화로 극 쪽으로 실려온 바다 열의 양이 줄어서 빙하가 생긴 데 반해, 북반구에서는 해양통로 변화로 극 쪽으로 실려온 바다 열의 양이 늘어서 빙하가 생겼다? 똑같은 논거가 완전히 상반된 주장에 쓰이고 있으니 나로서는 당최 둘 다를 믿기가 어렵다. 나는 이 해양통로 변화가 시공간적으로 너무 산발적이라서 지난 5500여 년에 걸쳐 지구 기후가 지속적으로 냉각한 현상을 설명해주는 확고한 증거가 되기는 어렵다고 본다.

지구 냉각화의 원인으로 더 널리 받아들여지는 설명은 온실가스인 이산화탄소의 대기중 농도가 꾸준히 감소했기 때문이라는 주장이다. 이산화탄소는 대기중에 존재하는 총 가스양의 극히 일부분을 차지할 뿐이지만, 우리 머리 위에는 수천 억 톤의 이산화탄소가 떠돌아다니며, 대기중의 이산화탄소 농도는 시간이 가면서 크게 달라졌다. 대기중의 이산화탄소량을 욕조를 일부 채우고 있는 물이라고 가정해보자. 이 특별한 욕조는 밀도가 그다지 높지 않은 욕조다. 이 욕조에는 물이 똑똑 떨어지는 수도꼭지도 있고, 물이 빠져나가는 배수구도 있어서, 약간의 물이 계속 유입되고 또 약간의 물이 연신 빠져나간다. 욕조에 담긴 물의 양이 일정하다면 수도꼭지와 배수구 사이에 균형이 유지되고 있음을 알 수 있다.

자연에서 화산은 대기중에 이산화탄소를 더해주는, 욕조의 수도꼭지에 해당한다. 화산은 주로 지구의 판 경계, 특히 환태평양 조산대에 위치한다. 지구상에서는 어디서든 매년 화산이 분화하며, 그때마다 화산은 마치 거대한 욕조에 천천히 작은 양의 물방울을 더하는 수도꼭지처럼 대기중에 이산화탄소를 보탠다. 이산화탄소를 덜어내는 배수관 노릇을 하는 것은 바로 우리 발밑에 있다. 빗물은 대기중의 이산화탄소를 소량 함유하고 있으므로 약산성이다. 비는 역시 이산화탄소를 포함하고 있다는 같은 이유에서 약산성인 지하수로 흘러들어 가고, 지하수는 토양에 있는 광물 입자를 서서히 풍화시킨다. 풍화 과정 중 화학작용이 일어나서 지하수에 섞여 있던 이산화탄소가 마침내 토양 속 진흙에 갇히게 된다. 이것이 바로 욕조에서 빠져나간 물에 해당된다.

지구가 냉각하려면 대기중의 이산화탄소량(즉 욕조 속에 들어 있는 물의 양)이 줄어들어야 한다. 그렇게 될 수 있는 한 가지 방법은 수도꼭지에서 유입되는 이산화탄소량을 줄이는 것이다. 지구물리학자들은 지난 1억 년 동안 화산을 형성하는 여러 유형의 판구조 과정이 차츰 느려졌다고 밝혔다. 즉 심해산맥에서 새로운 지각이 만들어지거나 파괴되는 속도, 해저에서 거대한 화산 구조물이 생성되는 속도가 더뎌졌다는 것이다. 분명 세월이 흐르면서 대기중에 유입된 이산화탄소량은 서서히 줄어들었다.

더 많은 이산화탄소가 배수구로 빠져나간 것 또한 사실인 듯하다. 일반적으로는 토양에서 화학적 풍화가 서서히 진행되지만, 공격받는 광물 입자가 작을 경우 거름종이에 물 내리기를 기다리는 커피 알갱이처럼 그 속도는 빨라진다. 지난 5000만 년 동안, 인도가 아시아를 향해 서서히 북쪽으로 치고 올라와 지구상의 대륙에서 볼 수 있는 가장 두드러진 지형인 히말라야 산맥과 티베트 고원을 빚어놓았다. 이러한 과정을 통해 가루가 된 암석 부스러기(암설)들이 무수히 생겨났다. 산맥 사면에 쏟아지는 몬순 강우가 갓 부서진 암석 입자를 공격하고, 평상시보다 빠른 속도로 이산화탄소를 대기에서 앗아간다. 바로 욕조 배수구로 빠져나가는 소실분이다.

수천만 년에 걸쳐 남북극이 서서히 냉각한 주원인은 대기중의 이산화탄소 농도가 떨어진 것과 관련이 있다. 이것을 설명해주는 또 다른 논거는 지난 1억 년 동안 남극에서 남극대륙이 중심을 차지하고 있었지만, 남극대륙에서는 (이산화탄소 농도가 떨어짐에 따라) 그 기간의 하반기 절반에만 상당량의 얼음이 얼어 있었다는 사실이다. 남극의 중앙을 차지한 남극대륙에서 얼음을 볼 수 없었다는 것은 기후가 무척이나 따뜻했다는 것을 의미한다.

250만 년 전, 혹은 그로부터 얼마 지나지 않은 때, 사람속에 속한 최초의 존재가 아프리카에 등장했다.(그림 2.1) 호미니드라 불린 이들 존재는 우리보다 키가 약간 작았고, 뇌가 우리의 약 3분의 1 크기로 훨씬 작았으며, 눈 위의 뼈가 툭 불거진 모습이었다. 이들은 단단함의 정도가 저마다 다른 돌멩이의 조각을 떼어내는 식으로 원시적인 도구를 만들었다. 한편으로는 작은 동물을 사냥함으로써, 다른 한편으로는 덩치 큰 육식동물들이 잡아놓은 죽은 고기를 주워옴으로써 식량을 조달했다. 그들은 석기를 이용해 먹이를 얻었다. 돌망치는 뼈를 두드리거나 바스러뜨려 그 안에 들어 있는 골수를 먹는 데, 그보다 작고 날카로운 뗀석기는 동물의 가죽을 벗기고 뼈와 힘줄에 붙은 살을 발라내는 데 썼다. 햄버거 패티처럼 고기를 다지는 데도 석기를 사용했다. 지금의 우리 눈에는 그 석기들이 그저 돌덩어리처럼 보이지만, 원시인들의 감각에서 보자면 엄연한 도구였다.

우리의 먼 조상들은 뇌 크기가 점차 커짐에 따라 그에 필요한 에너지를 공급하기 위해 고단백 식사를 해야 했다. 직접 사냥한 작은 동물이나 다른 육식동물들이 먹다 남긴 고기가 (주된 것은 아니었지만) 어쨌거나 손쉽

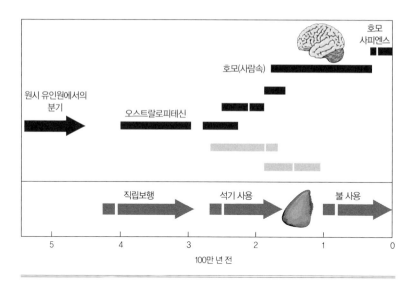

그림 2.1   지난 400만 년 동안 현생인류로 이어져온 진화 과정에는 직립보행을 한 선행인류 오스트랄로피테신, 초기 구성원들이 석기를 사용하고 불을 통제한 사람속(호모), 현생인류 호모 사피엔스(*Homo sapiens*)가 포함되어 있다.

게 얻을 수 있는 단백질원이었다. 이들 선사시대 초기인류는 광범위한 수렵-채집 생활을 하면서 이용할 수 있는 다종다양한 견과류며 산딸기류를 철철이 거두어들였다. 일정한 모양의 몇몇 도구는 덩이줄기나 뿌리를 캐는 데 쓰였다. 오늘날의 침팬지나 일부 원시인들처럼 그들 역시 나뭇가지를 구멍 속에 집어넣어 흰개미를 잡아먹었다. 새알·들쥐 따위를 먹을 줄 아는 이들의 눈에는 사방이 별미로 가득한 환경이었을 것이다.

호미니드들은 한 지역의 식량이 바닥나면 다른 지역으로 이동했다. 천연식량이 풍부한 지역이 많아서 그렇게 사는 데 별다른 어려움은 없었으며, 오직 하루 중 일정 시간만 기초식량을 마련하는 일에 투자하면 족했다. 그렇지만 이들은 이동이 잦아서 다량의 식량을 비축해두기가 어려웠으며, 특히 천연자원이 부족한 지역에서는 긴 가뭄, 오랜 추위를 비롯해 혹독한 날씨에 속절없이 노출되기 일쑤였다.

약 50만 년 전, 사람속은 거의 지금의 우리와 비슷한 모양으로 달라졌다. 뇌 용량이 현생인류의 3분의 2에 이를 만큼 커지면서 두개골 모양이 크고 둥글게 변했다. 이들이 아직 현생인류만큼 똑똑하지는 않지만 우리 인간종, 즉 호모 사피엔스('지혜로운 사람')의 일원이었다. 《선사시대(The Time before History)》에서 콜린 터지(Colin Tudge)는 "그들은 오늘날처럼 줄을 서서 버스를 타지는 않았을 것"이라고 했다. 그렇지만 그들은 불을 다룰 줄 알게 되면서 획기적인 진척을 이루었다. 처음에는 우연히 천둥에서 생겨난 불을 이용하다가 점차 제 의지대로 불 피우는 법을 터득했을 것이다. 불을 다루게 되자 추위와 야생동물의 피해에서 벗어날 수 있었고, 날고기를 좀더 먹기 좋게 익혀 먹을 수 있었다. 또한 사냥감이 잘 보이게끔 일부러 불을 질러서 풍경을 달라지게 만들기도 했다. 야생동물 관리가 여기서부터 시작되었다.

이들은 커진 뇌를 써서 점차 다채로운 생존기술을 능란하게 발휘했다. 사냥감이 어떻게 행동했었는지에 관한 지식을 축적하고 활용하기 시작했으며, 그 결과 그들이 향후 같은 행동을 하리라고 예측할 수 있었다. 또한 의사소통 기술이 향상된 덕택에 좀더 현명하고 복잡한 집단사냥 전략을 구사했다. 작은 사냥감을 잡기 위해 돌을 집어 던지기도 했다. 그들은 점차 아프리카에서 벗어나 아시아 남부로 퍼져나갔다. 그러나 사람속이 지상에 출현한 이래 200만 년이 흘렀다는 점을 감안하면 근대성을 향한 진척은 그리 인상적이지 않았다. 인간은 계속해서 석기시대에 머물러 있었고, 수렵-채집 생활을 했으며, (다소 정교해지긴 했지만 여전히) 조잡한 석기를 만들고 있었던 것이다.

수시로 이동생활을 했으므로 자녀의 나이 터울이 비교적 길다고 할 수 있는 4년 이상이 되어야 했다. 식량원을 찾아 끊임없이 재정착하다 보면 그때마다 짐을 몽땅 옮겨야 했고, 자녀를 데려갈 것인지 기본적인 생존에 꼭 필요한 물품을 챙겨갈 것인지 갈림길에 서게 되었다. 부분적으로 자녀의 터울을 조절한 결과 인류의 인구는 소수에 머물렀다. 때로 희소자원들에 의존하지 않을 수 없었던 상황도 인구를 제한하는 데 한몫했다.

15만~10만 년 전 어느 때쯤, 아프리카에서 거의 현재와 유사한 인류가 등장했다. 그들은 신체적으로는 거의 지금의 우리와 다를 바 없어졌다. 선조들보다 키도 크고 뇌 크기도 한층 더 커졌다. 그들 역시 선조들처럼 돌을 쪼개서 도구를 만들어 썼지만, 그 과정에서 진일보한 기술을 동원했다. 좀더 현명하게 돌을 골라서 (여전히 조잡하긴 하지만) 한층 더 다양하고 정교하고 다듬어진 도구를 만든 것이다. 우리는 그들이 시체를 매장하고 환자를 돌봤다는 사실도 알고 있다. 환자를 간호했다는 것은 다른 이의 도움이 없으면 안 되는 기형을 지닌 채 성년기를 살았던 개인의 화석유해가 발굴된 데 따른 결론이다. 처음에는 그들 역시 선조들처럼 사냥꾼에게 거의 혹은 전혀 위해를 가하지 않는 작은 사냥감에 주로 의존했다.

지능이 꽤나 높은 인간이 어찌 그리 믿기지 않을 만큼 원시적인 생활을 고수할 수 있었는지 생각해보면 희한하기 짝이 없다. 그들의 뇌는 지금 우리의 뇌가 감당하는 모든 것을 할 수 있었지만, 그들은 오늘의 우리로서는 당연하다 싶은 상식의 기반이 부족했다. 그들의 아기 한 명을 현대사회에 데려와서 키운다면, 그가 천체물리학자·목수·컴퓨터 소프트웨어를 고안한 억만장자로 성장할 가능성이 지금의 우리와 하등 다르지 않을 것이다. 다소 난데없는 비유처럼 들릴지도 모르지만, 그와 비슷한 일이 최근 몇 십 년 사이에도 일어났다. 급속한 문명을 거부한 채 살아가던 부족들이 갑자기 복잡다단한 문명에 노출되었을 때인데, 그들은 현대적

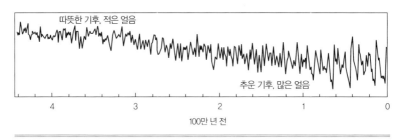

따뜻한 기후, 적은 얼음

추운 기후, 많은 얼음

| 4 | 3 | 2 | 1 | 0 |

100만 년 전

그림 2.2 현생인류가 진화해온 지난 500만 년 동안 지구의 기후는 서서히 차가워졌다.

인 생활방식에 재빨리 적응했다.

선행인류와 초기인류의 진화가 이루어진 기나긴 세월 동안 세계의 기후는 서서히 차가워졌다.(그림 2.2) 거의 275만 년 전, 지구 기후의 냉각은 결정적인 문턱을 넘어섰고, 북반구 고위도에 처음으로 빙상이 나타났다. 이 얼음은 영원한 것이 아니라서 지구 궤도의 변화로 북극 지역에 전달되는 태양 복사에너지 양이 달라짐에 따라 얼었다 녹았다를 되풀이했다. 시간이 흐르면서 빙하기 주기는 점점 더 길어졌다.

이 수백만 년 동안 우리 조상들은 환경이나 기후에 그 어떤 지속적인 영향도 끼치지 않았다. 그들은 어느 때인가 초원을 불태우기 위해 '불쏘시개'를 사용하기 시작하면서, 자신들이 사는 지역의 환경을 일시적으로 달라지게 만들기도 했다. 그러나 육상에서 식물이 자랐던 수억 년 동안 건기에 친 번개 역시 그와 똑같은 일을 해왔다. 불을 질러도 식물의 뿌리는 건드리지 않았을뿐더러 그로 인해 토양이 비옥해져서 도리어 식물이 더욱 잘 자랐다. 연소는 대기중으로 이산화탄소를 배출하지만, 새로운 식물은 이듬해 생장기에 광합성을 하기 위해 이산화탄소를 필요로 했다. 사람들은 이동했고, 그들은 풍경에 자기네가 왔다 갔다는 항구적인 흔적을 전혀 남기지 않았다. 욕조 물의 수위에 그 어떤 변화도 주지 않은 것이다.

03

▲▲▲

지구 궤도와 기후의 연관성

지구 궤도의 작은 변화가 기후에 규칙적이고 예측 가능한 영향을 끼칠 수 있다는 사실이 밝혀진 것은 불과 150여 년 전의 일이었다. 여전히 신생 학문에 머물러 있던 지질학과 그보다는 오래된 학문인 천문학, 이렇게 매우 다른 두 분야의 지식이 한데 어우러진 결과였다.

1800년대 중엽, 지질학자들은 북반구의 드넓은 지역에 1.5킬로미터 두께의 거대한 빙상(氷床, ice sheet)이 존재했었는데, 그리 멀지 않은 과거에는 그것이 사라졌다고 최초로 주장했다. 이 거대한 얼음덩어리는 그 규모 때문에 '시트(상(床))'라 불렸다. 가로세로가 각각 수천 킬로미터, 두께가 수 킬로미터에 이르는 얼음층이 마치 침대를 덮은 시트처럼 대륙을 뒤덮고 있대서이다.

얼음이 광대한 지역을 뒤덮었음을 말해주는 가장 중요한 증거는 북아메리카 북부와 유럽 북부의 풍경에서 만나볼 수 있는, 수 킬로미터에 걸쳐 굽이굽이 기다랗게 펼쳐져 있는 돌무더기 능선이다. 아무렇게나 쌓여 있는 이른바 빙퇴석 능선(moraine ridge)은 입자가 고운 진흙에서부터 모래, 자갈, 조약돌, 커다란 바윗돌 따위로 이루어져 있다. 대다수 과학자들은 오랫동안 성경에 나오는 대홍수로 빙퇴석 능선이 만들어진 것이라고 믿어왔다. 힘이 그쯤은 되어야 거대한 암석 부스러기를 이 지역에서 저지역으로 옮길 수 있다고 본 것이다. 만들어진 지 얼마 안 되게 생긴 이암석 부스러기 능선은 성경에 바탕을 둔 추정치, 즉 지구 나이는 6000살 미만이라는 수치와 얼추 맞아떨어지는 것처럼 보이기도 했다.

그러나 물은 자신이 실어 나르는 광물을 크기에 따라 분류하는 경향이 있어서, 모래·토사·진흙이 풍부한 퇴적물을 각기 다른 지역에 날라다 준다. 그런데 이 암석 무더기는 진흙에서 큰 바윗돌에 이르는, 입자가 제각각인 돌들을 되는대로 함께 쌓아놓은 모습이었다. 알프스 산맥과 노르웨이의 산맥 가까이에 살면서 연구를 진행한 박물학자 샤르팡티에(Jean de Charpentier)는 그 같은 돌무더기 퇴적물이 산악빙하 가장자리에 놓여 있음을 알아차렸다. 얼음은 자연에서 볼 수 있는 가장 덩치 큰 청소부다. 즉 얼음은 온갖 크기의 퇴적물과 쓰레기를 들어다가 자신이 결국 머물게 되는 곳에 거대하게 부려놓는다. 또한 북쪽의 빙퇴석 지대에서는 아래의 기반암과는 전혀 다른, 표석(漂石, erratic)이라 불리는 커다란 바윗돌도 볼 수 있다. 이 표석들은 필시 멀리 떨어진 지역의 기반암에서 떨어져 나와 기나긴 거리를 이동하다가 발견된 그 지역에 떨궈진 것으로 보인다.

1830년대 말, 샤르팡티에와 그의 동료들은 스위스 지질학자 루이 애거시(Louis Agassiz)에게 산악지대 계곡에 쌓인 퇴적물은 산악빙하의 작품임을, 즉 엉성하게 놓인 암석들이 밑에 깔린 기반암 여기저기를 쓸어대는 동안 홈이 파이고 찰흔이 나면서 만들어진 것임을 확신시켰다. 그런데 애거시는 거기에서 한 걸음 더 나아갔다. 즉 북아메리카 북부와 유럽 북부 전역에서 발견되는, 아무렇게나 널브러져 있는 여러 암석 부스러기들과 기반암의 상처 역시 얼음의 작품이라고 주장한 것이다. 그는 거대한 빙상이 과거에 이들 대륙의 거의 대부분을 뒤덮은 적이 있었노라고 주장했다. 그린란드 빙상의 존재를 알아차린 이가 (전혀 없었다고까지는 말할 수 없지만) 극소수에 불과했고, 거대한 남극대륙 빙상이 아직 발견조차 되지 않은 때여서 그의 주장은 터무니없는 것처럼 들렸다.

애거시는 과거에 식물학자 카를 쉼퍼(Carl Schimper)가 추운 시기를 표현하기 위해 사용한 '빙하기(ice age)'라는 용어를 빌려왔다. 정력적인 데다 언변까지 좋은 애거시는 거대한 빙상이 실제로 존재했었다는 사실을 과학계가 받아들이게 하려고 장기적인 행동에 착수했다. 당시의 과학적 지식에 도전하려던 그의 시도는 처음에는 적잖은 거부반응을 불러일으켰다. 그러나 점차 저명 과학자들이 그 분야에 관심을 기울이고 증거를 찾아 나선 결과 애거시가 기본적으로 옳아 보인다는 결론에 이르렀다. 1860년대에 애거시의 주장은 대체로 맞는 것으로 밝혀졌다.

그러나 이 중요한 발견은 이내 한 가지 골치 아픈 문제를 드러냈다. 방사성 연대측정 기법은 1940년대에 발견되었고 1950년대가 지나서야 널리 사용되었지만, 지질학자들은 빙하 퇴적물을 보기만 해도 그것이 그리 오래된 게 아니라는 사실쯤은 단박에 알아볼 수 있었다. 지구의 기나긴 역사에서 발견되는 대다수 암석 퇴적물은 단단하고 조밀하다. 그래서 얼핏 보기만 해도 오래된 것임을 숨기기 어렵다. 반면 이 암석 부스러기 능선은 푸석푸석하고 잘 바스러지고, 생긴 지 얼마 안 되어 보이고, 따라서 틀림없이 훨씬 더 나중의 것이었다. 빙하가 녹은 이후 시간을 추적하는 한 가지 방법은 빙하작용을 받은 지역 내, 혹은 그 부근의 호수에 쌓인 퇴적물을 조사하고, 해마다 검은 퇴적층과 밝은 퇴적층이 번갈아 나타나는 이른바 연층(年層)의 수를 세어보는 것이다. 스칸디나비아 반도의 수많은 호수에서 얻은 퇴적층 기록에 따르면, 얼음이 녹은 것은 1만 2000~6000년 전 사이 어느 때였음을 알 수 있다. 이 추정치는 결국 크게 벗어나지 않은 것으로 드러났다.

이처럼 거대한 얼음덩어리가 비교적 최근에 존재했었다는 사실은 1700년대에 제임스 허턴이 제기한, 지표면의 특징은 기나긴 세월 동안 이루어진 지질학적 과정의 산물이라는 가설을 이제 막 받아들이기 시작한 지질학자들에게 커다란 고민거리를 안겨주었다. 정말로 하나의 산맥이 형성되는 데 수천만 년 혹은 수억 년이 걸린다면, 그러한 지질학적 과정이 대체 무슨 수로 빙상만큼은 단 수천 년 만에 만들어내고 또 파괴할수 있었을까? 특히 최근의 빙하 용융이 지난 몇 천 년 내에 일어난 현상은 대관절 어떻게 가능했을까?

한편 역사나 '생긴 지 얼마 안 되어 보이는', 따라서 최근에 일어난 기후 변화임을 말해주는 다른 특징들도 도처에서 속속 드러났다. 1800년대 말, 미국의 탐험가들은 말을 타고 남서부의 대분지(Great Basin: 미국 서부의 네바다, 유타, 캘리포니아, 오리건, 아이다호 주에 걸쳐 있다―옮긴이) 사막 지대를 찾았다. 그들은 그 지역 전체에서, 한때 분지에 홍수가 나서 현재의 호숫가 해안선 혹은 분지 바닥보다 훨씬 높은 곳까지 물이 차올랐음을 보여주는 과거 호숫가의 흔적을 발견했다. 지질학자 그로브 길버트(Grove Gilbert)는 오늘날의 솔트레이크시티 변두리에서 현재 그레이트솔트레이크(Great Salt Lake) 호수보다 수위가 약 300미터 높은, 그리 오래되어 보이지 않는 해안선의 자취를 발견했다. 과거의 해안선은 파도 작용에 의해 암석 노두에 칼자국 모양의 생채기가 나 있고, 몇 킬로미터 넘는 거리에서도 보이는 끝없이 이어진 횡와단구에 '생긴 지 얼마 안 되어 보이는' 호숫가 퇴적물이 쌓여 있는 게 특징이었다. 이로써 한때 거대한 호수의 물이 주변 산맥들 사이에 드리워진 분지 전체로 흘러넘쳐 오늘날의 미시건 호수에 맞먹는 5만 제곱킬로미터 크기의 지역을 뒤덮었으며, 지금의 솔트레이크시티 전역을 침수시켰음을 분명하게 확인할 수 있다. 작은 호수들, 그러나 오늘날 존재하는 것보다 훨씬 더 큰 호수들이 미국 남서부 분지 곳곳에 흩어져 있었다. 그리 멀지 않은 과거에 이 지역 전체는 지금보다 훨씬 더 습윤했던 것이다.

북아프리카 내륙을 탐험한 초기 지질학자와 지리학자들은 사하라 사막의 내부와 그 이남에서도 비슷한 증거를 발견했다. 몇몇 분지는 오늘날에는 작은 호수로 남아 있거나 아니면 모조리 말라버렸지만, 분지 가장자리에서 앞에서처럼 파도에 시달려 생긴 상처와 단구 퇴적물이 있어서, 그리 멀지 않은 과거에 더 크고 깊은 호수가 있었음을 짐작할 수 있다. 여기저기에 흩어져 있는 오래된 호수 바닥의 퇴적물 흔적이 아직 거센 사하라 바람에 휩쓸려가지 않은 지역에서 발견되고 있다. 전 세계적으로 발견되는 '생긴 지 얼마 안 된' 퇴적층 목록은 열거하자면 끝이 없다. 이 모든 예를 통해 얻게 되는 기본적인 결론은 다음의 한 가지로 동일하게 귀결된다. 즉 무엇인가가 비교적 짧은 기간 동안 기후에 커다란 변화를 일으켰는데, 그것은 더디기 짝이 없는 지구의 판구조 변화와 관련한 과정은 아니라는 것이다.

또 한 가지 까다로운 문제가 드러났다. 1800년대와 1900년대 초, 비교적 최근인 과거에 적어도 한 번 이상 거대한 빙상이 형성되었고, 호수 수위가 더 높은 적이 있었다는 사실이 점차 분명해지기 시작했다. 몇몇 북쪽 지역에서 빙퇴석 능선은 오늘날 온대지역에서 흔히 볼 수 있는 토양층 위에 쌓여 있는데, 그 토양에서 발견된 꽃가루 입자는 참나무나 히코리처럼 열기에 적응한 나무의 것이었다. 이러한 증거는 빙상이 나타나고 빙하 부스러기가 퇴적하기 전에 오늘날과 비슷한 따뜻한(간빙기) 기후가 존재했음을 말해준다. 그러나 당시 과학자들은 더 오래된 토양층 아래에서 또 다른 빙하 부스러기 층을 발견했다. 같은 지역에서 또 한 차례 그보다 더 과거에 빙하작용이 있었음을 암시하는 결과였다. 지금의 건조지역을 탐험한 연구자들 역시 과거에 적어도 한 번 이상 호수 수위가 현재보다 높았음을 말해주는 증거를 발견했다.

이러한 발견들은 아주 가까운 과거에 기후가 지금보다 저온 혹은 다습했다는 것을 의미할 뿐만 아니라, 적어도 한 번 이상 덥고 추운 상태, 다습하고 건조한 상태를 왔다 갔다 했다는 것을 뜻한다. 몇몇 지질학자들은 수만 년에 걸쳐 지각이 변동을 일으켰다는 사실을 통해 이 신비한 현상을 설명하고자 잠시 헛된 노력을 기울였다. 그러나 그러한 설명에 수긍한 이는 거의 없었다.

나중에 밝혀진 바에 따르면, 이 수수께끼에 관한 답은 지구의 내적인 지질 과정이 아니라 우주에서의 지구 궤도에 있었다. 몇 백 년 전, 즉 16세기와 17세기에 천문학자 니콜라우스 코페르니쿠스(Nicholaus Copernicus), 요하네스 케플러(Johannes Kepler), 갈릴레오 갈릴레이(Galileo Galilei)는 지구가 우주의 중심이 아니라 중력의 끌어당기는 힘에 의해 궤도를 따라 약 1억 5000만 킬로미터 떨어진 태양의 주위를 도는 작은 행성이라는 사실을 발견했다. 그와 마찬가지로 지구의 중력장이 인간을 육지에 단단히 발딛고 설 수 있게 해주는 것처럼 약 38만 7200킬로미터 떨어진 궤도상에 달을 붙들어둔다는 사실도 밝혀냈다.

머잖아 다른 천문학자들이 중력의 또 다른 좀더 미묘한 효과—즉 지구가 궤도를 그리며 태양 주위를 돌 때, 태양과 달 그리고 다른 행성들의 중력당김이 더해져 지구에 미치는 영향—를 조사하기 시작했다. 그들은 점차 행성들의 부차적 당김은 비록 태양의 끌어당김보다 한층 적음에도 불구하고 중요한 영향을 끼친다는 사실을 확인했다. 6억 4000만 킬로미터 떨어져 있는 목성은 지구 궤도를 확실하게 끌어당길 만큼 크다. 달은 상대적으로 작지만 지구를 끌어당길 수 있을 만큼 충분히 가까운 거리에 있다. 이러한 중력당김의 미세한 변동과 더불어 지구가 완전한 구(球)가 아니라 적도 부근이 약간 튀어나와 있는 꼴이라는 사실 때문에 외부의 중력당김은 불균일한 효과를 낳는다.

애거시가 과거에 빙상이 북반구의 상당 지역을 뒤덮고 있었다는 파격적인 주장을 펼친 때로부터 불과 몇 년 뒤인 1842년, 천문학자 조제프 에드헤마르(Joseph Adhemar)는 마침내 빙하시대에 관한 이론으로 결실을 맺게 되는 너무나도 창의적인 정신적 도약을 이룩했다. 에드헤마르는 지구 궤도의 어떤 측면인가가 수만 년이라는 짧은 시기 동안 변화했다는 사실을 알아차렸다. 무릎을 치게 만든 그의 놀라운 '깨달음'은 바로 이런 것이었다. 즉 지구 궤도의 변화가 지구표면에 도달하는 태양 복사에너지 양에 영향을 끼치고, 그것은 다시 빙상의 등장과 퇴각을 비롯해 기후에 영향을 준다는 것이다. 이 탁월한 통찰은 결국에는 올바른 것으로 드러났지만, 아직까지는 시작에 불과했다. 그 개념에 바탕을 두고 지구 궤도 변화가 지구 기후 변화와 연관되는 실질적인 기작을 알아내는 일이 과제로 남았다.

지구 기후에 미치는 태양의 영향을 달리하는 한 가지 방법은 하늘에 떠 있는 태양의 높이를 변화시키는 것이다. 오늘날 여름이 겨울보다 따뜻한데, 그것은 부분적으로 태양이 낮 동안 하늘에 더 높이 떠 있어서 더 많은 열을 제공해주기 때문이다. 또한 겨울이 더 추운 이유는 태양이 낮게 떠 있어서 태양 복사에너지가 약해 (지표면에 비스듬하게 입사하므로) 열이 덜 제공되는 탓이다. 더 나아가 훨씬 더 긴 기간에 걸쳐 지평선 위의 태양 높이에 영향을 주는 것이면 무엇이든지 장기적인 기후(long-term climate)에 영향을 끼쳤을 것이다.

지구에 얽매인 우리의 시각에서 보면 마치 태양이 변하는 것처럼 보이지만 실상은 그렇지 않다. 틀림없이 태양고도의 분명한 변화를 가져오는 진짜 원인은 지구 궤도에 있을 것이다. 지구의 자전축, 즉 지축은 태양 주위를 도는 지구 궤도면에 대해서 기울어 있다. 그 기울기 각도는 연중 23.5도를 유지한다. 지구가 우주에서 기울어져 있는 방향 또한 연중 같다. 여름에 지구는 태양을 향해 기울어 있는 지구 궤도 쪽에 놓이므로 태양이 낮 동안 하늘에 높이 떠 있다. 반면 겨울에는 지구 궤도가 그와 정반대 쪽에 놓이므로, 지구는 태양에서 가장 멀어지는 위치가 되고 태양이 하늘에 낮게 뜬다. 따라서 하늘에서의 태양 높이, 태양이 전달하는 태양 복사에너지 양은 기실 지축의 기울기와 지구 궤도에서 지구의 위치가 상호작용한 결과다. 16세기 천문학자들은 이미 이 사실을 알고 있었다.

장구한 세월 동안, 지축의 기울기가 늘 일정하게 유지된 것은 아니다. 1840년대에 프랑스 천문학자 위르뱅 르베리에(Urbain Leverrier)는 거대 행성들(주로 목성)의 중력당김에 의해 지축의 기울기가 4만 1000년 주기로 22.2도에서 24.5도 사이를 왔다 갔다 한다고 밝혔다. 4만 1000년마다 기울기는 최대에서 최소로, 다시 최대로 달라진다는 말이다. 기울기 주기는 길이도 진폭도 일정하다.(그림 3.1)

2.3도에 이르는 지축 기울기의 점진적 변화가 낮 동안 하늘에 떠 있는 태양의 높이를 달라지게 만든다. 2.3도의 변화라니 하찮게 들릴지도 모르지만, 이것은 태양이 항시 하늘에 낮게 떠 있는 고위도 지방에서는 큰 차이를 만들어낸다. 북극권 북쪽과 남극권 남쪽의 경우, 한겨울에는 결코

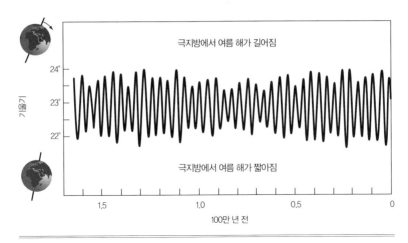

극지방에서 여름 해가 길어짐

극지방에서 여름 해가 짧아짐

1.5   1.0   0.5   0

100만 년 전

그림 3.1　4만 1000년 주기로 서서히 진행되는 지구 궤도면에 대한 지축 기울기의 변화는 고위도 지방에 도달하는 태양 복사에너지 양을 달라지게 만든다.

태양을 구경할 수 없다. 끝없는 '극야(極夜)'가 펼쳐지는 것이다. 반면 한여름에는 태양이 결코 지지 않고, 지극히 낮은 각도로 지평선 주위를 느리게 돌면서 떠 있다. 낮은 태양고도상의 아주 작은 변화조차 전달되는 태양 복사에너지 양에 유의미한 차이를 가져다준다.

여러분은 중위도 지방의 낮익은 예를 통해 태양 각도의 사소한 변화가 지니는 중요성을 알아차릴 수 있다. 완만하게 경사진 남향 언덕은 얇게 쌓인 눈을 이내 녹여버릴 만큼 충분한 태양 복사에너지를 받는다. 반면 같은 언덕의 북쪽 사면에서는 눈이 그보다 더 오랫동안 녹지 않고 남아 있다. 언덕사면에 비치는 태양광선 각도의 작은 차이가 눈 녹는 속도의 차이를 설명해준다. 그와 비슷하게 4만 1000년 주기로 진행되는 지축 기울기의 작은 변화는 위도 45도 이상 지방에 전달되는 태양 복사에너지 양에 유의미한 차이를 낳는다.

기후를 변화시키는 두 번째 방법은 태양과 지구의 거리를 달라지게 만

드는 것이다. 흔히 볼 수 있는 전구에서 손을 30센티미터 정도 뗀 다음 다시 10센티미터가량 더 떼보면 이 주장을 얼마간 실감할 수 있다. 열원과의 거리는 분명한 차이를 느끼게 해주며, 전구 열의 양을 통해 태양에서 나오는 평균적인 열의 양을 대략 가늠할 수 있다.

지구가 공전하는 동안 태양까지의 거리를 달라지게 만드는 것은 지구 궤도의 두 가지 요소가 함께 어우러진 결과다. 그 하나는 지구 궤도의 이심률(eccentricity)이다. 우리는 일반적으로 지구 궤도가 둥글다고 생각하지만 실제로는 완전하지 않은 원형, 즉 타원형이다. 따라서 지구는 공전 궤도상의 한 지점(근일점)에 있을 때가 그 반대편(원일점)에 있을 때보다 태양에 약 500만 킬로미터 더 가깝다. 이것은 지구에서 태양까지의 평균거리(약 1억 5500만 킬로미터)에서 벗어나는, 작지만 의미심장한 변화다.

일반적으로 이심률이라 불리는 이 타원율(ellipticity)은 오랜 기간에 걸쳐 변화한다.(그림 3.2) 이심률이 거의 10만 년 주기로 변화한다는 사실을 밝혀낸 것 또한 프랑스의 천문학자 르베리에의 업적이다. 매우 드물지만 이심률이 0으로 떨어지면, 태양을 공전하는 지구 궤도가 완벽한 원형이 된다. 대부분의 기간 동안 지구 궤도는 타원형이고, 이심률은 끊임없이 변한다. 이심률의 변화는 지축 기울기의 변화보다 더 불규칙하다. 또한 최고 이심률과 최저 이심률 간의 변화폭도 크다.(그림 3.1과 3.2 비교) 시간과 더불어 변하는 이심률은 지구 궤도를 원형에서 벗어나게 함으로써 지구 궤도상의 위치에 따라 지구와 태양의 거리를 달라지게 만든다.

지구와 태양의 거리에 영향을 미치는 지구 궤도의 두 번째 측면은 지축의 세차운동(precession)이다. 이것은 회전하는 팽이에서처럼 자전축 자체가 이리저리 흔들리는 운동을 말한다. 지구는 팽이처럼 기울어진 지축을 중심으로 하루에 한 번씩 자전한다. 또한 1년에 한 차례씩 태양 주위

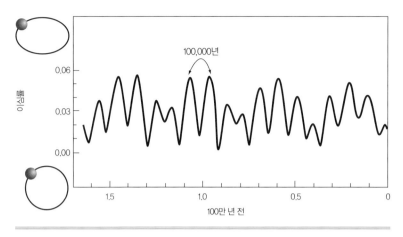

그림 3.2 태양 주위를 도는 지구 궤도의 이심률은 10만 년 주기로 서서히 변화한다.

를 공전한다. 이 역시 평평한 표면에서 서서히 원형 궤도를 따라 움직이는 대다수 팽이들에서 확인할 수 있는 운동이다. 그러나 팽이는 흔히 세 번째 종류의 운동을 보여주기도 한다. 즉 기울어진 방향을 이쪽에서 저쪽으로 바꾸면서 흔들흔들하는 것이다. 지축을 중심으로 기울어져 있는 지구의 방향 변화는 기울기에 따라 그 정도가 달라진다.

1800년대에 프랑스 수학자 장 르 롱 달랑베르(Jean le Rond d'Alembert)는 세차운동이 어떻게 태양 주위를 공전하는 지구 궤도에 영향을 미치는지를 최초로 밝혀냈다. 그는 기울어진 지축이 지구 궤도상에서 느리게 한 번 흔들리는 데 약 2만 2000년이 걸린다는 사실을 알아냈다. 2만 2000년은 지구가 하루에 한 번 자전하는 것, 혹은 1년에 한 번 공전하는 것과는 비교도 할 수 없을 만큼 긴 기간이다. 지구가 지구 궤도상에서 이러한 흔들거림 가운데 단 한 번을 경험하는 데는 2만 2000번의 공전이나 800만 번이 넘는 자전과 맞먹는 시간이 걸린다는 뜻이다. 만약 여러분이 그처럼 느린 흔들거림을 감지하려면 상당히 오랫동안 팽이를 주시해야 할 것이다.

한 번의 세차운동 주기가 시작될 때면, 지구는 우주에서 특정 방향으로 기울어져 있고, 1년 동안 같은 자세를 유지한다. 하지만 몇 해가 지나면 기운 방향이 조금씩 달라지기 시작하면서 서서히 원을 그린다. 1만 1000년 뒤 지구의 기운 방향은 정확히 처음과 정반대 방향으로 달라진다. 그로부터 다시 1만 1000년이 지나면 기운 방향은 원형을 그리면서 2만 2000년 전 처음 시작할 당시의 위치로 돌아온다. 교실에서 세차운동을 설명하려 애쓸 때면 나는 늘 원을 따라 걸으면서 팔을 한 방향으로 기울였다가 다시 다른 방향으로 기울이는 몸짓을 해 보였다. 마치 무슨 종교의 례에서 추는 춤처럼 말이다.(뭐 물론 태양이 추는 춤이라 해도 무방하겠다!) 내 수업을 들은 학생들은 대체로 세차운동이 어떻게 이루어지는지 다 까먹는다 해도 나의 우스꽝스러운 몸짓언어만큼은 기억하고 있을 것이다.

이심률과 세차운동은 함께 작용해 지구에 실제로 다다르는 태양 복사에너지 양을 결정한다. 실제로 변화하는 이심률(그림 3.2)은 세차운동에 의한 지축의 기울기 변화에 승수(乘數)로 작용한다. 따라서 지구 궤도의 이심률이 높을 때에는 자전축의 기울기 변화도 증폭되고, 이심률이 낮을 때에는 기울기 변화폭도 작아진다. 각 세차운동 주기는 대략 2만 2000년이지만, 이심률의 승수효과는 세차운동의 고점과 저점 사이의 변동 폭이 커지느냐 작아지느냐를 결정한다.(그림 3.3)

만약 태양을 공전하는 지구 궤도가 완전한 원형이고(즉 이심률이 0이고), 지구가 지구 궤도에서 느리게 흔들리지 않는다면(즉 세차운동을 하지 않는다면), 매년 여름 받아들이는 태양 복사에너지 양은 똑같을 것이다. 매년 겨울도 마찬가지일 것이다. 지구는 겨울보다 여름에 태양 복사에너지를 더 많이 받는데, 이것은 지구가 태양에 대해 기울어져 있기 때문이다. 어쨌

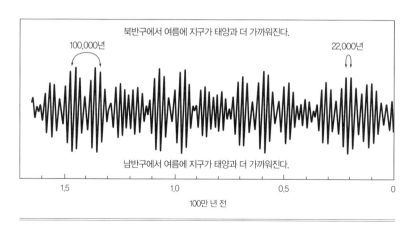

그림 3.3 지구 궤도의 이심률 변화와 느릿느릿 흔들리는 지축의 세차운동 변화가 함께 어우러진 결과, 저위도와 중위도 지역이 받아들이는 태양 복사에너지 양은 2만 2000년 주기로 변하고, 변동폭 자체는 10만 년 주기로 순환한다.

거나 같은 계절에 받아들이는 태양 복사에너지 양은 수천 년 동안 달라지지 않을 것이다.

그러나 지구 궤도가 타원형인 데다 세차운동까지 하므로, 세월이 가면 매해 여름이라고 같은 여름이 아니고 겨울이라고 같은 겨울이 아니게 된다. 지구 궤도의 이심률이 커지면, 궤도가 완벽한 원형일 때에 비해 공전 궤도의 특정 부분이 태양에 약 6퍼센트 가까워지고, 그 정반대 부분은 약 6퍼센트 멀어질 수 있다. 세차운동은 (지구 궤도의 이심률 효과에 의한) 지구-태양 간 거리의 편차를 서서히 지구 궤도상의 다른 지점으로 옮겨서 그 편차가 수천 년 동안 다른 계절에 나타나도록 만들었다. 따라서 시간이 흐르면서 계절마다 받는 태양 복사에너지 양이 달라지게 된다.

다행히 이심률과 세차운동의 복잡한 상호작용은 그림 3.3에 하나의 곡선으로 깔끔하게 정리되어 있다. 이것이 태양 복사에너지에 미치는 영향은 겨울 극야의 어둠에 싸인 지역을 제외한 모든 위도상에서 감지된다. 따라서 결국 이 모든 것은 두 개의 곡선으로 귀결된다. 말하자면 4만 1000년 주기의 지축 기울기 변화는 고위도 지역의 태양 복사에너지에 영향을 미치고(그림 3.1), 2만 2000년 주기의 세차운동과 10만 년 주기의 지구 궤도 이심률 승수 효과는 지구상의 모든 위도상에 영향을 준다.(그림 3.3)

지구 궤도의 이러한 변화들은 상대적으로 작으므로 어떤 지역에 가 닿는 태양 복사에너지 양에 그리 큰 영향을 끼칠 것 같지 않다. 그러나 실제로는 그렇지 않다. 연중 어느 특정 계절인지 어떤 위치인지에 따라, 태양 복사에너지 양은 평균치와 10퍼센트 넘게 차이가 날 수 있다. 이 변화폭은 오늘날의 퀘벡과 애틀랜타, 런던과 리스본의 차이보다 더 크다.

많은 과학자들이 수십 년 동안 기후에 영향을 끼치는 지구 궤도 가설을 받아들이지 않았다. 한 가지 반론은 지구상의 어떤 위치에서 어느 특정 계절의 태양 복사에너지 변화는 언제나 그와 상대되는 계절의 정반대 변화로 상쇄된다는 주장이었다. 다시 말해 어떤 특정 지점에서 여름에 태양 복사에너지를 더 받는다면 겨울에는 꼭 그만큼 덜 받게 된다는 의미이다. 남반구와 북반구의 경우도 마찬가지다. 즉 북반구에서 여름에 태양 복사에너지를 더 받을 때면 남반구에서는 여름에 꼭 그만큼 덜 받는다는 것이다. 여름이냐 겨울이냐에 따라 북반구냐 남반구냐에 따라 태양 복사에너지 양이 상반되는 현상은 우리 행성 지구가 1년 내내 지구 궤도를 따라 극과 극을 오가기 때문이다. 만약 지구가 어느 계절에 태양에 가까워진다면, 타원형 지구 궤도의 다른 쪽에서 정반대 계절을 맞을 때는 응당 태양에서 멀어질 것이다. 또한 어느 계절에 태양 쪽으로 기울어 있다면 6개월 후 반대 계절이 되면 필시 태양에서 멀어지는 방향으로 기울어질 것이다. 이런 변화들이 가져오는 효과는 1년 동안 지구 차원에서 상쇄되므로, 지구 전체의 태양 복사에너지 양에는 별다른 차이가 없어진다. 따라서 지구 궤도 가설의 초기 비판론자들은 타당해 보이는 이유를 들어 장기적인 태양 복사에너지 차가 지구상에 미치는 영향은 미미하다고 결론 내렸다.

그러나 그들은 기후 시스템에서 중요한 점을 간과했다. 지구가 어디서나 정확히 같은 방식으로 반응하는 동질적인 성질을 지닌다고 가정한 것이다. 이런 관점은 기후 시스템의 복잡성과 기후 시스템을 구성하는 요소들이 저마다 다른 방식으로 작동할 수 있는 가능성을 고려하지 못했다. 분명한 예가 바로 육지와 바다의 분포다. 남반구의 대부분은 바다이고, 바다는 기후 변화를 부추기기보다 누그러뜨리는 속성이 있다. 입사된 태양 복사에너지의 상당량이 바다에 저장되지만, 바다는 워낙 깊어서 해수면의 수온 변화로 인한 영향이 기실 미미하다. 반면 북반구에는 유라시아·북아메리카·북아프리카, 이렇게 거대한 땅덩어리가 버티고 있고, 육지 표면은 바다보다 기후 자극에 한층 더 민감하다. 태양 복사에너지가 육지 표면을 달구면 그 열기가 이내 그리 깊지 않은 곳의 퇴적물이나 암석에 다다른다. 그렇게 해서 육지는 바다보다 좀더 빨리, 훨씬 더 광범위하게 데워진다.

근본적으로 다른 바다와 육지의 양태는 그것들이 오늘날 계절에 따른 태양 복사에너지 변화에 어떻게 대응하는지를 보면 잘 알 수 있다. 북반구에서 태양 복사에너지 양이 최대가 되는 것은 하지(6월 21일)인데, 북반구 대륙의 내륙 온도가 최고조에 달하는 것은 그로부터 한 달 뒤인 7월이다. 반면 북반구 바다는 해수온이 8월 말이나 9월 초가 되어야 최고점에 이른다. 더군다나 큰 대륙의 중앙 육지는 여름에 같은 위도상에 놓인 바다보다 무려 다섯 배에서 열 배 정도나 더 따뜻하다. 반면 겨울에는 바다보다 더 빨리, 더 심하게 냉각한다. 이러한 이유들로 해서 육지가 많은 북반구는 바다가 많은 남반구와 기후에 반응하는 양상이 다르다. 비판론자들은 바로 이와 같은 차이를 놓친 것이다.

지구표면은 평지와 산맥, 사막과 숲, 해빙과 (얼음 없는) 개빙 수역 등의 분포가 지역적으로 커다란 차이를 보인다. 이러한 지구표면의 특성차도 태양 복사에너지 변화에 다르게 반응하도록 이끄는 요인이다. 이어지는 두 장에서 살펴보겠지만, 특정 지역에서 가장 중요한 기후 시스템의 구성요소들은 어느 계절에 모자라게 받는 태양 복사에너지보다 그 반대 계절에 여벌로 받는 태양 복사에너지에 좀더 크게 영향을 미치는 것으로 보인다. 이럴 경우 계절에 따라 상반되는 태양 복사에너지는 상쇄되지 않은 채 기후 시스템에 개입한다. 지구 궤도의 변화가 기후에 영향을 끼친다는 가설을 비판한 학자들은 이러한 가능성도 고려하지 못했다.

한편 몇몇 과학자들은 이 비판론자들에도 아랑곳 않고 지구 궤도 변화가 지구 기후 변화를 이끄는 구체적 기작을 규명하러 나섰다. 1875년 스코틀랜드인 제임스 크롤(James Croll)은 지구가 받아들이는 태양 복사에너지 양의 변화를 계산해냈다. 1904년 독일 수학자 루트비히 필그림(Ludwig Pilgrim)은 10년 동안 집요하게 지난 300만 년 동안의 지구 궤도 변동을 계산한 작업성과를 논문에 담았다. 필그림은 그 계산 결과를 기후 변화와 연관 지으려 하지는 않았지만 그의 작업은 뒤따르는 노력들에 크나큰 기여를 했다.

1911년 초, 천문학자 밀루틴 밀란코비치(Milutin Milankovitch)는 품이 많이 드는 일련의 손 계산을 통해 지난 수십만 년 동안 지구의 위도와 계절에 따른 태양 복사에너지 변화량을 얻어냈다. 그는 제1차 세계대전 기간 동안 오스트리아인들에 의해 감금당한 감옥에서도, 가석방으로 풀려난 뒤에도 계산을 멈추지 않았다. 그는 아이작 뉴턴(Isaac Newton)이 수백 년 전 태양 복사에너지에 영향을 끼치는 주된 요소들이라고 밝힌 두 가지를 고려했다. 하나는 지표면에 대해 입사되는 태양 복사에너지의 각도(기울기 효과)요, 다른 하나는 지구와 태양의 거리(이심률과 세차운동이 함께 어우러진 효과)다. 지금 같으면 컴퓨터를 써서 단 몇 분 만에 정확하게 후딱 해치울 수 있었겠지만, 어쨌거나 밀란코비치의 고된 계산에 힘입어 많은 발견이 뒤따랐다. 그 가운데 가장 중요한 발견 두 가지를 이어지는 4장과 5장에서 각각 다루겠다.

04

△△△△

지구 궤도 변화가 빙하기 주기를 좌우하다

태평양 한가운데에서 지나는 태풍에 휩쓸려가지 않을 정도로만 간신히 해수면 위로 머리를 내민 열대 환상 산호섬 위에 서 있다고 상상해보라. 이제 2만 년 전 정확히 같은 지점에 서 있다고 상상해보라. 뭐가 다를까? 파도는 여전히 그 섬의 가장자리를 찰싹이겠지만, 해수면은 이제 당신이 서 있는 곳에서 110미터 아래로 멀찌감치 물러나 있다. 이 차이는 바닷물이 빙상 상태로 얼어 있는 탓일 것이다.

고(古)기후를 연구해온 근 40년 동안 나를 가장 놀라게 한 것은 2만 년 전 마지막 최대 빙하기(last glacial maximum, LGM)에 다량의 물이 북아메리카와 유럽에 빙상 상태로 얼어 있어서 전 세계 바닷물 수위가 그만큼 낮아졌다는 사실이었다. 다음번에 해안가에 서서 바다를 바라볼 기회가 있거든 당신이 바라보는 바다가 드넓은 대양의 극히 일부분에 지나지 않음을 유념하면서 전 세계 바다가 약 110미터 빠져나갔었다는 사실을 기억하라. 나중에 비행기를 타고 대서양이나 태평양 상공을 날아 시속 600~800킬로미터로 몇 시간에 걸쳐 지구의 다른 지역에 도착할 기회가 있을 때에도 역시 같은 사실을 떠올리려고 애써보라.

바다에서 그 많은 물을 거둬갔다면 여러분은 아일랜드에서 영국으로 그리고 유럽 본토로, 태즈메이니아 섬에서 오스트레일리아·뉴기니로, 시베리아에서 알래스카로, 혹은 동남아시아 본토에서 인도네시아를 거쳐 보르네오 섬으로 발에 물을 묻히지 않고 곧장 걸어서 갈 수도 있다. 오늘날의 동해는 당시 해안호였다. 페르시아 만은 마른 땅이었다. 더 평평한 해안지대에서는 해안선이 지금의 위치보다 바다 쪽으로 수십, 아니 수백 킬로미터나 물러나 있었다.

아니면 얼마나 많은 양의 바닷물이 육지의 얼음에 갇혀 있었는지 생각해보라. 오늘날 우주에서 보면 북아메리카에서 가장 도드라지는 지형은 로키 산맥과 콜로라도 고원으로부터 서쪽으로 콜로라도와 와이오밍 주에 걸쳐 높이 솟은 고원에서부터 극서부 지역과 태평양 연안의 시에라·캐스케이드·올림픽 산맥에 이르는 드넓은 암반이다. 이 지역은 평균적으로 해발 약 2500미터 정도 솟아올라 있다. 그런데 2만 년 전, 북아메리카의 거대한 빙상이 바로 그만한 크기로 얼어 있었다. 빙상의 두께는 최소 2000미터였으며, 캐나다와 미국 북부의 일부 지역은 온통 커다랗고 둥근 얼음 돔에 뒤덮여 있었다. 그 얼음의 무게가 짓누르는 바람에 아래 암반이 현재 위치보다 적어도 600미터 정도 내려앉았고, 거기에 사발 모양의 우묵한 구덩이가 만들어졌다. 얼음덩어리는 어찌나 컸던지 지축이 얼음 중앙을 향해 서서히 움직이기 시작했다.

수대에 걸쳐 과학자들은 인류가 해낸 일을 보잘것없게 만들어버리는 자연의 위대한 솜씨에 커다란 충격을 받았으며, 그로 인한 경외감은 그들 가운데 일부를 일평생 그런 현상이 어떻게 일어날 수 있었는지 해명하는 일에 매달리게끔 이끌었다. 지구 궤도의 변화가 그것을 설명해줄 수 있으리라 여긴 이들에게 던져진 첫 번째 숙제는 어떤 계절이 결정적인지, 왜 그 계절이 결정적인지를 알아내는 것이었다.

1860년대와 1870년대에 제임스 크롤은 겨울에 받아들이는 태양 복사에너지 양이 빙상 크기를 좌우하는 데 결정적이라고 주장했다. 언뜻 이 생각은 더없이 사리에 닿는 것처럼 들린다. 얼음이 쌓이려면 눈이 내려야 하고, 겨울은 사계절 가운데 빙하와 제일 잘 어울리는 계절임에 틀림없다. 태양 복사에너지 양이 줄어들면 겨울은 점차 춥고 길어져서 더 많은 눈이 내릴 테고 빙상이 자라기에 더없이 좋은 여건이 되지 않겠는가. 그러나 좀더 곰곰이 따져보면 이것은 말이 되지 않는다. 크롤은 눈과 얼음이 용융하는 전 과정을 아우르는 용어인 '마식(磨蝕)작용(ablation)'의 힘을 간과했다. 크롤이 버지니아 주 세넌도어 계곡의 남쪽에서 따뜻한 여름을 보냈다면, 아마도 상황을 달리 보았을 것이다. 깊고 후미진 산중에 두껍게 얼어 있는 눈더미라 할지라도 타는 듯한 햇볕, 한낮의 열기, 따뜻한 여름비의 공격을 견디고 살아남을 재간은 없다.

이곳에서는 심지어 겨울에도 눈이 땅에 그리 오랫동안 남아 있지 않다. 1996년 1월 초, 적설량이 75센티미터에 이르는 이례적인 눈보라가 흩날려서 눈이 1.5~2미터 높이로 쌓였다. 눈보라가 조지아에서 메인 주에 이르는 동부 연안 일대를 덮쳤다. 1900년대에 겪은 최대의 눈보라였다. 눈이 그친 뒤 일주일가량 추위가 이어졌다. 눈발은 서서히 내려앉아 45센티미터 두께의 단단한 눈으로 다져졌다.

어느 날 저녁 지역 일기예보는 온도가 올라가고 밤새 비가 내릴 거라고 예보했다. 머잖아 자정이 되었고, 나는 비가 쏟아지기 전 투광조명등을 켜고 창밖으로 높이 쌓인 눈을 살펴보고는 잠자리에 들었다. 그날 밤 세찬 비가 지붕을 때리는 바람에 잠을 설치다시피 했다. 이튿날 아침 6시경 잠자리에서 일어나 투광조명등을 켰다. 눈덩이가 유독 두껍게 쌓여 있던 몇 부분을 제외하고는 초원의 눈이 거의 완전히 녹아버린 믿을 수 없는 광경이 눈앞에 펼쳐졌다. 어찌 된 영문인지는 몰라도 45센티미터 두께로 쌓여 있던 단단한 눈이 단 6시간 만에 거짓말처럼 사라진 것이다. 나는 나중에서야 밤새 기온이 10~15℃로 올라갔다는 사실을 알게 되었다. 간밤에 내린 비는 어찌나 따뜻했던지 각빙에 온수를 부을 때처럼 눈을 스르르 녹여버렸다. 그날 밤 그 지역에서는 보통 소나기가 억수같이 퍼붓는 한여름에나 볼 수 있는 홍수가 산비탈을 타고 흘러내렸다. 이것이 바로 한겨울에, 그것도 단 하룻밤 새에 일어난 급격한 마식작용의 예다. 북위 37도의 위도상에서는 태양의 작용과 낮에는 영상을 유지하는 기온 때문에 눈이 겨울에 한 달 넘게 땅을 덮고 있는 경우가 드물다.

물론 우리(버지니아 주)보다 북쪽 지역에서는 마식작용이 그렇게 두드러지지 않는다. 인구가 밀집한 캐나다 남부(거의 북위 50도 지역)에서는 눈이 무려 1년의 절반가량 땅에 쌓여 있기도 한다. 그보다 더 북쪽인 북위 65도 너머에서는 눈 없는 계절이 딱 두 달로 줄어든다. 하지만 오늘날 기후에서는 겨울에 눈이 얼마나 많이 오든 간에 여름이 되면 충분히 따뜻해서 군데군데 잔설을 남기는 이례적으로 선선한 여름만 아니라면 내린 눈이 몽땅 녹아내린다. 심지어 극북에서조차 여름 끝자락까지 적잖은 눈이 남아 있다가 이어지는 겨울에 더해진 눈과 함께 빙상이 생성되는 과정은 일어나지 않는다. 제임스 크롤의 가설은 이러한 중요한 통찰―즉 여름 용융의 힘―을 놓치고 있었다.

1900년대 초, 밀루틴 밀란코비치는 기상학자 블라디미르 코펜(Wladimir Koppen)의 지침에 의거 후속연구를 진행한 끝에 여름 태양 복사에너지 양이 빙상의 성장과 용융을 판가름하는 결정적인 요소라고 밝혔다. 그는 빙상은 여름의 태양 복사에너지가 낮으면 커지고 높으면 녹는다는 가설을 내놓았다. 오늘날 여름에 눈이 가까스로 녹는 극북 지역에서는 태양 복사에너지가 조금만 줄어들어도 조건에 맞는 위치에서는 눈의 일부가 여름을 이기고 살아남는다. 이어지는 겨울에 눈이 보태지면 눈밭은 넓어지고 하얀 눈 표면은 더 많은 태양 복사에너지를 반사해 기후를 한층 더 차갑게 만든다. 따라서 더 많은 눈과 얼음이 쌓인다.

처음에는 여름이 결정적인 계절이라는 밀란코비치 가설이 약간의 진척을 보이는 듯했지만, 기후과학자들 태반은 도무지 그가 옳다고 확신할 수가 없었다. 지구 기후의 실제 역사에 바탕을 둔 설득력 있는 입증자료가 여전히 부족했던 것이다. 밀란코비치의 가설은 반세기 동안 증거에 의해 확실하게 뒷받침되지도 부정당하지도 않은 어정쩡한 상태로 남아 있었다. 밀란코비치는 아쉽게도 자신이 제시한 가설의 진위를 판가름해줄 최초의 결정적 증거가 막 나오기 시작한 1958년에 세상을 떠났다.

최초의 중요한 진척은 1940년대 말 윌러드 리비(Willard Libby)와 그의 동료들이 개발한 방사성 연대측정법이었다. 기후과학자들은 마침내 빙상에 남아 있는 일부 퇴적물의 연대를 측정할 수 있는 수단을 손에 넣었다. 방사성 연대측정은 일반적으로 약 3만 년 전까지의 시대에 유용하고, 따라서 북아메리카와 유럽 북부의 풍경 속에 군데군데 흩어져 있는 빙하 부스러기(즉 빙퇴석)는 유기탄소를 함유하고 있으면 연대측정이 가능했다. 또는 그 빙하 부스러기의 바로 위나 아래에 놓인, 탄소가 풍부한 토양층을 측정함으로써 연대를 알아낼 수 있었다. 대다수 빙하 퇴적물의 연대측정 결과는 2만 년 전 혹은 그보다 더 나중 시기였다.

또 다른 유형의 퇴적물도 이러한 조사결과를 뒷받침해주었다. 전에 빙상이 있던 지역의 남쪽 호수에서 코어를 시추해 검토한 과학자들은 깊은 호상 퇴적물에 보존된 꽃가루 입자는 오늘날 그 지역 숲에서 자라는 식생보다 훨씬 더 추위에 잘 견디는 나무의 것임을 알아냈다. 말하자면 오늘날 참나무 숲이 우거진 지역에서 가문비나무의 꽃가루 입자가 발견된 것이다. 방사성 연대측정은 추위에 잘 적응한 나무의 꽃가루 퇴적층이 빙하 부스러기와 같은 시대의 것임을 확인해주었다.

방사성 연대측정을 통해 마지막 최대 빙하기의 거대한 빙상이 1만 6000~6000년 전 사이 서서히 녹아내렸다는 사실도 드러났다. 밀란코비치의 가설과 일치하는 결과였다. 이 기간 동안 북반구에서 여름 태양 복사에너지 양은 오늘날보다 9퍼센트나 많았는데, 이것은 지구 양극이 태양 쪽으로 더 기울어져 있었고, 북반구가 여름일 때 지구가 태양 쪽에 더 가까운 거리에 놓여 있었기 때문이다. 그 1만 년 동안 빙상은 서서히 후퇴했고, 오늘날에는 결국 캐나다 북동부에만 일부 남아 있을 뿐이다.(그림 4.1)

그런가 하면 방사성 연대측정은 북반구에서 여름에 태양 복사에너지가 크게 낮아진 때로부터 수천 년 뒤 빙상이 최대 빙하기 크기에 도달했음을 보여주었다. 밀란코비치는 태양 복사에너지와 빙상 크기 사이에 시간 지체가 있다는 사실을 예측했었다. 그는 빙상이 태양이라는 '동인(動因)'에 즉각적으로가 아니라 수천 년이라는 시간차를 두고 증가하거나 감소하는 반응을 보인다는 사실에 주목했다.

그러나 빙하작용만으로는 밀란코비치 가설을 확실하게 밀어주기 어려웠다. 천문학이 추정한 태양 복사에너지 변화의 수치와 비교하려면 수많은 빙하작용을 포괄하는 장기간의 기록이 필요했다. 불행하게도 빙상이 존재했던 지역에서는 이러한 기록을 발견할 수 없었다. 빙상은 그들이 지나는 길에 헐렁하게 놓여 있는 물질을 불도저처럼 밀고 가면서 침식시킨

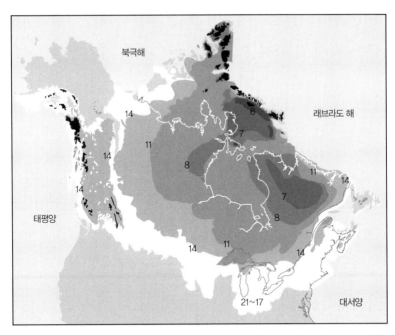

그림 4.1 북아메리카의 마지막 주요 빙상은 2만~6000년 전 사이 미국 북부에서 캐나다 최북동부로 서서히 후퇴했다. 얼음 한계선(ice limit)을 따라 적혀 있는 숫자는 '1000년 전(ka)'을 나타낸다. (예를 들어 7이라면, 7000년 전(BP 7000년)의 얼음 한계선'을 뜻한다—옮긴이.)

다. 빙하작용이 이어질 때마다 과거에 얼음이 진격하면서 퇴적한 돌무더기들이 대부분 파괴된다. 거의 훼손되지 않은 채 유일하게 남은 것은 가장 최근인 2만 년 전 최대 빙하기에서 퇴각한 빙상의 기록뿐이다.(그림 4.1) 강연에 쓰인 교실 칠판을 떠올려보라. 지울 때마다 가장자리에 여기저기 남은 단어들을 제외하고는 이전의 판서 내용이 모두 지워진다. 마찬가지로 이전 빙하작용의 흔적은 오직 일부만 이후 침식에 의해 훼손되지 않은 채 남는다. 그리고 그런 흔적은 대개 너무 오래되어서 방사성 연대측정법을 적용할 수 없다. 따라서 빙상이 존재했던 곳은 그들의 역사가 담긴 연속적인 기록을 발견할 만한 장소가 못 되는 것이다.

반면 해양분지는 퇴적물을 쉽게 찾아볼 수 있는 곳이다. 연안 해역은 파도의 침식을 받기 쉬운 곳이지만, 대부분의 심해분지는 제아무리 심한 폭풍우가 몰아쳐도 끄떡없다. 이런 까닭에 1900년대 중반과 후반에 빙하기 역사가 온전하게 보존되어 있을 가능성이 있는 것으로 해양 퇴적물에 관심이 쏠렸다. 해양학 탐사를 진행하는 동안 퇴적물 코어를 채취하기 위해 해저에 깔린 부드러운 모래 진흙에 속이 빈 커다란 파이프를 찔러 넣는 기술이 개발되었다. 수많은 장소에서 이들 코어는 과거 수십만 년까지 이어지는 연속적인 기록을 제공해주었다.

빙상 부근의 해저 분지에서 채집된 코어는 얼음이 직접 날라다 준 빙하 부스러기층—즉 화강암 같은 대륙 암석의 조각이나 석영·장석 등 그보다 입자가 작은 광물—을 함유하고 있는 것으로 드러났다. 애초에 빙하 부스러기는 빙상이 육지를 침식할 때 그 안에 들어와 한 몸이 된 것이었다. 그런 다음 얼음이 대륙 안쪽에서 흘러와 바다에 도달했으며, 빙산이 부서지고 떠다니며 녹아내리는 과정에서 그 부스러기를 원래 빙상이 있던 지역과 한참 동떨어진 해저 퇴적물 위에 떨어뜨렸다. 반면 빙상이 사라진 기간에는 바다 퇴적물에서 육지의 잔재가 발견되지 않았다. 층을 이루는 퇴적물의 배열은 긴 세월에 걸친 빙상의 존재와 부재를 완벽하게 보여주는 기록이다.

해양 퇴적물은 빙상의 크기를 나타내주는 훨씬 더 중요한 기록도 담고 있다. 지구상에서 발견되는 다른 요소들도 그렇지만, 산소는 질량과 무게가 조금씩 다른 다양한 동위원소 형태로 등장한다. 바닷물과 얼음(즉 액체 H_2O와 고체 H_2O)에는 산소18과 산소16이 지역마다 양을 달리해 함유되어 있다. 빙상은 바다로부터 좀더 가벼운 산소동위원소(산소16)는 흡수해 얼음으로 저장하고, 좀더 무거운 산소동위원소(산소18)는 바다에 남겨둔다. 탄산칼슘($CaCO_3$)을 형성하는 경성껍데기 플랑크톤이 바다에서 살아가는데, 그 껍데기 속의 산소는 바닷물에서 가져온 것이다. 플랑크톤이 죽으면 그 껍데기가 해저로 가라앉고, 세월과 더불어 쌓인 흔적이 영구적인 기록으로 남는다.

층층이 퇴적된 플랑크톤 껍데기의 역사는 우리에게 빙상에 관한 이야기를 들려준다. 빙상이 증가하면서 바닷물로부터 산소16을 더 많이 흡수해가면, 해양 퇴적물에 쌓인 플랑크톤 껍데기에는 산소18이 풍부해진다. 빙상이 녹으면 여분의 산소16이 바다로 돌아가고, 그 시기에 살고 있던 플랑크톤은 그것을 받아들여 껍데기의 구성성분으로 삼는다. 과학자들은 퇴적물 코어로 채취한 화석 껍데기층을 분석함으로써 얼음이 존재하던 곳과 동떨어진 지역에서조차 빙상의 증감 역사를 재구성할 수 있다.

1950년대와 1960년대 초 퇴적물 코어에 관해 선구적인 연구를 진행한 지구화학자 체사레 에밀리아니(Cesare Emiliani)는 과거 수십만 년 동안 적어도 다섯 번 빙하기와 간빙기가 교차했음을 밝혀냈다. 꽤나 규칙적인 주기로 빙하기와 간빙기가 반복되었다는 사실은, 지구 궤도 역시 규칙적인 주기로 변화하므로(3장) 밀란코비치의 가설을 강력하게 뒷받침해주었다. 그러나 이들의 기록이 방사성 연대측정의 포괄 범위를 훌쩍 넘어서까지 확대되어 있었던 탓에, 그 규칙적인 변동이 이루어진 시기가 언제였는지는 여전히 불분명했다.

더 과거 주기들의 연대를 측정하는 문제는 해발지점을 가늠하는 척도로 화석 산호초를 이용한 현명하지만 독립적인 접근법에 의해 이내 극복되었다. 산호초는 해수면 지점이나 그 바로 밑에서 생성되고, 화석 기록에 단단한 유골 구조를 남긴다. 빙상이 늘면 바닷물이 줄고, 빙상이 녹으면 바닷물이 도로 늘어난다. 해수면이 해양섬 옆구리에서 오르락내리락

하면, 해수면 가까이에서만 자라는 살아 있는 산호초도 덩달아 이동한다. 시간이 흐르면서 화석화한 산호는 해양섬 사면에 과거의 해수면에 관한 기록을 남긴다. 해수면 변화는 빙상에 갇힌 바닷물의 양을 계산해내는 데 쓰일 수 있다. 또한 1960년대에는 바닷물에 들어 있다가 산호 유골에 흡수된 소량의 방사성 우라늄을 측정함으로써 산호초의 연대를 측정하는 방법이 활용되었다.

12만 5000~8만 년 전 사이에 형성된 세 가지 산호초는 오늘날과 마찬가지로 얼음양이 최소이고 해수면이 높았던 마지막 간빙기의 연대를 측정하는 데 더없이 소중한 자료였다. 이들 산호초의 연대는 산소동위원소들과 빙하 부스러기의 희귀함으로 빙하 얼음이 최저치였음을 말해주는 시기의 해저 코어 기록과도 일치했다. 산호초는 빙하기 주기의 기간을 확실히 하고 중요한 발견을 준비하는 데 도움을 주었다.

1976년 해양지질학자 짐 헤이스(Jim Hays)와 존 임브리(John Imbrie), 그리고 지구물리학자 닉 섀클턴(Nick Shackleton)이 빙하기 주기는 지구 궤도 변화와 관련된다는 것을 최초로 분명하게 밝힌 논문을 발표했다. 그들은 30만 년에 걸친 바다 퇴적물 기록을 이용해 산소동위원소(얼음 부피)의 기록이 달라지는 세 가지 주요 주기, 즉 10만 년, 4만 1000년, 그리고 2만 2000년 주기를 확인했다. 지구 궤도의 이심률, 지축의 기울기, 세차운동의 변화 주기(3장)와 정확하게 일치하는 결과였다. 게다가 얼음 부피가 달라지는 주기인 4만 1000년과 2만 2000년은 얼음 부피의 변화와 북반구에서의 태양 복사에너지 변화 사이에는 몇 천 년의 시간 지체가 존재한다는 밀란코비치의 예측과도 맞아떨어진다. 이 흥미진진한 발견에 대해서는 존 임브리와 그의 딸 캐서린(Katherine)이 쓴 《빙하기: 수수께끼를 풀다(Ice Ages: Solving the Mystery)》에서 잘 다루고 있다.

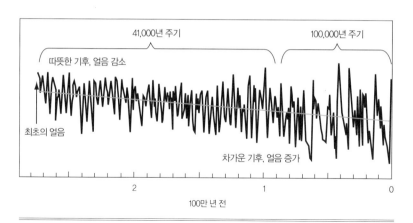

41,000년 주기   100,000년 주기

따뜻한 기후, 얼음 감소

최초의 얼음

차가운 기후, 얼음 증가

2   1   0

100만 년 전

그림 4.2   거대한 빙상이 처음 북반구에 나타난 것은 거의 275만 년 전이며, 약 90만 년 전까지 지축 기울기의 변화 주기와 같은 4만 1000년 주기로 늘었다 줄었다를 반복했다. 그 이후에는 빙상 변화의 주요 주기가 10만 년으로 달라졌다.

1980년대에 국제과학컨소시엄이 지원하는 연구선이 석유회사가 사용하는 방법을 빌려와서 해저에 1000~2000미터 깊이로 구멍을 뚫어 수백만 년 역사를 담은 퇴적층을 채취하기 시작했다. 이 퇴적층으로부터 최초로 북반구 빙하시대의 역사를 보여주는 완벽한 기록을 얻어냈다. 훨씬 더 오래된 이 퇴적층의 연대를 측정하는 데는 다양한 방법이 동원되었다. 그 가운데 하나로 바다 퇴적물층과 용암이 식어서 생긴 현무암층 둘 다에 존재하는, 철이 풍부한 작은 광물들이 전달하는 자기서명(magnetic signature)을 이용했다. 처음에 현무암층에서 자기 패턴을 발견한 뒤 방사성붕괴법으로 연대를 추적했다. 그런 다음 육지 암석층의 연대측정법을 해양퇴적물에서 발견된 유사한 패턴에 직접 적용해 빙하기 변천의 주기를 알아낼 수 있었다.

그림 4.2에서 볼 수 있듯이, 과학자들은 비로소 북반구 빙하기 주기의 역사 전부를 손에 넣었다. 이 기록과 관련해 놀라운 점 가운데 하나는 빙

하기 주기의 수다. 큰 주기들 속에 숨은 작은 주기들을 얼마만큼 포함하느냐에 따라 달라질 수 있겠지만, 최소 40~50번을 헤아리니 말이다. 대륙이라는 '칠판'에서 모든 것이 지워진 뒤 단편적으로 남은 빙하 기록은 빙하기 주기가 4~5번이라고 말해준다. 하지만 오늘날에는 빙하기 주기가 그 열 배(40~50번)에 달한다는 사실이 명백해졌다.

이 기록을 보면 북반구의 빙하시대 역사 전반이 드러난다. 남반구에서는 거대 빙상이 남극을 에워싼 남극대륙에 적어도 1400만 년간 존재했다. 반면 북극은 북극해에 위치해 있고, 빙상이 생성될 수 있는 가장 가까운 대륙들이 그보다 낮은 위도상에 자리한다. 북극 인근의 대륙은 남극대륙보다 여름 햇살이 더 강한 것이다. 북반구는 수백만 년 동안 얼음이 생성되기에는 너무 따뜻했다. 지구 궤도 변화로 태양 복사에너지 양이 최저점으로 떨어졌을 때도 마찬가지였다. 따라서 북반구에서는 300만 년 전에 빙상이 존재하지 않았다.

그러나 지구 기후는 점차 냉각했다.(2장) 275만 년 전 최초로 거대한 빙상이 등장했다. 북반구가 새로운 빙하기의 문턱을 넘어섰을 때, 아니 좀 더 정확하게 말해 기나긴 빙하기 주기가 시작되었을 때였다. 당시 빙산들은 대륙에서 거둬들인 광물 입자와 암석 조각을 뉴펀들랜드와 프랑스 같은 한참 남쪽 대서양의 해저 퇴적층에 쌓기 시작했다. 같은 시기의 산소 동위원소 기록은 오늘날까지 줄곧 이어져온 일련의 주기 변동이 시작되었음을 보여준다.(그림 4.2)

270만 년 전부터 90만 년 전까지 빙하기 주기는 대개 4만 1000년이라는 규칙적인 간격을 보였는데, 그 주기가 2만 2000년일 때도 더러 있었다. 밀루틴 밀란코비치가 북반구 빙하기 역사의 3분의 2에 해당하는 이 기록을 보았다면 아마도 한량없이 기뻤을 것이다. 그의 태양 복사에너지 계산은 북반구에서 빙상이 존재하는 위도상에서는 4만 1000년과 2만 2000년 주기 둘 다가 강력함을 암시했다. 밀란코비치는 여름 태양 복사에 너지 양이 적을 때 이 두 주기를 띠면서 빙상이 형성된다고 예측했다. 과연 40~50번의 개별 빙하기가 존재했고, 그 사이사이 북극의 빙상이 녹아내리는 시기가 끼어 있었다. 이러한 초기 패턴은 여름에 태양 복사에너지가 약한 시기에는 기후가 차가워져서 빙상이 만들어지지만, 여름에 태양 복사에너지가 강한 시기에는 기후가 따뜻해져서 얼음이 용융했다는 것을 말해준다.

또한 우리는 그림 4.2에서 아주 더디지만 좀더 빙하기 상태로 접어들고 있는 추세를 분명하게 볼 수 있다. 산소동위원소 기법은 빙상의 크기뿐 아니라 해수온까지 측정한다. 다양한 지역에서 수온의 추세는 얼음의 추세를 따르는 것으로 간주된다. 즉 빙상이 커지면 기후는 차가워지고 작아지면 따뜻해지는 것이다. 따라서 그림 4.2에서 확연하게 드러난 점진적인 이동은 부분적으로 빙상이 점차 커지고 있음을 나타내지만, 한편 바다가 서서히 차가워지고 있다는 신호이기도 하다.

약 90만 년 전, 기온 냉각화 추세는 또 하나의 문턱에 다다랐고, 새로운 빙상 변동 패턴이 나타났다. 그때 이후 빙상은 이전과 달리 4만 1000년, 2만 2000년 주기를 지나고서도 완전히 녹지 않았다. 대신 얼음 일부가 태양 복사에너지 양이 약해진 여름에 끝내 살아남아 다음번 태양 복사에너지 양이 최소로 떨어져 있는 동안 쌓일 수 있는 기반이 되었다. 이렇게 해서 빙상은 10만 년 동안 지속되기에 이르렀다. 태양 복사에너지가 줄어든 여름이라 해도 여름철에는 크기가 다소 줄어들었다가 이내 훨씬 더 커지는 식의 성장을 거듭한 것이다. 이러한 얼음의 반응 변화를 설명해주는 근거는 아마도 지구 기후가 지속적으로 냉각했다는 사실에서 찾을 수 있을 것이다. 즉 훨씬 더 과거에는 태양이 그 어떤 얼음도 자라게 끔 허락지 않았지만, 당시는 얼음을 녹이는 데 어려움을 겪고 있었던 것 이다.

그럼에도 북반구의 빙상은 여전히 상대적으로 짧은 기간 동안 종적을 감추곤 했다. 10만 년마다 최대 태양 복사에너지는 북아메리카와 유라시 아에 있는 얼음 전부를 빠르게 녹이고도 남을 만큼 강력했다. 태양 복사 에너지가 최대일 때는 지축 기울기 주기(4만 1000년)와 세차운동 주기(2만 2000년)가 만들어내는 최고점이 거의 일직선을 이룰 때였다. 가장 최근에 그러한 현상이 벌어진 것은 1만 6000~6000년 전이었고, 그때 북반구의 거대 빙상은 거의 다 녹아내렸다. 오직 그린란드에 있는 작은 빙상만이 대규모의 용융을 이겨내고 살아남았다.

그림 4.2에서는 지난 90만 년 동안, 최대 아홉 번의 10만 년 빙하기 주 기를 관찰할 수 있다. 이들 위에 좀더 분간하기 힘들긴 하지만 그 이전과 같은 4만 1000년, 2만 2000년 주기들도 존재한다. 짧은 주기들은 새로운 주기가 전개될 때까지 끝나지 않았고, 새로운 주기들이 그 위에 덧입혀 졌다. 전반적으로 세 가지 주기는 최대 크기를 향해서는 서서히 올라갔다 가 녹을 때는 재빨리 곤두박질치는 톱니 모양을 하고 있다. 밀란코비치가 이 패턴을 본다면 아마도 깜짝 놀랄 것이다. 그의 학설은 더 길고 거대한 10만 년 주기를 예측하지 못했기 때문이다. 10만 년 주기와 지구 궤도 이 심률 변화를 관련짓는 기제를 알아내기 위한 연구는 한창 진행 중이다.

기나긴 빙하기 역사에 나타난 수많은 파동을 전체적으로 조망한다면 (그림 4.2), 북반구(와 지구 행성 전체)가 지난 300만 년 동안 점차 냉각하는 쪽 으로 이동해왔음을 알 수 있다. 270만 년 전 이전에는 북반구에 빙상이 존재하지 않았다. 그때부터 90만 년 전까지 빙상은 일정한 주기로 등장했다가 사라지곤 했다. 따라서 빙상은 그 기간의 50퍼센트도 안 되는 시기에만 존재했을 것이다. 90만 년 전 이후 빙상은 전체의 90퍼센트가 넘는 기간 동안 존재했고, 점차 녹기가 힘들어졌다. (그린란드를 제외하고) 북반구에서 얼음을 볼 수 없는 오늘날의 환경은 주로 빙하작용이 이루어지고 있는 세계에 끼어든 극히 짧은 순간에 불과하다. 만약 이 장기적인 냉각 추세가 먼 미래까지 이어진다면 캐나다 북부와 스칸디나비아는 언젠가 오늘날의 남극대륙이나 그린란드와 흡사하게, 지구 궤도가 그 어떤 식으로 태양 복사에너지를 변화시킨다 해도 빙상이 영구적으로 유지되는 상황에 이를 것이다.

이들 빙하기 주기와 장기적인 냉각 추세의 관계를 찬찬히 살펴보면 중위도 이상 지역에서 날마다 가열과 냉각이 되풀이되면서 계절이 여름에서 겨울로 접어드는 현상과 상당히 흡사함을 알 수 있다. 가을에 기온이 서서히 떨어지면 새 물통이나 호수가 밤새 얼어붙지만 이튿날 한낮의 태양볕에 맥을 못 추고 녹아버린다. 초겨울에는 얼음이 추운 며칠간 녹지 않을 수도 있지만 이따금 따뜻한 날씨가 한동안 이어지면 녹고 만다. 한겨울에는 얼음이 좀더 깊게 얼고 영영 녹지 않을 것처럼 느껴진다. 이 비유에 따르면, 북쪽 고위도 지방은 서서히 초겨울 추위에 이르렀고 점차 한겨울의 강추위를 향해 치닫고 있는 중이다. 물론 단기적으로 보면(이후 몇 백 년 동안) 우리는 영원히 꽁꽁 얼어붙는 빙하기로 서서히 이동한다기보다 온실효과로 인한 지구 온난화와 거대한 용융 가능성에 직면해 있다.

지난 수천 년 동안의 따뜻한 기후가 북부 빙상이 90퍼센트 넘는 기간 동안 존재하는 세계에서는 비교적 이례적인 현상임을 고려할 때, 우리는 응당 그렇다면 좀더 전형적인 빙하기 세상이란 어떤 모습일까 질문해보아야 한다. 완전한 빙하기 세상은 특히 북위 40도의 북쪽, 특별히 빙상 가까이 자리한 지역의 경우, 춥고 먼지가 일고 바람이 불었다. 북아메리카에서 빙상은 적도를 향해 남쪽으로 북위 42도까지 내려왔으며, 오늘날 지상에 존재하는 얼음을 초과하는 양의 절반 남짓을 차지했다. 대체로 보아 빙상은 지구의 육지표면을 오늘날의 10퍼센트보다 많은 25퍼센트 정도 뒤덮고 있었다. 캐나다 북부 대부분의 지역은 퇴적물과 토양을 인정사정없이 거두어가는 두꺼운 얼음덩어리에 의해 태곳적 토양층이 말끔하게 씻겨나갔다. 얼음은 가장자리부터 녹으면서 얇아지고, 빙하 이전 시대에 흐르는 물에 의해 조성된 계곡을 타고 흘러내렸다. 녹아내리는 얼음은 더러 계곡을 새로 긁어내림으로써 과거의 배수 체제를 재정비하기도 했다. 또한 얼음은 거친 끌처럼 단단한 암반을 후벼 파서 큰 바윗돌·조약돌·자갈 따위를 제 몸 아래쪽에 가두어놓았다.

빙상은 불도저처럼 미국 중서부의 북쪽이나 북부 평원에서 남쪽으로 높이가 40~50미터나 되는 빙퇴석 무더기를 밀고 가서 능선을 빚어놓았다. 여름에 얼음 가장자리에서 녹은 물이 개울과 강물을 타고 남쪽이나 동쪽으로 흘러내렸다. 그 물은 모래·토사·진흙은 남쪽으로 실어갔지만, 그보다 입자가 굵은 자갈이나 조약돌, 큰 바윗돌은 그대로 남겨놓았다. 추운 겨울이 되자 녹은 물을 실은 개울은 유속이 느려지거나 흐르기를 멈추었다. 이른 봄바람이 얼음 가장자리 부근이나 그 남쪽의 빙하 부스러기 위로 불어와 입자 고운 모래와 토사, 진흙의 일부를 중서부로 실어갔다. 그 빙하 퇴적물이 바로 오늘날 중서부 농가에서 볼 수 있는 세계 최대의 옥토인 유명한 사양토다.

스칸디나비아 빙상의 남쪽에 자리한 유럽은 사정이 비슷하면서도 약간 달랐다. 유럽 빙상의 남방한계는 북아메리카보다 10도나 위인 북위 52도까지밖에 내려오지 않았지만, 스칸디나비아와 스코틀랜드 전역, 덴마크,

독일, 프랑스, 잉글랜드, 아일랜드의 북부지역을 뒤덮었다. 스위스, 프랑스, 오스트리아, 이탈리아에 걸친 알프스 산악지대는 그보다 작은 빙상이 차지했다.

오늘날 유럽의 기후는 북대서양에서 유입되는 다량의 열기로 겨울에도 포근하다. 북쪽으로 뻗어온 멕시코만류가 고위도 지역에 따뜻한 아열대 바닷물을 실어다 준다. 이 난류는 겨울에도 거의 계속해서 구름에 가려진 태양이 날라다 줄 수 있는 정도에 해당하는 열을 내놓는다. 그러나 빙상이 커졌을 때는 멕시코만류가 겨울에 해빙이 가득하고 여름에 유빙(流氷)이 떠다니는 추운 북대서양 바다와 스칸디나비아 쪽이 아니라 포르투갈을 향해 동쪽으로 흘렀다.

얼음 바다는 스칸디나비아 빙상에서 남쪽으로 불어오는 차가운 바람과 손잡고 극지방 같은 조건을 만들어냈다. 그에 따라 오늘날에는 유럽과 그 남쪽의 알프스 산맥까지 흔히 볼 수 있는 울창한 숲이 사라져버렸다. 오직 툰드라에서 견딜 수 있는 식생(풀·이끼·지의류, 그리고 겨울에는 꽁꽁 얼어버리지만 여름이면 표토층이 1~2미터쯤 녹아내리는 땅에 적응한 풀)만이 얼음의 남쪽 지역에서 살아남았다. 표토층 아래에 깔린 토양은 영원히 두껍게 얼어서 영구동토층(permafrost)을 이루었다. 그보다 훨씬 남쪽과 동쪽의 유럽은 나무는 자라지 않고 풀만 우거진 스텝지역이었다. 2만 년 전에는 중유럽 대부분의 지역이 마치 오늘날의 시베리아 같았다.

적어도 한 지역만큼은 최대 빙하기에 점차 건조해지는 게 아니라 습윤해졌다. 미국 남서부에서 발견된 '생긴 지 얼마 안 되어 보이는' 해변 퇴적물은 호수의 해수면이 오늘날보다 훨씬 더 높았음을 나타내주는데(3장), 이것은 빙상과 나이가 같으며, 그 얼음이 대기 순환에 미친 영향의 직접적인 결과인 것으로 드러났다. 오늘날 북아메리카의 태평양 연안에서 가장 습한 곳은 겨울 제트기류가 거센 겨울 폭풍우와 다량의 눈을 실어다 주는 미국 오리건 주와 캐나다 브리티시컬럼비아 주(혹은 심지어 알래스카 주까지)의 해안지역이다. 그러나 마지막 최대 빙하기 때에는 북아메리카의 빙상이 겨울 폭풍우와 함께 대기 흐름을 가로막는 커다란 장애물이었고, 그에 따라 제트기류의 주요 행로가 미국 남서부로 남하했다. 겨울에 많은 눈이 오고 기온도 내려가서 여름에 증발이 더뎌지자 솔트레이크시티 시의 그레이트솔트레이크 호수처럼 거대한 호수들이 생겨났다.

아열대지방이나 열대지방 역시 북극지역의 빙상과 멀리 떨어져 있었는데도 점차 춥고 건조해지기 시작했다. 사막이 늘어났으며, 강한 겨울바람이 두꺼운 먼지구름을 일으키며 사하라 사막에서 대서양을 건너 아메리카 대륙을 향해 서쪽으로, 아라비아 사막에서 인도양을 거쳐 동남쪽으로, 아시아에서 태평양을 건너 그린란드로 불어왔다. 그린란드에는 빙상층에 쌓인 먼지 입자가 오늘날까지 전해진다. 한편 우리 조상들은 이 같은 북반구의 거대한 기후 변화를 겪으면서 현생인류 꼴로 진화를 이어오고 있었다.

05

지구 궤도 변화가 몬순 주기를 좌우하다

오늘날 지구상에서 가장 황량한 장소 가운데 하나는 극도로 건조한 이집
트 남부 수단(여기서는 나라 이름이 아니라 아프리카 북부 사하라 사막 이남, 대서양에
서 홍해에 이르는 광대한 지역을 말한다—옮긴이)이다. 눈앞에 펼쳐진 드넓은 모
래벌판과 모래언덕 위로 건조한 바람이 불어오는 이곳에서는 생명체를
거의 찾아보기 어렵다. 그러나 열감지 장치로 찍은 위성사진이나 이미지
를 보면, 표층 아래에서 개울과 강들의 자취를 볼 수 있다. 한때 물 공급
이 원활한 동부 아프리카 고지대의 수원(水源) 지역에서 북으로 흐르는 나
일 강과 합류하기 위해 동쪽으로 흘러가던 개울과 강들의 흔적이다. 이
사막 지역은 한때 악어·하마·타조·코뿔소가 노니는 드넓은 초록 초원으
로, 가장자리에 나무가 늘어선 물길이 나 있었다. 그 동물들의 뼈가 오늘
날 얇은 모래층에 뒤덮인, 물이 바짝 말라버린 개울의 퇴적층에서 발견되
고 있다.

　실제로 사하라 사막의 남쪽 가장자리는 과거에 온통 초원이었고, 오늘
날의 이른바 사헬지대 초지가 지금보다 훨씬 더 북쪽에 자리했으며, 거대

한 호수들이 곳곳에 산재해 있었다. 리비아 남부에 위치한 오늘날의 차드 호는 현재도 그 지역에서 가장 큰 호수지만, 호수 가장자리를 때리던 파도에 긁힌 상처나 쌓인 지 얼마 안 된 호상 퇴적물에서 채집한 증거에 따르면 그리 머지않은 과거에는 규모가 열 배나 더 컸을 것으로 추정된다. 북부 아프리카 사막을 떠도는 유목 부족들은 조상들이 살던 때는 지금보다 더 습윤했다고들 말한다.

25년 전까지만 해도 지질학자들은 드넓은 남부 사하라 지역이 어떻게 푸르른 평원일 수 있었는지 설명해주는 근거를 계속 찾아다녔다. 초기의 연구는 대부분 그 습윤함의 원인을 북반구에 존재하던 빙상에서 찾았다. 빙상이 정상적인 대기 순환을 방해해 대부분의 바람을 오늘날에는 가 닿지 않는 남쪽 지역으로 유도했기 때문이라는 설이 유력했다. 중위도상에 놓인 폭풍의 진로가 훨씬 더 남쪽으로 내려간 결과 건조한 사하라 사막 중앙과 남쪽의 초지에 비를 뿌렸다는 것이다. 이러한 설명은 미국 남서부의 건조한 분지에 호수가 존재한 원인을 말해주는 듯했고(현재도 여전히 그렇다), 북아프리카에서 나타난 유사한 기후 변화의 원인으로 지목되기도 했다.

그러나 꽤나 타당하게 들리는 이러한 설명은 결국 잘못된 것으로 드러났다. 1960년대와 1970년대에 방사성 연대측정법을 개발하고 적용하게 되면서 북아프리카의 호상 퇴적물에 관한 믿을 만한 데이터들이 속속 나오기 시작했다. 그런데 호상 퇴적물을 연대 측정한 결과 약 2만 년 전 빙상이 가장 컸던 시기의 자취는 발견되지 않았다. 대신 호수 바닥의 연대는 약 1만 년 전께로 측정되었는데, 그 무렵은 북반구 대륙들에서 얼음이 거의 완전히 사라진 때였다. 따라서 어쩔 수 없게도 호수를 채운 것은 거대한 빙상이 아니라는 결론이 나왔다.

그 뒤 일부 과학자들은 그와 정반대되는 의견을 내놓았다. 기후가 따뜻했던 간빙기에 빙상이 녹아 기후를 차갑게 만드는 효과가 사라지자 대기가 좀더 많은 습기를 머금었으며, 그로 인해 바닷물이 호수를 채울 수 있었고, 호수 수위가 높아졌다는 주장이다. 그러나 이 주장은 시작부터 문제가 있었다. 북아프리카의 호수 대다수가 지난 5000년 만에 완전히 말라버린 원인을 설명해주지 못했던 것이다. 그 기간에는 애초에 어떤 빙상도 나타나지 않았으므로 북반구의 빙상이 최근의 건조 추세를 말해주는 이유가 될 수는 없었던 것이다.

이렇게 되자 아프리카의 호수 수위가 빙상과 관련된다는 설명들은 하나같이 난관에 부딪혔다. 사하라 사막 남쪽이 초원이었던 까닭은 다른 데서 찾아야 했다. 결과적으로 드러난 바에 따르면, 그 원인은 바로 열대 지방에서 머리 위로 뜨는 태양에 있었다. 1981년 기상학자 존 쿠츠바흐(John Kutzbach)는 이처럼 간단명료한 설명을 제시함으로써, 다른 과학자들로 하여금 내가 왜 그 생각을 먼저 해내지 못했을까 땅을 치도록 만들었다. 그는 북아프리카의 상당 지역에 비를 뿌리는 주원인인 오늘날의 다습한 여름 몬순을 토대로 가설을 설정했다. 우리는 '몬순'이라는 말을 들으면 대개 인도나 동남아시아에 억수같이 퍼붓는 비의 이미지를 떠올린다. 인도와 동남아시아는 세계에서 몬순이 가장 강한 지역이다. 그러나 북아프리카도 자체 몬순이 있으며, 그것은 사하라 사막 이남의 드넓은 사헬지대에 영향을 끼친다. 북아프리카 몬순은 여름비를 만들어 풀과 일부 식생들이 사하라 사막 이남의 사바나 지역에서 자라게 해준다. 겨울에는 비가 그치고 땅이 마른다. 하지만 풀들은 우기와 긴 건기에 자연스레 적응했다. 극도로 메마른 사하라 사막은 북위 17도의 북쪽에 위치해 있어, 남쪽에서 불어오는 다습한 여름 몬순도 북쪽에서 불어오는 겨울 폭풍우도 미치지 않는 곳이다.

쿠츠바흐의 간단명료하지만 탁월한 통찰이란 과거에 사헬지대와 사하라 이남에 드넓은 초원과 호수들이 존재했던 까닭은 오늘날의 여름 몬순 패턴이 확장되어 더 넓은 지역에 폭우를 퍼부은 현상으로 설명할 수 있다는 것이었다. 쿠츠바흐는 오늘날 몬순이 작동하는 것과 동일한 물리적 과정(그림 5.1)―즉 머리 위로 내리쬐는 강렬한 태양이 대륙을 달구는 과정―으로 몬순의 확장을 설명했다. 육지 표면이 달구어지면 상층 공기가 가열되고, 가열된 공기는 널리 퍼지면서 밀도가 낮아지므로 (마치 열기구처럼) 상승한다. 가열된 공기가 상승하면 공기를 위로 빼앗기면서 지표면에 저기압 지대가 형성된다. 이 결핍을 메우기 위해 주변 지역의 공기가 이동한다. 만약 주변 지역이 바다라면 유입된 공기가 바다 표면에서 증발한 수증기를 머금고 있다. 습기를 지닌 공기가 바다에서 들어오면 다습한 여름 몬순을 위한 여건이 마련된다.

바다 쪽에서 흘러든 축축한 공기는 데워지면서 뜨거운 땅덩어리 위로 상승하는 기류와 합류한다. 그러나 상승기류는 온도가 낮은 대기권을 수십 킬로미터 통과하면서 서서히 차가워진다. 차가워진 공기는 다량의 습기를 머금고 있을 수 없고, 수증기는 구름을 형성하는 작은 물방울로 응결되고, 그런 다음 빗방울이 되어 대지로 떨어진다. 중위도 지역의 달구어진 땅덩어리 위 높은 곳에 생성되는 적란운에서 해마다 이런 과정이 되풀이되는 것을 볼 수 있다. 적란운은 산발적으로 흩어져 있는 구름으로 오후에 소나기를 뿌린다. 열대지방에서는 몬순의 순환이 훨씬 더 광범위하고 지속적이다. 수많은 지역에서 한낮의 태양열로 인해 날마다 오후와 저녁에 비가 흠뻑 쏟아진다.

따라서 여름 몬순의 기본 작용은 강한 태양 복사에너지→강력한 육지

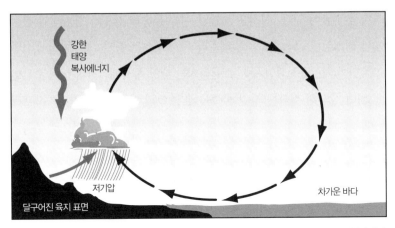

그림 5.1 열대몬순은 2만 2000년 주기로 여름 태양 복사에너지가 변화하는 데 따른 현상이다. 태양 복사에너지가 강한 시기에는 몬순 폭우가 쏟아져 열대지방의 습지가 흠뻑 젖고 메탄이 다량 배출된다.

의 가열→바다 공기의 유입→몬순 강우, 이렇게 더없이 단순하다. 겨울에는 이 모든 것이 정반대로 작동한다. 태양 복사에너지는 약하고, 육지는 냉각하고, 위의 공기는 조밀해져서 내려앉고, 내려앉은 공기는 건조하다. 이러한 순환 역시 몬순이라고, 차갑고 건조한 겨울 몬순이라고 부른다. 겨울은 바로 이와 같은 까닭에 열대의 대부분의 지역이 건기다.

쿠츠바흐는 오늘날의 이 몬순 지식을 직접 기반으로 가설을 세웠다. 그는 (겨울보다) 더 강력한 여름 태양 복사에너지가 오늘날 여름 몬순의 원인이므로, 오늘날보다 여름 태양 복사에너지 양이 많았던 과거에는 여름 몬순이 훨씬 더 강했을 테고, 그것이 북아프리카의 호수를 채웠을 거라고, 오늘날보다 태양 복사에너지 양이 많았던 기간은 과거에 되풀이해 나타났을 거라고 추론했다.

저위도 열대지방의 태양 복사에너지는 2만 2000년 주기의 지구 세차운동에 따라 변화한다.(3장) 오늘날 여름 태양 복사에너지는 그 주기상에서 최저점에 놓여 있다. 이것은 오늘날 여름 몬순의 강도가 장기적인 관점에서 최저점에 근접했음을 말해준다. 쿠츠바흐는 불과 1만 년 전에, 2만 2000년이라는 규칙적인 주기로 달라지는 태양 복사에너지 수준이 오늘날에 비해 상당히 컸다는 사실에 주목했다. 그의 가설에 따르면, 북아프리카에 존재하는 호수들은 그때쯤 가장 큰 규모에 이르렀을 것으로 추정되는데, 이는 방사성 연대측정으로 얻은 방대한 증거들과도 맞아떨어지는 내용이다.

쿠츠바흐는 처음에 지구 대기 순환과 관련한 수치모델을 사용해 자신의 가설을 실험했다. 기본적으로 일기예보에 쓰이는 것과 같은 종류인 이 모델은 대기 순환을 조절하는 것으로 알려진 물리적 원리를 구체화했다. 물론 일기예보에 비유하면 응당 다음과 같은 날카로운 질문에 부딪히게 된다. "과학자들은 다가오는 주말의 일기조차 완벽하게 점칠 수 없는데 대체 무슨 수로 수천 년 전의 일기를 '예측'할 수 있을 거라고 기대하는가?"(꽤나 합당한) 그 질문에 대한 답은 이렇다. 즉 쿠츠바흐 같은 기후과학자들은 나날의 일기를 예측하는 모델을 사용하는 게 아니라 그보다 더 장기적으로 평균적인 기후 시스템 상태를 탐구하는 것이라고 말이다.

1년에 걸친 기후 주기는 유용한 비유가 되어준다. 어떤 과학자도 몇 달 앞으로 다가올 7월 어느 특정한 날의 일기를 예측하기 위해 이 모델을 사용하지는 않는다. 대신 그는 그 모델을 통해 전형적인 7월 어느 날의 '평균적인' 상황은 믿을 만하게 예측할 수 있다. 이 일이 가능한 것은 평균적인 7월의 어느 날은 태양광선이 직접적으로 내리쬐고 낮이 더 길다는 단순한 물리적 이유에서, 뜨겁기 때문이다. 그 모델은 모의실험을 통해 한여름 태양의 힘에 반응해 일어나는 평균적인 가열의 정도를 알아낼 수 있다. 만약 그렇게 하지 못하는 모델이라면 아무짝에도 쓸모가 없을 것이다. 그 모델은 또한 전형적인 7월에 발생하는 나날의, 혹은 일주일의 기후 변동을 일반적으로 개괄해줄 것이다. 그러나 다시 한번 말하거니와 몇 달 앞으로 다가온 7월의 어느 특정한 날을 구체적으로 예측할 수는 없다.

같은 이유에서 그 모델은 몬순 가설을 실험하는 유의미한 도구로 활용될 수 있다. 쿠츠바흐는 태양 주위를 도는 지구 궤도에 기초한 계산을 통해 1만 년 전 북반구 열대지방에서 태양 복사에너지 양은 오늘날보다 8퍼센트나 많았다는 사실을 알아냈다. 그는 모델을 작동시키기 위한 '초기 조건'으로 그 수치를 집어넣고 그것이 어떤 유의 기후 변화를 일으키는지 알아보았다. 실제로 1만 년 전에 (물론 불가능하기도 하지만 특정한 7월 어느 날의 구체적인 일기를 예측하는 게 아니라) '평균적인 7월 어느 날'의 날씨가 어떨지 알아보고 싶었던 것이다. 그는 이 첫 모델 모의실험을 통해 자신의 가설이 옳았음을 확인했다. 모델 모의실험을 진행한 결과 태양 복사에너지가 강해지면 몬순이 강해졌고, 그 결과 북아프리카 사헬지대에 더 많은 비가 내렸다는 사실이 드러난 것이다.

쿠츠바흐는 이어 북아프리카 호수 수위의 방사성 연대측정 자료를 정리한 지리학자 얼레인 스트리트 퍼롯(Alayne Street-Perrott)에게 도움을 청했다. 그들은 함께 손잡고 지난 2만 년의 여러 기간 동안 강수량에 관한 모델 모의실험 결과를 그 호수들에서 얻은 방사성 연대측정 증거와 비교했다. 둘은 절묘하게 일치했다. 호수 수위는 모델 모의실험 결과 여름 태양 복사에너지 양이 적어서 몬순이 약했던 2만 년 전에는 낮았다. 반면 강한 태양 복사에너지로 몬순이 강화된 1만 년 전에는 가장 높았다. 그리고 지난 1만 년 동안 여름 태양 복사에너지 수치가 줄어듦에 따라 점차 낮아졌다. 호수 수위가 멀리 있는 빙상의 움직임이 아니라 머리 위에 쏟아지는 여름 태양의 추세를 따르고 있다는 것은 의심할 나위가 없었다.

지난 20년 동안 쿠츠바흐 가설을 지지해주는 증거들이 수많은 지역에서 수차례 쏟아져 나옴에 따라 그의 가설은 학설로 지위가 격상했다. 오늘날에는 건조하지만 1만 년 전에는 다습했으며, 다시 2만 년 전에는 건조했던 기본 추이는 비단 북아프리카뿐 아니라 아라비아 남부, 인도, 동남아시아에서 중국 남부에 걸쳐 둥글게 호를 그리는 지역에도 어김없이 나타난다. 그림 5.2의 현장 관측과 모델 모의실험 또한 그 지역이 1만 년 전에는 여름 태양 복사에너지 양이 많아서 오늘날보다 여름 몬순이 더욱 강력했으므로 더 다습했음을 보여준다.

지구 궤도가 몬순을 좌우한다는 존 쿠츠바흐의 학설은 지구 궤도가 빙상을 좌우한다는 밀란코비치의 학설과 그 중요성에서 쌍벽을 이룬다. 지구표면의 절반은 북위 30도와 남위 30도 사이에 위치하며, 이 방대한 지역의 기후를 지구 궤도 차원에서 통제하는 것이 바로 몬순의 변화다. 오늘날 세계 인구의 대부분은 이 위도상에서 살아가며, 인류가 진화해온 이래 계속 그러했다. 우리 인간은 수백만 년 동안 이 같은 몬순의 변화 속에서 살아왔다.

쿠츠바흐의 가설을 가장 인상적으로 뒷받침해준 증거는 멀리 떨어진 곳에서 나왔다. 바로 남극대륙의 빙상에 들어 있던 태곳적 기포였다. 빙상 위에 세워진 남극 보스토크 기지에서 수년간 여름의 '포근함'(그래봐야 영하 30℃) 아래 연구를 진행하던 러시아 공학자들은 3300미터에 달하는 일련의 코어를 얼음덩어리 아래로 뚫었다. 아래 놓인 호수가 구멍 뚫는 데 쓰이는 화학물질에 의해 오염될지도 모른다는 우려 탓에 바다층만은 건드리지 않았다. 위에 쌓인 얼음이 내리누르는 압력으로 빙상 맨 아래층이 녹아내리므로, 그 지점에 거짓말처럼 호수가 만들어진 것이다.

보스토크의 얼음 코어에 갇힌 기포를 보면 대기중에 들어 있는 메탄양

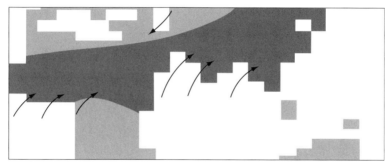

A 모델 모의실험

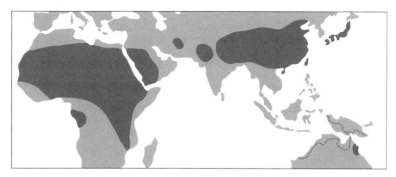

B 현장 관측

■ 9000년 전 오늘날보다 습도가 높았던 지역

그림 5.2 약 1만 년 전 북아프리카와 유라시아 남부에서 오늘날보다 8퍼센트 높은 여름 일사량은 오늘날보다 더 강한 여름 몬순을 만들어냈다. 이러한 관련성은 모델 모의실험(A)과 지구표면에서 얻은 증거(B)로 뒷받침된다.

의 변천사를 알 수 있다.(그림 5.3) 과학자들은 눈이 처음에 어떻게 단단해져서 얼음 결정체를 이루고 그런 다음 서서히 얼음 내부로 흘러들어 갔다가 얼음 가장자리로 나오게 되는지 추정하는 모델을 기반으로 이 얼음 기록이 만들어지는 데 소요된 기간을 알아냈다. 이 기간의 메탄 기록은 2만 2000년 세차운동 주기에 따른 태양 복사에너지 변화와 매우 흡사했다. 과학자들은 이 증거를 토대로 남극 얼음에서 측정된 메탄양 변화의 주원인

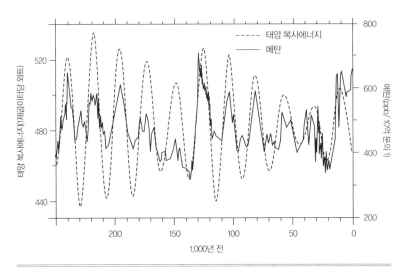

그림 5.3　유라시아 남부 열대지방의 메탄 배출량은 2만 2000년 주기로 태양 복사에너지 양이 커질 때 몬순 강우량이 늘고 메탄이 더 많이 배출된다는 지구 궤도 몬순 학설을 확실하게 뒷받침해준다.

은 열대몬순 강도의 변화임에 틀림없다고 결론 내렸다.

　몬순과 메탄이 연관된 이유는 그림 5.1과 5.2에서 살펴볼 수 있다. 강한 몬순 비가 열대습지에 내리면, 식물이 자라는 여름 우기에 그 지역이 빗물로 뒤덮인다. 식물은 죽으면 산소가 모자란 고인 물에서 분해된다. 박테리아가 썩어가는 식물을 공격해 식물의 탄소를 메탄가스 등의 여러 물질로 전환시킨다. 메탄가스는 습지에서 대기중으로 끓어오르고, 거기에서 평균적으로 10년가량 머물다가 다른 가스로 산화한다. 이러한 물리적 연관성은 존 쿠츠바흐의 지구 궤도 몬순 학설을 직접 기반으로 한다. 즉 강한 여름 태양 복사에너지는 강한 몬순 순환을 일으키고, 그로 인해 자연 습지가 물로 뒤덮이면서 더 많은 메탄이 배출된다는 것이다. 이것은 모두 단 하나의 간단명료한 슬로건으로 요약된다. 더 많은 태양 복사에너지, 더 많은 몬순, 더 많은 메탄!

메탄의 두 번째 출처는 북극에 가까운 시베리아와 캐나다에 있다. 이들 지역의 자연 보그(bog: 물의 이동이 거의 없는 소택지—옮긴이)에도 부패하면서 메탄가스를 배출하는 식물 구성성분이 들어 있다. 열대습지의 배출량과 마찬가지로 지구 전체의 약 절반에 해당하는 분량이다. 북극의 습지는 지역적으로 광대하지만 연중 상당 기간 동안 얼어붙어 있고, 여름에 아주 짧은 기간 동안만 유기물질의 분해를 허용할 만큼 따뜻해진다. 그러나 열대지방과 다름없이 2만 2000년 주기로 메탄 배출량을 변화시키는 핵심 기작은 여름 해의 강도와 그것이 육지와 습지를 데우는 효과다.

그림 5.3의 메탄 변동 추이는 본래의 얼음 코어 시간척도를 조금, 그러나 제대로 손보아 조정한 것이다. 메탄의 최고점과 최저점의 시기를 수천 년 정도 옮겨서 태양 복사에너지 추이와 일치시키기 위해서다. 보스토크 얼음 코어로 추정한 메탄 기록과 천문학자들이 계산한 여름 태양 복사에너지 추이 간의 관련성은 뚜렷하다. 두 파동이 그리는 고랑과 이랑은 각각 2만 2000년 주기로 되풀이되는데, 이것은 지구의 세차운동 주기와도 일치한다. 더욱이 메탄 파동의 진폭은 태양 복사에너지 파동의 진폭을 상당 정도 쫓아가고 있다.

메탄은 이따금 느닷없는 감소로 1000년 남짓한 시기 동안 흐름에 간섭을 받았다. 이러한 현상은 북반구가 갑자기 한랭건조해진 때 일어났다. 이런 리듬이 왜 생기는지는 아직 뚜렷하게 규명되지 않고 있다. 그러나 이 짧은 기간의 간섭에도 불구하고, 메탄 추이는 늘 수십만 년 동안 우세했던 본래의 기본 패턴(즉 더 많은 태양, 더 많은 몬순, 더 많은 메탄)으로 돌아갔다. 다시 한번 쿠츠바흐 학설이 옳은 것으로 드러났다.

몇몇 과학자들은 몬순의 변화, 혹은 더 북쪽에 있는 빙상의 변화가 아프리카에서의 인류 진화에 영향을 미쳤을지도 모를 가능성을 따져보았다. 몬순은 인간을 비롯한 동물의 삶에 꼭 필요한 수원의 크기에 영향을 준다. 열대 아프리카의 초지와 숲 상당수가 몬순이 여름 강우를 좌우하는 지역에 자리하고 있다.

멀리 있는 빙상 또한 아프리카의 기후에 영향을 끼친다. 빙상이 커지면 북아프리카에서 특히 늦겨울이나 봄에 바람이 강해진다. 건조한 사하라는 늘 어디서나 먼지가 흩날린다. 빙하기에는 세찬 바람이 사막 전역에서 다량의 먼지를 휩감아 바다로 실어간다. 열대우림의 북방한계 같은 지역도 빙하기의 겨울이 되면 한층 건조해진다.

일부 과학자들은 지구 궤도에 따른 기후 변화를 환경적 '도전'이라고 표현하기도 했다. 즉 호미니드 계통은 거기에 대처하고 살아남기 위해 더 큰 뇌와 광범위한 기술을 지니도록 내몰렸다는 것이다. 이와 같은 다양한 표현들은 끊임없이 변하는 환경이라는 일반적인 압력, 기후 주기 가운데 특히 건기에 살아남아야 하는 압박 등 저마다 기후 변화의 상이한 측면들에 주목했다.

인류 진화는 내 전문 분야가 아니지만 나는 그와 관련해 몇 가지 의문을 품고 있다. 기후 변화라는 환경적 도전이 인류 진화를 촉진하는 요소가 될 수도 있었겠지만, 그보다 훨씬 더 직접적이고 시급한 도전이 숱하게 존재했으리라고 보기 때문이다. 기본적인 일상생활은 충분히 험악했다. 즉 사자는 키 큰 풀 속에 몸을 도사린 채 공격 태세를 갖추고 있고, 코뿔소는 물웅덩이에 접근하는 것을 가로막고 있으며, 다른 인간들은 끊임없이 같은 자원을 놓고 다투었다. ……나는 지구 궤도 차원의 점진적인 기후 변화가 어떻게 인류 진화에 그토록 중요한 요소가 될 수 있다는 것인지 끝내 납득하기 어렵다.

느리디느린 지구 궤도 차원의 리듬 사이에 간간이 끼어드는 갑작스러운 변화들이 환경적 도전의 좀더 유망한 원천이다. 한랭건조한 시기는 대개 단 몇 십 년, 혹은 심지어 몇 년 만에 생겨났고 그리고 수 세기 동안 이어졌다. 이처럼 느닷없고 급격한 변화는 인류의 생활양식을 눈에 띄게 바꿔놓을 수 있다. 옛날의 '일기', 즉 오늘날에도 몇 주, 몇 달, 몇 년 동안 우리를 괴롭히는 예고 없는 가뭄·홍수·열파·한파 등은 어떤 역할을 했을까? 그것은 모두 합세해 서서히 습하거나 메마른 상태로 달라지는 기후보다 인류에게 한층 더 큰 도전이 되지 않았을까? 나는 기후가 인류 진화에 영향을 끼쳤다는 사실을 설득력 있게 보여주기란, 완전히 불가능하지는 않지만 대단히 어려울 거라고 생각한다.

몇몇 가설들은 기후 변화가 인류 진화에 그와는 다른 방식으로 영향을 미쳤다는 논리를 편다. 즉 점차 건조해지는 기후가 숲을 해체해 호미니드를 탁 트인 삼림지대나 사바나로 내몰았으며, 그들은 거기에서 지력과 기술을 좀더 빨리 연마할 수 있었다는 것이다. 나는 여기에 대해서도 여전히 고개가 갸우뚱해진다. 숲은 가장 메마른 시기에도 살아남았다. 자연적으로 이동생활을 했으며 영리한 호미니드는 숲이 줄어들면 더 다습한 열대지방을 향해 남하하고, 숲이 산허리 위쪽으로 후퇴하면 고도가 더 높은 곳으로 이동하는 식으로 그저 선호하는 환경을 찾아 떠나면 그만이었을 것이다. 나로서는 왜 그들이 그렇게 하지 않았다는 것인지 이해하지 못하겠다.

역시나 비전문가적 식견에 그치지만, 나는 기후 변화가 인류 진화에 진짜로 중요한 역할을 했는지조차 여전히 확신할 수 없다. 호미니드는 진작부터 능란해진 손과 팔에 걸맞은 큰 뇌를 비로소 소유하게 되자 거의 모든 행위들을 생존에 유리한 쪽으로 몰아간 듯하다. 일부 호미니드 종은 그런 기술을 다른 종보다 더 잘 활용했을 테고, 따라서 생식에서 앞서갔고 경쟁을 이기고 살아남았다. 그러나 진화에서 급격한 변화가 가능했던 것은 바로 그들의 큰 뇌와 재주 많은 손 덕택이었다. 이 말이 맞는다면 시간적으로 한참 과거―즉 반(半)인간 존재들이 비에 젖어 축축해진 화산재에 발자국을 남기기 전으로 거슬러 올라간 때―와 관련해 커다란 질문이 하나 생긴다. 과연 언제, 어떻게 그들의 뇌, 혹은 그들 조상의 뇌가 이미 능수능란해진 손에 어울릴 만큼 충분히 커졌는가, 하는 것이다.

한편 우리 호미니드 조상들은 가장 최근의 빙하기 주기 때까지 줄곧 원시적인 석기시대의 삶을 유지했으며, 그제껏 기후에 눈에 띌 만한 영향을 주지 않았다. 그러나 곧 중대한 기후 변화가 닥치게 된다.

06

변화의 시작

거의 250만 년이 지난 뒤에야, 호미니드는 가장 원시적인 단계인 석기시대에서 조금이나마 벗어났다. 그들의 보잘것없는 기술 목록에 불을 다룰 줄 아는 능력, 점차 더 정교한 석기를 만들어 이용할 줄 아는 능력이 더해진 것이다.(표 6.1) 그러나 15만~10만 년 전 우리 인류종이 출현하자, 변화의 속도가 적어도 거의 감지할 수 없었던 이전 시대와는 비교조차 되지 않을 만큼 빨라졌다. 5만 년 전 무렵, 우리는 인류가 창의적 잠재력을 지녔음을 유감없이 보여주는 최초의 증거를 보게 된다. 신체적·정신적 능력 면에서 지금의 우리와 하등 다를 바 없는 인간들이 남겨놓은 예술적·미적 표현을 통해서이다. 그들은 동굴이나 바위 은신처의 벽에 실물과 놀랍도록 똑같은 동물 그림을 그렸으며, 인간이나 동물의 모양을 본뜬 작은 조상(彫像)을 빚었다. 조개껍데기를 실에 꿰어 장신구도 만들었다. 또한 시체를 매장할 때면 내세에서 사용할 수 있도록 음식과 소지품을 함께 넣었다. 이러한 변화를 통해 우리는 초기인류 '문화'의 기원이 오늘날의 문화와 흡사하다는 것을 깨달을 수 있고, 그 사람들을 '우리'와 관련지을 수

표 6.1 인류 진화의 주요 단계

등장 시기	'우리'와의 관계	생존양식	새로운 도구나 연장	문화
250만 년 전	'우리' 속 호모 속	수렵, 채집	석기시대 원시적인 창촉 식품을 갈거나 부수는 도구 뿌리나 덩이줄기를 캐는 도구	알려지지 않음
5만 년 전	'우리' 종 호모 사피엔스	수렵, 채집	석기시대 다소 개선된 창촉 불(식량 익혀 먹기, 안전)	알려지지 않음
1만 5000년 전	완전한 현생인류 ('우리')	수렵, 채집, 어로	석기시대 개선된 창촉 뼈로 만든 바늘과 송곳 밧줄 올가미, 그물, 노끈 주거와 의복 원시적인 금속세공	매장의식 노약자 돌봄 동굴 벽화 조상, 작은 입상 장신구
1만 2000년 전		농업	7장 참조	

있다.

그런가 하면 구체적인 기능을 위해 고안된 훨씬 더 정교해진 석기, 표준화된(따라서 쉽게 되풀이할 수 있는) 방법을 써서 만든 석기가 최초로 등장했다. 그리고 사람들은 인류 최초로 뼈를 활용하기 시작했다. 뼈는 돌보다 훨씬 더 가공하기 쉽지만 단단해서 다양한 용도로 쓰일 수 있는 물질이었다. 최초의 바늘, 구멍 뚫는 데 쓰는 송곳, 조각칼 따위가 등장했다. 바늘은 동물 가죽을 헐렁하게 걸치고 다니던 상태에서 벗어나 옷을 몸에 딱맞게 바느질할 수 있도록 도와주었다. 비바람으로부터 몸을 피할 수 있게 된 인간은 북극 가까운 더 추운 고위도 지방을 향해 점차 북쪽으로 생활 영역을 넓혀갔다. 그들은 그곳에서 거대한 마스토돈(코끼리 비슷하게 생긴 태곳적 동물―옮긴이)의 뼈를 이용해 상부구조를 세우고 비바람을 막기 위해 동물 가죽으로 지붕을 씌운 반구형 집을 지었다.

사람들은 또한 자연에서 구할 수 있는 섬유질을 써서 밧줄 엮는 법을 익혔고, 그 밧줄로 올가미며 낚싯줄, 그물 따위를 만들어 작은 동물, 새, 물고기를 잡는 데 썼다. 수렵=채집 생활에 어로(고기잡이)가 더해졌다. 뼈를 깎아서 투창을 만들고 밧줄로 돌 창촉을 그 자루에 단단히 붙들어 맸다. 이 새로운 도구는 손으로 창자루를 잡고 팔을 휘둘러 던지면 효과적으로 사냥감을 살상할 수 있는 치명적이고도 혁신적인 무기였다. 사냥꾼들은 이제 좀더 안전한 거리를 확보한 상태에서 전보다 더 덩치 큰 사냥감을 쓰러뜨릴 수 있게 되었다. 동굴 벽화에서 보듯이 그들은 이 신형무기로 심지어 커다란 매머드도 잡았다.

기술 개선은 필연적으로 사냥 전략의 향상으로 이어졌다. 이제 사람들은 사냥감의 움직임을 예측할 수 있게 되었으며, 불을 사용하거나 그 밖의 방법을 동원해 동물을 놀라게 만들고 의도한 지역으로 내몰았다. 또한 사냥을 하면서 서로 의사소통하기도 했다. 이윽고 사람들은 인류 혹은 훨씬 더 과거의 선조들이 그제까지 사용해온 어떤 것과도 차원이 다른 그 기술만의 독특한 효과를 실감하기에 이른다. 과거에 인류가 존재하지 않았던 일부 대륙에서, 막 인류가 최초로 출현하고 얼마 안 되어 거대 포유류가 대량 멸종하는 사태가 빚어졌다. 오스트레일리아에서는 약 5만 년 전 처음으로 사람들이 등장했는데, 그때쯤 그들은 이미 배 만드는 기술을 갖추었고, 해수면이 낮은 빙하기에도 계속 오스트레일리아와 동남아시아 대륙 사이를 가르는 깊은 해협 위로 배를 띄울 수 있었다. (연대측정법에 따르면) 최초로 인류가 도착함과 동시에 오스트레일리아의 토종 유대류 사자, 세 종류의 웜뱃, 아홉 개 속(屬)의 캥거루를 비롯한 유대목 동물, 그리고 '폭스바겐 비틀'만큼 커다란 코끼리거북, 여러 종류의 도마뱀과 날지 못하는 새들 상당수가 영영 자취를 감추었다. 인간보다 덩치가 큰 척추동물종이 모조리 사라졌다. 오스트레일리아에서는 과거 수백만 년 동안 기후가 한층 더 건조한 상태로 서서히 옮아갔는데도 이처럼 대대적 멸종에 비슷하게 근접한 사건조차 일어난 적이 없었다.

한층 더 강력한 증거는 남·북아메리카 대륙에서 더 최근에 일어난 거대 포유류의 대멸종이 인간과 관련이 있다고 말해준다. 북아메리카에서는 1만 2500년 전에, 그리고 정확한 방사성 연대측정이 가능한 기간 동안, 수많은 거대 포유류가 단시일 내에 자취를 감추었다. 대부분은 단 1000년 만에 사라졌다. 모두 33개 속의 거대 포유류가 멸종했고, 오직 12개 속만이 현재까지 살아남았다. 멸종한 포유류는 털북숭이매머드, 마스토돈, 두 종의 물소, 네 속의 땅나무늘보, 한 가지 종류의 곰, 검치호, 낙타, 치타, 두 유형의 라마, 야크, 대형비버, 여러 종의 말과 당나귀, 맥, 페커리, 각각 한 종류의 무스·영양·사슴, 그리고 세 종류의 황소 따위다. 이들은 대부분 무게가 45킬로그램이 넘고, 오늘날까지 살아남은 같은 종들보다 덩치가 더 컸다. 땅나무늘보 속의 하나는 키가 최대 6미터나 되고 몸무게는 몇 톤이 넘었다. 황제매머드는 길이가 4미터에 가까운 굽은 상아가 달려 있었다.

이 동물 속들 가운데 일부는 전 지구 차원에서 모조리 멸종했고, 나머지는 구세계 몇 곳에서 가까스로 살아남았다. 나중에 유럽인들은 말과 당나귀를 북아메리카에 들여오면서 살아남은 그 동물들도 그들이 처음 진화한 대륙으로 도로 데려왔다. 수천만 년 동안 수풀이 우거진 북아메리카 평원에는 오늘날의 아프리카 평원지대보다 거대 포유류 사냥감이 한층 더 풍부했다. 그러나 이제 그들은 본래의 4분의 1을 약간 넘는 수준으로 종 다양성이 급감했다.

일부 과학자들은 기후 변화가 그 주범이라고 주장한다. 1만 2500년 전의 지구 궤도 변화와 관련한 환경 스트레스가 주요인이라는 것이다. 즉 뜨거운 여름과 북아메리카의 거대 빙상을 빠르게 녹이는 강한 태양 복사에너지, 추운 겨울을 만들어내는 약한 태양 복사에너지, 그리고 빙하가 녹은 북쪽 지역으로 숲과 초지의 식생이 급격하게 이주하는 현상 따위 말이다. 어떤 이들은 하필 시기가 겹치는 대규모 기후 변화로 방목동물들이 좋아하는 목초지가 대폭 줄어들었으며, 알맞은 서식지를 찾지 못한 수많은 종들이 떼죽음을 당했다고 주장했다.

1960년대에 지구과학자 폴 마틴(Paul Martin)은 처음으로 기후가 포유류 멸종을 절대적으로 좌우했다는 주장에 맞서는 논지를 폈다. 그는 지난 100만 년 동안 대체로 동일한 일군의 환경변인이 최소 네 차례 정도 되풀이되었는데도, 전에는 포유류의 대멸종 사례가 없었다고 지적했다. 그는 1만 2000년 전의 대멸종은 필시 그 이전에는 한 번도 존재한 적 없는 새로운 요인, 바로 인간의 약탈에 따른 것이라고 결론지었다.

나는 포유류나 문화인류학은 몰라도 기후 주기에 관해서만큼은 전문가다. 그런 내 눈에는 대멸종이 기후 때문이라는 이들을 비판한 마틴의 주장이 상당히 그럴듯해 보인다. 기실 그의 주장은 제기될 당시보다 오늘날에 훨씬 더 설득력이 있다. 마틴이 처음 인간을 대멸종의 원인으로 꼽았을 때만 해도 기후과학자들은 빙하작용이 오직 네 차례밖에 일어나지 않았다고 믿고 있었다. 그러나 지난 20년간 분명하게 밝혀진 바에 따르면, 북반구에서 마지막 90만 년 동안 8~9번의 빙하 주기가, 총 275만 년 동안 40~50번의 빙하 주기가 되풀이되었다.(4장)

과거에도 1만 2500년 전 발생한 기후 요인들과 기본적으로 동일한 형태—즉 강한 여름 태양 복사에너지와 약한 겨울 태양 복사에너지, 급격한 빙상의 용융, 그리고 식생이 급속하게 이동하는 현상—를 빙하의 성장과 용융이 되풀이된 수십 차례의 빙하 주기에서 반복적으로 관찰할 수 있었다. 사실 여름과 겨울 태양 복사에너지 양극단의 편차는 대체로 1만 2500년 전보다 과거의 빙하기 주기들에서 더 컸다. 과거 주기들에서는 빙상의 용융과 식생의 지리적 변화 속도가 한층 더 빨랐지만, 단 한 차례도 대대적 멸종 사태가 일어나지 않았던 것이다. 과연 1만 2500년 전 무렵 북아메리카에서 멸종한 종의 수는 275만 년이 넘는 그 전 빙하기 주기 전체의 총량과 맞먹거나 오히려 그것을 상회했다. 저마다 다른 온갖 종류의 동물들이 어떻게 수백만 년 동안 그들에게 아무런 해를 끼치지 않던 요인에 의해 그토록 맥없이 무너질 수 있었을까? 내가 보기에 그 질문에 대한 답은 명확했다. 기후는 대대적으로 휘몰아친 유례없는 대멸종의 원인일 리가 없다는 것이다.

가장 최근의 간빙기 동안 전혀 다른 어떤 요인인가가 관여했음에 틀림없다는 마틴의 주장이 유일하게 남은 결론이다. 그리고 그 '새로운' 요인으로 가장 뚜렷하게 떠오르는 것은 바로 남·북아메리카에 출현한 인류다. 어떤 과학자들은 포유류의 대멸종이 휩쓸고 간 것과 거의 동시에 남·북 아메리카에 처음 인류가 도착했다고, 또 다른 과학자들은 인류가 그보다 조금 일찍 도착했을 가능성이 있다고 주장한다. 어느 쪽이든 간에 두 사건이 시간적으로 연관되어 있음을 강력하게 시사한다. 답변의 일부에는 대멸종이 발생할 무렵 인류의 기술이 혁신적으로 발달했다는 내용도 들어 있다. 발굴 장소인 뉴멕시코 주의 도시 이름을 딴 '클로비스 창촉'이 매머드를 비롯해 지금은 멸종한 포유류의 갈비뼈에 박힌 채 발견되었다. 이 증거는 인류가 존재했으며, 멸종이 진행되었을 당시 그들이 이미 이 새로운 무기를 사용하고 있었음을 말해준다.

북아메리카는 인류가 도달했을 즈음 갑작스레 멸종이 일어난 여러 지역들 가운데 하나에 불과하다. 남아메리카에 살던 포유류에게는 한층 더 나쁜 운명이 닥쳤다. 전체 속의 80퍼센트, 즉 총 58개 속 가운데 46개 속이 1만 5000년 전 이후(대부분 인간이 정착한 시기 초기에) 자취를 감춘 것이다. 다시 한번 강조하지만 그 이전의 수백만 년 동안에는 이 같은 대멸종의 물결이 단 한 차례도 밀어닥친 역사가 없었다. 마다가스카르·하와이·뉴질랜드 같은 섬에서도 그보다 규모가 작긴 하지만 같은 사건이 되풀이되었다. 과거에 인간이 없었다가 출현한 장소에서는 어김없이 대량 멸종이 뒤따랐다.

기나긴 세월 동안 인간과 동물이 진화 과정을 함께해온 아프리카와 유라시아에서는 아메리카 대륙에 필적할 만한 대멸종이 일어나지 않았다. 이러한 관찰은 사리에 닿는다. 인간에게 쫓기는 사냥감이 그 압박을 이기고 살아남을 수 있는 전략―이를테면 혼자 지내는 습관이나 일정치 않은 예측 불허의 이주 유형 등―을 개발할 시간이 넉넉했기 때문이다.

남·북아메리카 대륙과 오스트레일리아에서 대멸종을 초래한 원인이 인간이라는 결론은 수많은 존경받는 과학자들로부터 거센 저항을 샀다.(그런 사정은 지금도 크게 달라지지 않았다.) 그들은 1만 2500년 전 남·북아메리카에 살았던 한 줌밖에 안 되는 사람들이 설사 클로비스 창촉을 장착한 무기를 지녔다손 처도 어찌 그 모든 동물들을 삽시간에 대멸종으로 몰아갈 수 있었겠느냐고 반문한다.

그러나 초기 미국인들이 대멸종을 일으키기 위해 모든 종의 마지막 개체까지 일일이 창으로 찔러죽일 필요는 없었다. 인간은 조직적인 집단 속에서 사냥하면서 언어적 의사소통과 불을 써서 동물 무리를 크고 작은 협곡이나 제한된 지형으로 몰아갔다. 그렇게 고함을 지르고 불로 위협하면서 동물떼를 몰아가노라면 어느 때는 그들이 한꺼번에 절벽 아래로 굴러

떨어지기도 했다. 또 어느 때는 동물들이 막다른 궁지에 몰려 허둥대다가 허망하게 살해당하기도 했다. 이 시기 것으로 추정되는 동물의 해골 무더기가 절벽 바닥 가장자리에 수북이 쌓인 채 발견되었는데, 더러 그 가운데 가장 위에 놓인 해골만 식량감으로 도살당했다는 증거가 나오곤 한다. 사냥 전략들이 어찌나 잘 먹혀들었던지 그것들을 다채롭게 구사하자 동물들이 무더기로 죽어나갔다.

인구생태학자들이 최근에 진행한 연구는 대형 포유류 종은 매년 그들 인구의 일부만 골라 죽여도 놀라우리만큼 빠른 시일 내에 멸종에 이를 수 있음을 보여준다. 대다수 대형 포유류는 임신기간이 긴 데다 한 번에 새끼를 조금씩밖에 낳지 못해서 더디게 번식하므로, 사망률이 정상치에서 아주 조금만 벗어나도 쉽사리 피해를 입는다. 출생률과 사망률의 장기적인 영향력을 계산함으로써 인구 변화를 모의실험한 모델들은 사망률이 정상치를 조금만 상회해도 수백 년 내에 멸종으로 치달을 수 있음을 보여준다. 어느 종의 숫자가 생존에 요구되는 인구밀도 수치 이하로 떨어지면 그 종은 심지어 심한 약탈이 없어도 반드시 멸종하게끔 되어 있다. 만약 이들 초기 인간 사냥꾼들이 질병이나 날씨, 고령에 의해 정상적으로 사라지는 개체들보다 극히 조금만 더 많은 동물을 도태시켰다 해도 멸종을 피할 길이 없었을 것이다.

또한 비판론자들은 화석 기록을 보면 남·북아메리카 대륙에서 포유류가 멸종한 사건들 모두가 정확히 인류가 최초로 등장한 시기에 일어났다고 보기는 어렵다는 타당한 반론을 제기했다. 백번 맞는 말이다. 그러나 앞에서 언급한, 연대가 소행성 충돌 시점께로 추정되는 희소한 공룡 유해를 찾으려고 퇴적물을 걸러냈던 시민 지원자들을 떠올려보라.(2장) 그들이 퇴적물을 면밀히 살펴볼수록 갑작스러운 운석 충돌과의 연관성은 한층 밀접해졌다. (즉 두 사건의 발생 시기가 더욱 가까워졌다.)

인류가 남·북아메리카 대륙에 처음 당도했음을 드러내주는 유해도 포유류 종들의 멸종을 말해주는 유해도 비교적 드물긴 하지만, 이 두 현상의 발생 시기가 대체로 맞아떨어진다는 사실은 주목할 만하다. 나는 과학자들이 좀더 면밀히 조사해본다면 포유류의 멸종 시기가 인류의 등장 시기 혹은 새로운 사냥 기술의 출현 시기와 점점 더 가까워진다는 사실을 확인할 수 있으리라 확신한다. 요컨대 나는 기후 변화가 포유류 멸종의 주요인이라는 주장에 반대하며, 그 원인이 인간과 관련된다고 여길 만한 타당한 이유를 찾아보고자 한다.

사람들은 저도 모르게 인간의 약탈이 멸종을 일으켰다는 주장에 거부감을 느낄지도 모르겠다. 200년 전 장 자크 루소는 '고결한 야만인(noble savage)'이라는 개념을 도입했다. 고결한 야만인이란 과거에 생존을 위해 필요한 만큼만 사냥할 뿐 그 이상은 조금도 탐하지 않고 환경과 완벽하게 조화를 이루며 살아가던 원주민들을 일컫는다. 최근 몇 년 동안 자주 인용된 이 문구에서 그들은 '지상에서 가볍게 살다 간' 존재로 여겨졌다. 루소는 다른 사람들에게서 원시문화에 대해 전해 들었다 뿐 여행하면서 직접 그 문화권을 관찰할 기회는 가져보지 못했다. 그래서인지 그의 견해는 간접적이고 지나치게 단순하고 다분히 낭만적이지만, 어쨌거나 오늘날에도 널리 공감을 사고 있다. 남·북아메리카, 오스트레일리아, 마다가스카르, 뉴질랜드, 하와이에서 전(前)기술시대를 살아간 이들이 지구 역사상 중요한 몇몇 멸종 사례를 초래할 정도의 대규모 살상 능력을 지녔다고 생각하면 거북하기 짝이 없다. 아니 그런 일은 상상조차 할 수 없다. 자연에 대한 그 같은 대대적인 습격은 특별히 선진적인 기술을 갖춘 현대인만이 저지를 수 있는 죄악으로 여겨졌다. 그러나 실상은 달랐다.

나는 초기 아메리카 원주민들을 '버펄로 빌(Buffalo Bill)' 코디(W. F. Cody: 1846~1917년, 미국 서부개척사의 전설적인 인물—옮긴이) 같은 이들과 동렬에 놓지는 않는다. '버펄로 빌' 코디는 말을 타고 다니면서 혼자 물소 수만 마리를 닥치는 대로 학살하고 대서부쇼(Wild West show: 북미 인디언들이 카우보이, 야생마 타기 따위를 선보인 쇼—옮긴이)에서 자신이 이룩한 성취를 과시한 위인이다. 그들은 달리는 기차의 창밖으로 재미 삼아 물소를 쏴 죽인 승객들과도 같지 않았다. 그들의 인간 선조들 모두가 그랬듯이, 초기 아메리카 원주민들은 주로 식량과 의복을 마련하기 위해, 그리고 뼈로 된 연장을 만들기 위해 동물을 죽였다. 대멸종은 대체로 지나치게 효과적이었던 새로운 사냥법이 불러온 뜻하지 않은 결과였다. 그럼에도 불구하고 놀라울 정도로 다양한 포유류와 유대목 동물들이 대거 사라졌다는 것은 인류사를 얼룩지게 만든 비극이었다. 조직화한 인간 문명이 지구상에 등장하기 한참 전부터 우리는 이미 자연계 동물군을 크게 황폐화시켰고, 따라서 한때 더없이 풍부했던 생명체군의 오직 일부만을 남겨놓았다.

지난 5만 년의 역사를 보여주는 모든 증거들—동굴 예술품, 장신구, 매장 의례, 그리고 포유류 멸종—에 따르면, 인류는 일련의 새로운 기술, 새로운 유의 창의성, 생각·감정·계획 따위를 표현하고 거기에 관해 의사소통할 수 있는 능력을 지니게 되었음을 알 수 있다. 하지만 '인류'가 출현한 이래 오늘날에 이르는 시기의 99.5퍼센트에 가까운 세월 동안, 사람들은 여전히 유목 생활과 수렵-채집-어로 생활을 고수했으며, 계속해서 돌이나 뼈로 만든 도구를 사용했다. 현대를 향한 진보는 좀더 최근에 여러 가지 새로운 능력이 등장했음을 감안한다 해도 여전히 믿기 어려우리만치 더뎠다.

그러나 약 1만 2000년 전, 인간의 독창성은 유라시아에서 일대 전환점을 맞았다. 그로 인해 너무나 획기적인 진보가 이루어지면서 인류는 서서히 현대를 향한 발걸음을 재촉할 수 있었다. 그 전환점이란 다름 아닌 농업의 발견이었다. 농업이 최초로 도입된 것은 지중해 동편 '비옥한 초승달 지대(fertile crescent)'에서였다. 북쪽으로 오늘날의 터키에서 이라크를 지나 남쪽으로 시리아·요르단까지 뻗어 있는 호 모양의 지역이다. 거의 비슷한 시기에 중국 북부 황허 강 하곡에서도 비슷한 변화가 시작되었다.

3부

인간이 통제를 시작하다

△▽△▽△▽

지난 2만 년 혹은 1만 년은 몇 백만 년에 이르는 인류와 선행인류의 장구한 역사에 비하면 그저 눈 깜짝할 사이에 지나지 않는다. 빙상은 2만 년 전에 최대 크기였다. 2만 년은 이집트인들이 거대한 피라미드를 축조한 이후 시기의 네 배에 그치는 기간이다. 한때 거대했던 북아메리카 빙상의 마지막 자취는 약 6000년 전에 녹았다. 6000년 전은 오늘날의 이라크에서 수메르 문명이 발달한 때를 불과 몇 백 년 앞둔 시점이었다. 한편 약 1만 1500년 전, 그제까지 캐나다를 절반 남짓 뒤덮고 있던 북아메리카의 빙상이 줄어들 무렵, 메소포타미아(오늘날의 터키·이라크·요르단)라 불린 유라시아 남서쪽의 거주민들이 과거의 생존양식을 통째로 바꿔놓을 발걸음을 서서히 내디뎠다. 농업이 이 지역에서, 얼마 뒤 중국 북부 황허 강 하곡에서 막 움트기 시작한 것이다.

흔히 '목가적', 혹은 '전원적'이라고 언급되는 농사는 오늘날 도시 거주민들이나 교외 거주자들에게는 자연에 가까운 삶으로 여겨진다. 주말에 시골 지역을 드라이브하는 것은 휴식이자 '자연으로 돌아가는' 시간인 것이다. 그러나 농사는 자연적인 것이라기보다 인류가 지금껏 한 일 가운데 지표면을 자연상태로부터 가장 멀리 벗어나도록 만든 일대사건이었다. 도시와 공장, 심지어 교외 지역의 대형 쇼핑센터도 지구의 육지 표면을 3분의 1 넘게 차지하고 드넓게 펼쳐져 있는 농가의 목초지나 경작지에 비하면 그저 지도상에 찍힌 작은 점에 불과하다. 따라서 1만 1500년 전 메소포타미아 주민들은 농업을 창안함으로써 자연을 변화시키는 길로 인류를 내몬 셈이다.(7장)

3부는 이 책의 골자인 두 가지 주요 주제―즉 첫째로 자연적인 요소로는 온실가스(메탄과 이산화탄소) 농도의 변화를 설명하지 못한다는 점, 둘째로는 점차 늘어가는 인간 활동이 거기에 대한 대안적인 설명이 되어준다는 점―를 다룬다. 대기중의 메탄 농도는 지구 궤도 주기가 추동하는 익히 알려진 과정에 좌우되므로 장기간에 걸친 메탄의 자연적 변화는 정확히 예측할 수 있으며, 따라서 예측치에서 벗어난 인위적 현상은 쉽게 감지된다.(8장) 이산화탄소 시스템은 무진장 복잡하지만, 장기적으로 대기중에 이산화탄소가 농축되는 현상도 지구 궤도 주기가 좌우한다. 따라서 대기중의 이산화탄소 농도가 자연적 추세에서 벗어나는 것 역시 인간의 영향 탓이다.(9장)

지난 수천 년간 인간이 배출한 온실가스가 꾸준히 증가함에 따라 그들이 복합적으로 기후에 미치는 영향 또한 커졌다. 자연이 전면적인 통제권을 쥐고 있었다면, 지구 기후는 당연히 제법 추워졌을 것이다. 그런데 인위적인 온실가스가 자연적인 냉각화 현상을 상쇄하면서 온난화 효과를 낳았다. 인간이 기후 시스템을 좌우하는 힘으로 자연에 맞서게 된 것이다. 10장에서 소개한 여러 증거들을 보면 지난 수천 년 동안 인간이 배출한 이산화탄소와 메탄 탓에 만약 그런 것이 없었더라면 캐나다 북동쪽에서 나타났어야 마땅한 소규모 빙하작용이 저지된 듯하다.

동료 과학자들은 새로운 과학가설을 통해 초기인류가 기후에 영향을 미쳤다는 내 주장(즉 '초기인류 연원 가설')을 검토하고 있는 중이다. 최근에 내 가설을 향한 의미 있는 도전 두 가지가 학회지에 발표되었는데, 나는 그에 힘입어 내 개념을 더욱 확고하고 정교하게 다듬을 수 있었다.(11장)

07

▲▲▲▲

초기 농업과 문명

농업은 지난 1만 2000년 동안 몇몇 지역에서 저마다 독자적으로 출현했다. 최초로 농업이 발달한 두 곳―지중해 동쪽 끝 메소포타미아의 비옥한 초승달 지대와 중국 북부 황허 강 하곡(그림 7.1)―은 초기 문명에 지대한 영향을 끼쳤다. 그 밖에 중앙아메리카 평원지대, 페루 안데스 산맥 부근의 고지대, 아프리카와 뉴기니의 열대지방을 비롯한 여타 지역에서는 농업이 그보다 몇 천 년 뒤에 등장했다. 이들 지역에서 농업이 독립적으로 발달했다는 증거는 저마다 지리적으로 떨어져 있다는 데서 얼마간 찾을 수 있지만, 이들 지역 모두 서로 다른 천연 식량자원을 지니며, 그것들은 뚜렷하게 구분되는 나름의 재배방식을 필요로 한다는 사실에 주로 근거한다.

현대사회를 살아가면서도 석기시대의 문화를 고집하는, 외따로 떨어진 부족들의 삶에 관한 연구를 보면 그들이 제 터전에서만큼은 최고 경지의 식물학자들임을 알 수 있다. 그들은 대부분 오늘날의 식물학 대가들에게서도 찾아보기 힘든 전문가적 식견을 갖추었으며, 수십만 가지 식물을 식

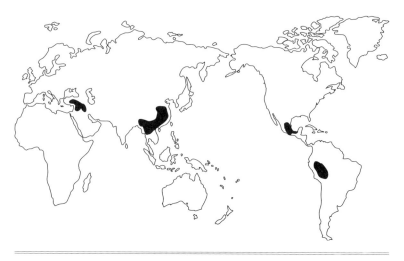

그림 7.1 농업은 검게 표시된 몇몇 지역에서 독자적으로 등장했다. 그 가운데 농업이 가장 먼저 발달한 곳은 근동의 비옥한 초승달 지대와 중국 북부였다.

별할 줄 안다. 그들이 이러한 지식을 갖추고자 한 동기는 자명하다. 생존을 위해 식량을 채집해야 했던 그들에게는 조금의 실수도 용납되지 않았다. 식용 가능한 식량 가운데 어떤 것이 영양가 있고 맛이 좋은지, 또 어떤 것은 그렇지 않은지 알고 있으면 이롭다. 또한 어떤 식물 뿌리와 견과류, 산딸기류와 버섯이 유독한지 아는 것도 유익하다. 나는 버섯을 찾아다니다가 잘못된 선택을 하는 바람에 거의 죽다 살아난 동료를 한 사람 알고 있다. 오래전 식량을 선택하는 것은 결코 하찮은 일이 아니었으며, 비옥한 초승달 지대에서 살아가던 석기시대인은 저마다 식물 전문가였음에 틀림없다.

적어도 두 가지 관점에서 보자면, 수렵-채집-어로 생활에서 농업으로의 전환이 불가피한 것은 아니었다. 첫째, 수렵채집인은 다양한 출처에서 식량을 얻으며, 비옥한 초승달 지대 같은 곳에서 쉽게 구할 수 있는 수많은 동식물은 당연히 영양적 균형을 이루도록 도와준다. 그에 비해 식량을 한두 가지 곡물에만 과도하게 의존하면 단백질과 지방의 부족으로 이어져 영양실조를 초래하기 십상이다. 이러한 관점에서 보건대 1만 2000년 전 사람들이 점차 몇 개에 불과한 곡물에 의존한 것이 꼭 그렇게 바람직한 일만은 아니었다. 둘째, 몇몇 연구에 따르면 오늘날 근동 지역에서 야생으로 자라는 곡식을 수확하는 것은 같은 곡식을 재배하기 위해 씨를 뿌리고 돌보고 추수하는 것보다 품이 덜 든다고 한다. 원시인들은 최소의 시간과 에너지를 들여서 최대의 식량을 거두어들이고자 끊임없이 우선순위에 따른 합리적인 선택을 했을 것이다.

이렇듯 농업의 등장이 필연적인 것은 아니었지만, 비옥한 초승달 지대에서 살아가던 이들로 하여금 나날의 일상을 농사짓는 일로 서서히 옮아가도록 내몬 몇 가지 요인이 있었다. 반(半)건조한 이 지역의 초원에서는 이례적일 정도로 다양한 식용 곡물이 야생 상태로 자라고 있었는데, 그것들은 재배하기에 안성맞춤이었다.(표 7.1) 여기에는 두 종류의 밀(에머밀과 외알밀), 보리, 호밀 등속이 포함되어 있었으며, 모두 손쉽게 얻을 수 있는 탄수화물 급원이었다. 완두콩이나 렌틸콩은 훌륭한 단백질원이었다. 천연식량이 더없이 풍부하다는 것은 이 지역만의 고유한 특색이었다.

풍부함의 원천은 부분적으로 근동의 반건조성 기후에 따른 것이다. 이 지역에서는 건기가 길어서 매년 일년생식물이 거지반 죽는다. 따라서 식물은 생식을 위해 씨앗을 만들어내는 데 에너지를 소비한다. 식용 씨앗은 인간이 편리하게 이용할 수 있는 식량이다. 반면 물이 풍부한 숲에서 자라는 초목은 대체로 인간에게 먹을 것을 거의 제공해주지 않으며, 사막은 척박한 불모지나 다름없다. 따라서 비옥한 초승달 지대의 주민들은 곡물을 통해 필요한 식량을 일부 얻긴 했지만, 여전히 야생 씨앗을 채집하거

표 7.1 최초의 재배 곡물, 사육 가축, 도구 제작 기술의 출현

시기(년 전)	근동	동아시아·중앙아시아	남·북아메리카	도구(유라시아)
12,000	개		개	
11,000	염소, 양, 밀, 보리, 완두콩, 렌틸콩, 돼지			
10,000		돼지	호리병박 호박	
	호밀, 소	닭		
9,000	아마		고추 아보카도	돌
			콩	
8,000		조 호리병박 개 마름	옥수수	뼈
			라마, 알파카	
7,000	대추야자	뽕나무 쌀 물소		
	포도나무			
6,000		말 소	목화	———
	올리브 당나귀			
5,000		양파 낙타	땅콩	청동
	메론, 리크, 호두		고구마	
4,000	낙타			
		마늘		———
3,000			감자	
2,000			칠면조	철

나 사냥을 하거나, 장소에 따라서는 물고기를 잡아서 영양분 섭취를 늘려 나갔다. 그들은 이처럼 여러 자원을 한꺼번에 활용함으로써 영양결핍을

면할 수 있었다. 이 지역은 야생 식량이 다양하고 풍부하게 자란 까닭에 농사가 시작될 무렵 일찌감치 몇몇 기술혁신을 이루게 된다. 게다가 곡물을 자르는 원시적인 돌낫, 곡식을 담아 나르는 데 쓰는 직조 소쿠리, 곡물을 갈기 위한 절구 등 다른 곳에서 거두어들인 기술혁신의 성과도 발 빠르게 수용했다.

그리고 이 지역에서는 농업으로의 전환이 점점 더 탄력을 받기 시작했다. 처음에 사람들은 야생 곡식이나 콩과식물을 땄다. 구하기도 쉽고 맛도 좋으며, 특정 계절에는 수많은 식량 자원들 가운데 하나였기 때문이다. 이것은 '채집'이지 농업이 아니었다. 그러나 1만 1000년 전 무렵, 야생 곡물종과 유연관계에 있는 곡물들이 티그리스-유프라테스 강 범람지대에서 그들이 자연적으로 분포하는 지역을 한참 벗어난 장소에 나타나기 시작했다. 인간이 개입하거나 손댔음을 분명하게 보여주는 징표였다. 완두콩 같은 보호받는 곡식 알갱이들은 서서히 크기가 애초의 야생 형태보다 열 배나 커졌다. 사람들은 적은 시간에 많은 식량을 얻기 위해 계속해서 가장 큰 곡식 알갱이나 채소를 거두어들였다. 당초 이러한 선택은 그저 당연한 일이자 효율적으로 시간을 쓰는 문제였고 이것은 무의식적으로 이루어진 과정이었다. 그러나 그 과정은 점차 최근 몇 백 년 동안 농업전문가들이 곡식 품종개량을 위해 의식적으로 수행한 일과 비슷한 결과를 낳았다.

땄으되 먹지 않은 곡식 알갱이들이 야영지나 초기의 농가마을 주변에 뿌려졌다. 인간의 소화계를 거치고도 소화되지 않은 채 보존된 씨앗들이 근처 쓰레기장이나 오물더미에 섞여 들어갔다. 그중 일부가 이듬해 생장철에 습도가 알맞은 기름진 장소에서 싹을 틔웠고, 그해의 식량원으로 쉽게 사용될 수 있었다. 사람들이 손으로 딴 곡식 알갱이가 식량분에서 차지하는 비율이 해가 갈수록 늘어나기 시작했다. 어느 시점에 이르자 사람들은 씨앗을 심기 위해 나무 막대기로 땅에 구멍을 뚫었다. 물론 이때도 여전히 대부분의 식량은 수렵이나 채집을 통해 마련했다. 곡식 알갱이는 심기 쉬웠고, 대개 3개월 만에 빠르게 자라고 여물었다.

약 1만 500년 전, 수백 명의 인구가 농가마을에 영구 정착했음을 보여주는 최초의 증거가 나타났다. 그 유물은 진흙 벽돌집이었고, 집 주변에서는 연중 같은 장소에서 도살이 이루어졌음을 말해주는 동물뼈가 출토되었다. 이 거주지는 사람들이 대체로 농업으로 전환했으며, 한 장소에 머물러 밭을 일구고 겨울에 대비해 식량을 비축해두었음을 직접적으로 보여주는 증거다. 인간과 인간이 기르는 곡식은 수백 년에 걸쳐 점차 서로 밀접한 관련을 맺었다. 사람들이 거듭 가장 큰 씨앗을 선택함에 따라 곡식은 다른 식물들과 겨루어야 하는 야생에서는 살아남을 수 없는 잡종으로 진화했다. 쉴 새 없이 이동하면서 자식을 데리고 다녀야 할 필요성이 사라지고 믿을 만한 식량원이 확보되자 사람들은 자녀를 더 많이 낳았고, 자연스레 인구도 늘기 시작했다.

비옥한 초승달 지대의 또 한 가지 이점은 그곳이 사육하기 쉬운 것으로 드러난 여러 야생동물의 서식지였다는 사실이다. 재레드 다이아몬드(Jared Diamond)가 그의 저서 《총, 균, 쇠(Guns, Germs, and Steel)》에서 강조한 대로, 쉽게 사육하기 힘든 동물 유형도 숱하게 많다. 태생적으로 너무 사납거나 겁이 많거나 혼자 지내기를 좋아하는 동물도 있으며, 그저 너무 작아서 쓸모가 없는 동물도 있다. 비옥한 초승달 지대는 염소·양·돼지·소의 선조들이 야생 상태로 살고 있었다는 점에서 다시 한번 운이 좋은 곳이었다. 야생에 사는 사냥감을 푸드덕 날게 하거나 밀어붙이던 수렵 기술이 서서히 반수성 가축을 모는 기술로, 그러다가 완전한 사육 기술로

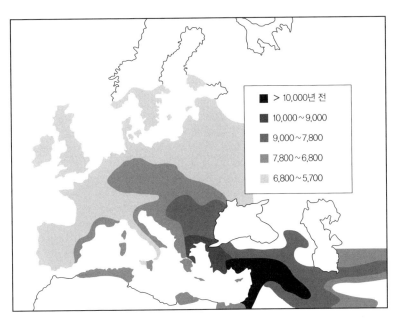

그림 7.2 1만여 년 전 근동의 비옥한 초승달 지대에서 처음 재배된 식물의 자취가 그 후 수천 년 간 유럽 전역에 형성된 호상 퇴적물에서 발견되고 있다.

발전했을 것이다.

약 9500년 전에는 사람들이 염소·양·돼지·소를 사육했으며(표 7.1), 마을을 지키고 음식 쓰레기를 먹어치우고, 잠자리의 따스함을 제공하고, 더러 식량이 되어주기도 하는 개를 키웠다. 우유, 치즈, 사육한 동물의 고기가 탄수화물이나 곡물 단백질을 보완해주는 주요 단백질·지방의 급원으로 떠올랐다. 영양의 관점에서 비옥한 초승달 지대는 인간이 농업에 전적으로 의존하는 새로운 생활방식으로 전환하는 데 필요한 모든 것을 제공해주었다.

농업에 관한 지식은 점차 지중해 동쪽에서부터 다른 곳으로 널리 확산되었다(그림 7.2). 우리는 방사성 연대 측정한 호상 퇴적물에 야생에서는 자라지 않는 재배곡물과 콩과식물 알갱이가 처음 나타난 것을 보고 그 지역에 최초로 농업이 출현했음을 확인할 수 있다. 9000~8000년 전 무렵, 비옥한 초승달 지대에서 재배되던 작물들이 동쪽으로 인도, 서쪽으로 오늘날의 그리스까지 전파되었다. 7000년 전 무렵에는 남쪽으로 이집트와 튀니지, 서쪽으로 이탈리아 남부와 에스파냐, 북쪽으로 유럽의 독일까지 퍼져나갔다. 6000년 전에는 농업이 유럽 전역에 자리 잡았고, 그 지역은 오늘날까지 농사를 이어오고 있다. 너른 지역의 관점에서 보자면 농업의 전파는 더뎠지만, 한 장소 한 장소의 관점에서 볼 때는 농업으로의 전환이 빠른 경우도 있었다. 인간의 도움으로 근동의 반건조 기후에 적응한 곡식과 여러 작물은 다습한 유럽의 기후에서 더욱 잘 자랐다. 중유럽과 북유럽에서는 염소와 양이 흔했던 남유럽과 달리 야생 소와 돼지(멧돼지)가 많아서 그 두 가지가 주로 가축으로 사육되었다.

　농업이 시작된 지역들 가운데 두 번째로 중요한 동남아시아는 드넓은 환경 영역에 걸쳐 있다. 사람들은 춥고 주기적으로 건조해지는 위도상에 놓인 중국 북동부 황허 강 범람원과 서쪽으로 그보다 지대가 높고 좀 더 건조한 내륙에서 두 종류의 조를 키웠다. 이 작물의 최초 유물은 연대가 9500년 전 것으로 추정된다. 석기와 도자기 조각, 사육된 닭과 돼지의 뼈도 출토되었다. 좀더 따뜻하고 습한 중국 남부의 열대지방과 그 서쪽인 버마와 태국에서는 쌀농사가 일련의 단계를 거치면서 발달하였다. 8000년 전 야생벼 품종을 채집하기 시작한 때로부터 2천 년 동안 의도적인 모심기가 발전을 거듭해온 것이다. 야생벼는 오직 고지대에서만 나타나므로, 최초로 쌀농사를 지은 농부들은 아마 비교적 축축한 땅에 나무막대기로 구멍을 뚫어서 곡식을 파종했을 것이다. 5000년 전 무렵, 쌀농사를 위해 세심하게 관리된 관개가 시작되었다.

그 밖에 농사가 전개된 다른 지역들에서도 비슷한 진척이 이루어졌다. 9000~8000년 전 사이 비옥한 초승달 지대만의 고유한 작물이 인도 서부 인더스 강 유역에 도입되어 진작부터 재배되어오던 오이나 참깨 같은 작물에 더해졌다. 3000년 전 무렵 인도 동부와 중부에 걸친 갠지스 강 삼각주 유역에 동남아시아의 쌀농사 기법이 도입되었다. 세계의 다른 지역에 살던 이들도 자체적으로 농사를 짓기 시작했다. 남·북아메리카의 경우, 약 1만 년 전에는 호박·아보카도·콩을, 9000~7500년 전 사이에는 옥수수를 재배했다. 감자와 토마토도 길렀다.

수천 년이 지나면서 농사가 인간의 삶에 미치는 영향은 점차 크고 다채로워졌다. 처음에 사람들은 옷·이불·밧줄을 만드는 데 쓰려고 아마·면·대마 같은 섬유질 식물을 길렀다. 그러다가 양·염소·라마·알파카에서 양모를, 소에서 가죽을, 누에에서 비단을 얻었다. 물을 퍼 나를 수 있는 호리병박도 키웠다.

농사가 인류에 끼친 영향이라는 측면에서 또 한 가지 중대한 국면이 펼쳐졌다. 약 6000년 전에 시작되어 로마시대 전반을 관통한 시기였다. 농사를 비롯한 여러 혁신들은 주요 문명의 발전을 재촉했고, 그 문명들은 환경에 점점 더 많은 영향을 끼쳤다. 주요 혁신 가운데 하나는 야금술이었다. 여러 지역에서 인간은 마침내 지난 200만 년 동안 사용해온 석기시대의 도구를 밀어내는 단계에 접어들었다. 이 과정은 부분적으로 야영지 부근에서 이루어진 단순한 관측에서 비롯된 듯하다. 즉 화롯불을 지피기 위해 줄지어 세워둔 일부 암석들 속의 작은 금속 광맥이 비교적 낮은 온도에서 녹아 액체 상태로 땅바닥에 새어 나왔고 불이 잦아들면서 굳었다. 일부 지역에서는 순도 높은 금속 광맥이 암석 노두에 드러났다. 당연히 다음 수순으로 사람들은 구리·주석을 녹이고 정련해 합금을 만들기 시작했다. 이렇게 해서 6000~5500년 전 사이 중국 북부에서 청동기시대가 열렸다. 거기에서 좀더 진보한 결과 중국 남부에서 3300년 전경, 철기시대가 펼쳐졌다.

또 한 가지 중요한 진척은 약 6000년 전에 일어난 물소와 말의 사육이었다. 이로써 인간보다 한층 더 힘센 동물이 쟁기질을 도맡았다. 내구력 있는 금속 쟁기에 마구를 단 힘센 동물의 도움으로 농사에 드는 노동량이 크게 줄어들었고, 사람들은 훨씬 더 넓은 지역을 쟁기로 일구고 경작할 수 있게 되었다.

또한 이 기간 동안 관개 기법이 널리 보급되었다. 오늘날의 터키 고지대에서 발견된 원시적인 작은 용수로들은 연대가 8200년 전 것으로 추정되는데, 그 관개 기법은 7300~5700년 전 티그리스-유프라테스 강 하곡으로 확산되었다. 관개가 보급되기 전에는 대체로 건조한 강 근처 저지대에서 농사를 지으려면 강물이 딱 적당한 정도로만 흘러야 했다. 주변의 논밭을 이따금 적시되 너무 오랫동안 침수되거나 토양을 침식하지는 않는 정도로만 말이다. 말할 것도 없이 자연이 늘 그토록 협조적일 리 만무했다. 마침내 상당한 정도로 물을 제어할 수 있게 되었다는 것은 농부들이 자연이 부리는 변덕으로부터 자유로워진다는 것을 뜻했다. 4000년 전, 동남아시아의 쌀농사 지역에서는 관개가 널리 쓰이기에 이르렀다.

그런가 하면 농업과 기술 부문에서도 혁신이 이어졌다. 약 6400년 전 흑해의 서쪽 지방에서 발명된 바퀴는 5000년 전 유라시아 전역으로 퍼져나갔다. 5500년 전, 사람들은 꺾꽂이용 나뭇가지나 씨앗을 심는 법, 올리브·무화과·대추야자·포도 과수원을 일구는 법을 알아냈다. 나중에는 좀더 힘이 많이 드는 접목기술을 써서 사과나무·배나무·벚나무·자두나무 따위를 심었다. 과거에는 '잡초' 신세이던 귀리·순무·무·상추·비트·리

크가 작물 자격으로 재배·경작되었다. 2000년 전에는 사실상 오늘날 우리가 알고 있는 주요 식량 작물이 빠짐없이 세계 어딘가에서 경작되고 있었다.

이러한 혁신에 힘입어 식량 생산이 폭발적으로 증가했고 인구도 덩달아 늘어났다. 6000년 전인 청동기시대 초기만 해도 몇 백만 혹은 몇 천만 명에 불과하던 세계 인구가 2000년 전인 철기시대에는 2억 명으로 불어났다. 기술 혁신과 식물 경작 덕택에 인구 부양력이 늘었으며, 식량 과잉분은 수확이 적은 해에 대비해 저장했다.

식량 생산이 늘고 인구가 확대되는 지역에서는 일찌감치 선진 문명이 꽃피었다. 늘어나는 인구는 처음에 마을을, 나중에 소도시를, 점점 더 큰 도시를 이루기 시작했다. 중앙집권화한 지배권력 아래 대규모의 관개 기획을 조절하고 식량을 분배하기 위해 복잡한 사회정치 구조가 발달했다. 사회계층화와 빈부격차가 점차 심화되었다. 세습 통치자들은 상비군을 마련하기 위해 권력을 써서 세금을 징수했다. 국가는 기술을 발전시키기 위해 금속공을, 상업적 거래를 기록하기 위해 필경사를 유급으로 고용하기도 했다. 국가의 지휘 아래 1년의 일정 기간 동안 농사를 짓는 이들은 농한기에는 기념비적인 건축물을 짓는 등 국가가 관장하는 사업에 동원되었다. 처음으로 농업이 발달한 근동 지역에서 약 5000년 전 수메르 왕조를 시작으로 최초의 문명이 발생한 것은 전혀 우연이 아니다.

중국과 동남아시아에서도 메주콩과 완두콩 농사, 감귤류·복숭아·살구 과수원, 오리와 거위의 사육, 누에에게 먹일 뽕나무 재배, 세계 최초의 봉건시대·철기시대 야금술 발달 같은 비슷한 혁신과 진보가 잇따랐다. 6000년 전 직후, 중국의 지역문화들은 서로 연합해 좀더 큰 문화를 이룩하기 시작했으며, 5000~4000년 전에는 높은 성벽을 쌓아 요새화한 소도시들이 출현했다. 중국은 4000~3000년 전 왕조국가로 통일되었다. 왕궁·성벽·운하 같은 장엄한 건축물의 등장은 다시 한번 농한기에는 농사짓는 이들의 노동력이 남아돌았음을 말해준다. 2200년 전, 중국 전역은 주(周) 왕조, 그 뒤 진(秦) 왕조에 의해 통일되었다.

약 5500년 전, 이집트에서는 고도로 계층화한 사회가 출현했다. 기후가 극도로 건조해지고 몬순이 약해짐에 따라(5장) 나일 강이 점차 믿기 어려운 수원이 되자, 주변의 들판에 물을 끌어다 대는 기계적인 방법이 개발되었다. 식량 농사를 기반으로 한 부(富)에 힘입어 대형 피라미드를 축조하는 게 가능했다. 몇 천 년 뒤, 로마제국의 기술자들은 건물·수로·도로를 건설했는데, 놀랄 만큼 질 좋은 시멘트 덕택에 그 가운데 상당수가 아직까지도 잘 보존되어 있다.

4500년 전 무렵, 인더스 강과 그 지류의 범람원에서 인구밀도가 높은 도시들이 들어섰고 그곳을 중심으로 선진 문명이 발생했다. 그곳 사람들은 청동 도구를 만드는 기술이 빼어났으며, 그 기술로 만든 제품을 이웃들과 사고팔았다. 그들은 배수시설이 좋은 잘 구획된 도시의 도로가에 가마로 구운 벽돌로 집을 지었다. 또한 상형문자를 개발했고 조각과 수학을 기반으로 한 과학에 능숙했다. 곧 인도 동부와 중부의 갠지스 강가에서도 비슷한 진보가 뒤따랐다.

이들 지역에서는 예외 없이 자체적으로든 다른 곳에서 도입했든 간에 쓰기가 발달했다. 처음에는 주로 관개용 물이나 식량을 사람들에게 분배한 상황을 기록하기 위해서였다. 문자 기록은 약 5000년 전에는 수메르(오늘날의 이라크)에서, 약 4000년 전에는 인더스 강 하곡에서, 3300년 전에는 중국에서 등장했다. 인간은 자유롭게 운문과 산문을 쓰기 한참 전부터, 사람들이 생산하거나 수령한 식량의 양, 농사짓는 데 쓰도록 제공한 연장 따위를 꼼꼼하게 기록했다. 국가의 역할, 탄생과 사망, 천문학적 사건 등 다양한 사실이 기록으로 남았다.

세계의 주요 종교들도 이 기간에 출현했다. 어떤 전(前)기술사회는 자기네가 사냥한 동물들에게 영성을 부여했는데, 이는 한편으로 그 동물의 힘에 기대려는 의도일 수도 있고, 다른 한편으로 살해 행위에 대한 속죄의 표현일 수도 있다. 또 어떤 원시사회는 태양과 하늘에서 이루어지는 태양의 계절별 변화를 숭배하는 데 힘을 쏟기도 했다. 당시 사람들은 거의 전적으로 삶을 태양에 의존했다. 그것은 부분적으로 태양이 제공하는 따뜻함 때문이기도 했지만, 주로는 태양에 따른 생장철 때문이었다. 농부들은 동지가 지난 뒤 하늘로 점차 높이 떠오르는 태양을 반겼다. 식물을 기를 수 있는 계절이 새로 다가온다는 약속이라 여긴 것이다. 대부분의 대륙에서는 초보적인 태양 관측소를 발견할 수 있다. 사제 계급이 관측소를 이용해 태양의 움직임을 예측하고 작물 기를 계절을 가늠함으로써 권위를 획득했을 것이다.

현대의 주요 종교들은 모두 3200~1400년 전에 출현했다. 구약성서는 주로 3200년 전 모세의 시기부터 예수 탄생 전 세기까지 일어난 사건을 다룬다. 동아시아의 종교적 인물 거개가 몇 백 년 사이에 태어났다. 기원전 604년에 잘 알려지지는 않았지만 도교(道教)를 이끈 노자(老子)가 태어났고, 기원전 570년에는 고타마 싯다르타 석가모니가 인도 북쪽 국경에 접한 네팔에서 탄생했다. 기원전 551년에는 공자(孔子)가 태어났다.(중국은 그의 실질적이고 윤리적인 계율로 무장한 채 1900년대 초를 맞았다.) 나중에 서양 달력의 기원이 된 예수의 탄생으로 서력기원, 즉 서기(西紀)가 시작되었다. 서기 570년에는 무함마드가 태어났다. 《세계의 종교(The World's Religions)》를 쓴 휴스턴 스미스(Huston Smith)에 따르면, 일부 종교사가들은 이 기간에 종교적 각성이 비교적 활발했던 이유를 농업의 부(富)가 낳은 사회적 불평등과 불공정함에서 찾았다. 대다수의 종교 창시자들은 전반적으로 사람들 삶에 깊은 윤리적·도덕적 관심을 기울였지만, 특히 날로 풍요로 워지는 사회에서 소외된 이들의 딱한 처지에 마음을 썼다.

6000년 전 이래 유라시아(와 그 밖의 여러 곳)에서 인간 독창성이 만개한 현상은 정말이지 경이롭다. 거의 변화가 없었던 그 이전의 수백만 년 역 사와 비교해보면 더욱 그러하다. 그러나 농업 혁신, 작물로 재배하게 된 식물, 과수원에서 길러지는 과실수와 포도나무, 금속 쟁기와 도끼, 소와 말의 사육, 관개의 통제는 이전과는 다른 유의 변화를 일으켰다. 과학자 들이 최근에 와서야 비로소 면밀하게 살펴보기 시작한 변화다. 우리 인간 이 인류사 최초로 지구의 자연적 풍광을 달라지게 만드는 주요인으로 떠 오른 것이다. 닐 로버츠(Neil Roberts)는 《홀로세(The Holocene)》라는 책에서 5000년 전부터 시작되는 시기를 다룬 장에 '자연 길들이기'라는 제목을 달았다. 육지는 이제 개척해야 할 자원으로 떠올랐으며, 이러한 접근법에 따른 인간 활동 탓에 환경은 인류 역사상 최초로 심각하게 훼손되기 시작 했다. 인간의 영향력이 처음으로 엄청나게 커졌다. 경작지와 목초지용 땅 을 확보하기 위해 삼림이 잘렸고, 삼림 벌채와 과도한 방목으로 토양이 부실해진 결과 언덕사면이 깎여나갔다. 침식된 강의 토사와 진흙이 유입 되어 해안 삼각주가 막혔다. 인구밀도가 높은 지역에서 인간이 풍광에 미 치는 환경적 영향은 날로 커져만 갔다.

숲이 울창한 유라시아 남부 지역으로부터 멀리 떨어진 환경에서도 변 화가 일었다. 반건조 기후에서 살아가는 이들은 목축을 위주로 하는 유목 민으로서 앞서와는 다른 생활양식을 채택했다. 그들은 계속 신선한 풀을 뜯어 먹을 수 있는 곳으로 사육하는 가축들을 몰고 다녔다. 이러한 생활양식은 약 4000년 전 중앙아시아의 스텝 지역에서 발달했다. 그들은 가뭄에 몹시 취약했는데, 이 점은 나중에 인류 역사상 가장 위대한 침략전사인 훈족·오스만터키족·몽골족이 출현하는 데 일정한 역할을 했다. 아라비아와 아프리카 사하라 사막의 남쪽 경계 부근에서는 낙타가 다양한 유형의 유목민에게 운송수단이 되어주었다.

남·북아메리카에서는 비교적 일찌감치 시작된 농업이 점진적이면서도 인상적인 진척을 이루었다. 옥수수 재배는 인간이 오랜 세월에 걸쳐 일구어낸 식물선택(plant selection)의 두드러진 성공사례였다. 야생에서 자라던 옥수수의 할아버지뻘인 테오신트(teosinte)는 옥수수자루가 2~3센티미터에 불과할 정도로 작았다. 개별 농부들이 수천 년에 걸쳐 서서히 테오신트 종자 가운데 더 큰 것을 선택하고 파종하는 결정을 수없이 되풀이한 결과 오늘날 우리가 먹는 것과 크기가 비슷한 옥수수가 등장했다. 목화, 감자, 땅콩, 그리고 여러 종류의 콩도 남·북아메리카에서 재배·경작되었다. 농업과 관련해 계속적인 식물선택을 통해 초기 아메리카 원주민들이 축적해놓은 성과는 유라시아에 못지않았다.

남·북아메리카에서 장구를 몸에 매어 사육하기에 적합한 동물은 흔치 않았다. 그나마 좀 유망한 후보군들은 약 1만 2500년 전의 대멸종으로 자취를 감추고 말았다. 라마와 알파카는 양모를 얻기에 적합했으며 이따금 짐을 실어 나르기에 좋았지만, 말이나 소처럼 부려먹는 동물은 구경조차 할 수 없었다. 그런데 3000년 전부터 나중에 웅장한 마야 문명의 유적이 들어서게 되는 중앙아메리카의 유카탄 반도에서는 사람들이 농사를 짓기 위해 삼림을 대규모로 파괴하기 시작했다. 그들은 축축한 저지대 가운데에 논밭을 도드라지게 일구어 작물을 이모작했다. 최근의 조사에서는 유럽인들이 당도하기 전 아마존 분지에 놀랍도록 많은 농업 인구가 살고 있었음이 확인되었다.

농업은 아프리카와 뉴기니에서도 일찌감치 독자적으로 진행되었다. 열대우림과 사바나 기후인 뉴기니에서는 조·기름야자·수수가 생산되었다. 남태평양 서쪽에서는 3800년 전부터 중국 남부의 농업과 문화가 두 단계를 거치며 폴리네시아의 상당 지역으로 영향력을 뻗어나갔다. 야심적인 일련의 바다 항해를 통해 한편으로 빵나무·얌·토란·바나나가, 다른 한편으로 개·닭·돼지가 폴리네시아 섬들에 전파된 것이다.

지난 2000년 동안 농업(그리고 궁극적으로는 산업)과 관련한 기술진보가 잇따랐다. 중국에서는 과거 3000년 동안 석탄이 채굴되어 연료로 쓰이거나 조리에 사용되었다. 로마시대에는 물레방아가 널리 쓰였으며, 로마인들은 대단히 앞선 기술을 발달시켜 회반죽과 시멘트를 만들기도 했다. 1000년 전인 중세시대에는 곡물을 갈기 위해 물 방앗간이나 조수(潮水) 방앗간이, (유럽의 상당 부분에서) 물을 대기 위해 풍차가 이용되었다. 산업시대에 접어들기 한참 전부터 사람들은 이처럼 자연력을 써서 용광로나 작물 제작에 필요한 기계장치를 돌리거나 톱을 이용해 목재를 잘랐다.

500~1500년 동안 서구에서 볼 수 있었던 기술은 대개 더 발달한 이슬람 국가에서 덜 발달한 유럽국가로 흘러들어 온 것이다. 1200년대에 몽골 침략으로 오늘날 이란과 이라크 지역에서 관개와 관련한 시설 태반이 파괴되긴 했지만 말이다. 취약하기 이를 데 없는 근동의 반건조지역은 급수가 잘되고 내성 있는 습윤한 지역보다 더 심한 환경 파괴를 겪었다. 관개는 고지대의 침식과 토사 퇴적으로 인한 강어귀 매몰과 더불어 티그리스-유프라테스 강 하곡에 자리한 수많은 농지의 소금 농도를 서서히 증가시켜서 결국 땅을 못 쓰게 만들었다.

기술은 점차 다른 용도로도 쓰이게 되었다. 중국에서는 2000년 전보다 한참 더 과거에 화약이 발명되었다. 물론 중국은 훗날 1400년대에 내부 권력투쟁을 거치며 주목할 만한 기술혁신의 기록을 완전히 나 몰라라 했지만 말이다. 이슬람 국가들도 1100년경에는 나름의 폭약을, 1340년대에는 대포를 개발했다. 지난 1000년의 주요 발명들 가운데 적어도 한 가지는 평화로운 의도에서 시작되었다. 바로 1455년에 발명된 구텐베르크 인쇄술이다. 이 기술은 중세시대의 종교개혁과 르네상스 시기에 지식을 보급하는 데 이바지했다.

1700년대 말 산업시대의 도래를 앞둔 인간은 약 1만 2000년 전 처음으로 밀과 보리 같은 곡물을 기르고자 각개약진하던 데서 비약적인 진척을 이룬 상태였다. 지난 몇 천 년 동안 인간은 풍광을 달라지게 만드는 힘을 지닌 존재가 되었다. 그리고 이후 세 개 장에서 다루겠지만, 인간은 또한 기후 시스템의 작용을 좌지우지하는 요인으로 떠올랐다.

08

메탄을 장악하다

몇 년 전, 버지니아 대학 환경과학과 교수직을 막 그만둘 무렵, 나는 이치에 닿지 않는 점을 한 가지 발견했다. 그것은 바로 지난 5000년 동안 대기중의 메탄 농도가 기후 시스템에 관한 나의 지식을 총동원해 보았을 때 떨어졌어야 마땅한데도 되레 늘어났다는 사실이었다.

메탄 농도가 줄어들어야 했다고 기대한 것은 지구 궤도가 몬순을 통제한다는 존 쿠츠바흐의 이론(5장)에 영향을 받아서였다. 가장 최근에 북반구 열대지방의 여름 태양 복사에너지가 최고점을 기록한 것은 약 1만 1000년 전이었다. 2만 2000년 주기로 수없이 되풀이되는 변화의 이랑이었다. 그때 이후 그 양은 정확히 주기의 절반이 지난 오늘날 고랑으로 떨어졌다. 쿠츠바흐 이론에 따르면, 이 같은 태양 복사에너지의 점진적 감소는 그에 상응해 열대 여름 몬순의 강도를 약화시키고, 그렇게 되면 열대지방의 자연습지가 말라버려야 옳다. 수천 년 동안 습지가 서서히 말라가면 그에 따라 메탄 배출량도 점차 줄어들어야 했다.

처음에 메탄 농도는 지구 궤도 몬순 이론의 슬로건—더 많은 태양, 더 많은 몬순, 더 많은 메탄(그 반대도 마찬가지)—이 예측한 경향을 순순히 따랐다. 그린란드에서 시추한 얼음 코어에 선명하게 새겨진 기록을 보면 약 1만 1000년 전 메탄 농도는 정점에 이르렀다. 그와 동시에 여름(7월 중순) 태양 복사에너지 양도 최고점을 찍었다.(그림 8.1) 그런 다음 1만 1000~5000년 전까지 여름 태양 복사에너지 양이 점차 줄어들자 기대한 대로 메탄 농도도 떨어졌다. 여기까지는 아무런 문제가 없었다.

그런데 5000년 전, 예상한 관련성이 난데없이 깨졌다. 태양 복사에너지는 계속 장기적인 감소 경향을 띠는데, 메탄 농도는 돌연 증가하기 시작한 것이다. 그러고 나서 메탄의 비정상적 증가는 그로부터 약 5000년 동안 지속되어 약 200년 전 산업혁명이 시작될 때까지 이어졌다. 그때쯤 메탄양은 이전 몬순 최대치 기간에 나타난 수준까지 치솟았지만, 태양 복사에너지는 장기적인 세차운동 주기상의 최저점으로 떨어졌다.

나로서는 도통 이해할 수 없는 현상이었다. 지난 5000년 동안 메탄이 증가한 사실은 과거 수십만 년 동안 더없이 잘 구축된 '규칙'과 정면으로 배치되는 결과였다. 그토록 오랫동안 그처럼 효율적으로 굴러가던 원리가 어찌 그리 느닷없이 철저하게 무너질 수 있었을까?

한 가지 확실히 해야 할 것은 메탄을 발생시키는 두 가지 주요 원천—열대 습지와 아한대 습지—의 역할이다. 그토록 오랫동안 예측 가능하게 행동해오던 그 둘 중 하나, 혹은 둘 다 태양의 가열에 의한 정상적인(자연적인) 제어에 반기라도 든 것일까? 그러나 그것은 사실이 아니었다. 지난 5000년 동안 열대 습지는 예상대로 태양 복사에너지에 반응했다. 1만 년 전에는 훨씬 더 습했던 동남아시아·인도·아라비아·북아프리카에 걸친 거대한 띠 모양의 지역이 최근 몇 천 년간 날로 건조해졌다.(그림 5.2) 열대지방의 호수들은 저마다 높은 수위와 낮은 수위를 왔다 갔다 했지만,

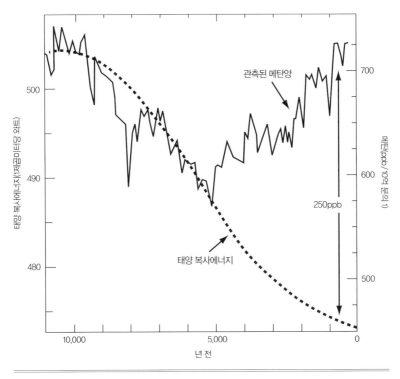

그림 8.1　(지구 궤도가 추동하는) 태양 복사에너지의 자연적인 변화는 1만 1000년 전 메탄양을 최대치로 끌어 올렸고, 5000년 전까지만 해도 메탄양은 줄어들고 있었다. 그런데 그때 이후 메탄양이 비정상적으로 증가했다. 원인은 다름 아닌 인간이었다.

이 몬순 지대는 전반적으로 태양의 지시를 잘 따랐으며, 수천 년의 세월이 흐르면서 꾸준히 물이 고갈되었다. 사실 호수 수위나 그 외 지표들을 보면 오늘날 이 지역의 상황은 호수들이 장기적인 기후 주기에서 겪는 정도만큼 건조하다는 것을 알 수 있다. 열대지방의 자연습지는 예상대로 줄어들고 있었으므로, 그것이 메탄 증가의 원인이 될 수는 없다.

　열대지방 습지를 제외하면, 지난 5000년 동안의 메탄 추이를 설명해주는 또 한 가지 자연적인 원천으로 북극 주변의 아한대 습지가 남는다. 아닌 게 아니라 일부 과학자들은 애초에 이 지역이 메탄양 증가를 설명해준다고 주장하기도 했다. 지난 1만 년 동안 유라시아 북부와 북아메리카에 서서히 토탄(土炭)늪이 조성되었고, 고위도상에 형성된 토탄늪은 메탄을 발생시키므로 이 주장은 제법 그럴싸하게 들렸다. 그러나 이 설명은 이내 한 현명한 과학 탐지 작업에 의해 배제되기에 이른다.

지난 5000년 동안 북극에서 메탄을 배출하는 원천이 늘어났다는 데 반하는 증거는 남극대륙 얼음 기포에 갇힌 메탄양과 그린란드 얼음에 들어 있는 메탄양이 다르다는 사실이었다. 메탄은 대기중에 평균 10년 정도 머물다가 다른 가스로 전환한다. 이처럼 비교적 빨리 사라지므로, 또 메탄 배출의 원천 대부분이 북반구(북반구 열대지방, 혹은 북극)에 있으므로, 메탄은 남극대륙으로 멀리 여행할 때보다 그린란드까지 여행하는 경우 더 많이 살아남는다. 따라서 그린란드 얼음에 갇힌 메탄 농도는 남극대륙 얼음에 갇힌 메탄 농도보다 5~10퍼센트 더 높다.

시간이 흐르면서 그린란드 얼음과 남극대륙 얼음에 들어 있는 메탄 농도의 차는 열대지방 원천과 북극지방 원천의 상대적 크기에 따라 달라졌다. 만약 북극 습지가 더 많은 메탄을 방출하면, 시베리아 습지에서 비롯된 메탄이 비교적 빨리 그린란드에 도착하고 기포가 그린란드 빙상에 갇힐 때 상당량이 훼손되지 않은 채 남아 있을 터이므로, 빙상 간 (메탄양) 차가 더 커질 것이다. 남극대륙에 이르는 긴 여행에서 살아남아 그곳 빙상에 갇히는 메탄은 적어질 것이다.

만약 메탄이 북반구의 열대지방 원천에서 배출된다면 그 유형은 달라진다. 북반구 열대지방은 적도와 가까우므로, 그 지역에서 방출된 메탄은 그린란드나 남극대륙의 빙상까지 거의 비슷한 거리를 여행하고, 그러므로 그 과정에서 거의 비슷한 정도로 산화한다. 주요 열대지방의 메탄 원천은 적도 북쪽에 있으므로, 남극보다는 그린란드에 약간 더 많은 열대지방 메탄이 도달하지만, 그 차이는 메탄이 시베리아에서 배출될 때만큼 크지는 않다. 이러한 경로차로 인해 그린란드와 남극대륙의 빙상 속 메탄양 차는 시베리아 원천이 열대지방 원천보다 커지면 더 벌어지며, 그 반대가 되면 더 좁아진다.

메탄양이 비정상적으로 증가한 지난 5000년 동안, 그린란드와 남극대륙 빙하의 기포 속 메탄양 차는 좁혀졌다. 이 증거는 시베리아 습지에서 유래한 메탄양이 안정적이거나 점차 줄어들었다는 것을 가리킨다. 북극 원천에서 유래한 메탄이 메탄의 비정상적 증가를 설명해주지 못한다는 것은 분명하다.

이렇게 되고 보니 교착상태에 빠진 것 같다. 열대지방의 습지는 점점 더 메말라가고 있으므로 메탄의 원천으로서 배제했고, 북극 주변의 습지는 남반구와 북반구의 메탄양 차가 줄어들었으므로 메탄 저장고에서 제외했다. 두 가지 주요 자연습지는 메탄 증가의 원천이 아니었던 것이다. 메탄양 차가 적어졌다는 증거는 메탄 증가의 원천이 자연습지가 말라가는 열대지방과 관련된다는 것을 암시한다는 점 때문에 수수께끼는 한층 더 복잡해졌다.

단순한 배제 과정을 거치다 보면 유일하게 남는 가능성은 열대지방에서 배출되는 여분의 메탄이 필시 과거 수십만 년의 지구 역사에서 단 한 차례도 중요한 적이 없었던, 완전히 새로운 원천에서 만들어졌다는 것이다. 그리고 그 표현에 딱 들어맞는 원천이란 다름 아닌 인간이었다. 나는 2001년 말 공저자인 버지니아 대학 학부생 조너선 톰슨과 함께 발표한 논문에서 처음으로 인간이 지난 5000년에 걸친 메탄 증가의 원인이라고 밝혔다.

전(前)산업시대의 메탄 증가 원천이 인간이라고 가정한 것은 우리가 처음이 아니었다. 이미 여러 과학자들이 논문을 통해 산업시대 이전의 수세기 동안 동남아시아에서 급증한 인구가 (얼음 코어에서 관측된 대로) 메탄 농도의 점진적 증가에 일정 역할을 했다고 결론지은 바 있다. 그러나 나와 톰슨은 논문에서 인간이 그와는 사뭇 다른 규모로 영향력을 끼쳤다는 논지를 펼쳤다. 즉 5000년 전에 시작되었지만 점차 기나긴 지구 궤도 주기상의 자연적인 변동 폭에 버금가는 크기에 이르렀다고 말이다.

그러나 다른 가능성을 모두 배제한 뒤 도달한 우리의 결론은 오직 시작이자 기본개념일 뿐 차후 확실한 증거에 의해 뒷받침되어야 했다. 정녕 인간이 그토록 엄청난 규모로 메탄을 배출하는 데 영향을 끼칠 수 있었을까? 인간이 비정상적 메탄 증가의 원인이라면, 인간이 약 5000년 전에 시작했으며 산업혁명이 싹틀 무렵 훨씬 더 큰 규모로 서서히 키워간 메탄 발생 활동이란 대체 무엇이었을까?

가장 그럴싸한 설명은 농업을 도입한 결과 이어진 일련의 혁신들이고, 그 가운데 가장 중요한 것은 아마도 논에 물을 대기 위해 강물을 끌어들인 활동이었을 것이다.(7장) 7000년 전부터 동남아시아 고지대에서 건조함에 적응한 야생벼 품종이 채집·재배·수확되었다. 같은 기간에 근동에서 관개 기법이 개발되었고, 동쪽으로 동남아시아와 중국 남부까지 퍼져나갔다. 약 5000년 전, 저지대에 물을 대기 위해 처음으로 관개 기법이 활용되었으며, 중국과 동남아시아에서는 습기에 적응한 벼 품종이 재배되었다. 실제로 관개는 벼농사를 짓는 데 필요한 인공습지 조성에 쓰이고 있었다. 이러한 습지에서 초목(벼나 잡초)이 자라고 죽고 분해한 결과 메탄이 배출되었지만, 이 메탄은 자연적인 원천이 아니라 인위적인 원천에서 비롯된 것이었다.

그 외 인간 활동도 메탄을 배출하는 데 한몫했다. 사람들은 근동에서는 수천 년 앞서서, 동남아시아에서는 5000년 전 이전에 가축을 사육하고 있었다.(표 7.1) 가축은 그들이 만들어낸 두엄, 트림을 통해 위에서 발산하는 가스, 이 두 가지 방식으로 메탄을 생성했다. 야채를 날로 먹는 동물은 소화계가 복잡해 식물 섬유소를 소화 가능한 형태로 전환하는 위가 여러 개 있으며, 창자에 있는 미생물이 실질적인 소화를 담당한다. 가축 무리가 점차 많아짐에 따라 그들이 내놓는 메탄양도 덩달아 늘어났다.

또 하나 메탄 증가의 원천은 바이오매스의 연소였다. 사람들이 초창기에 농경지를 확보하기 위해 삼림을 잘라내고 초원을 불태우기 시작하면서, 연소로 발생한 메탄이 대기중에 더해졌다. 또 한 가지 원천은 바로 인간 폐기물이었다. 식량 공급이 원활해지면서 인구가 불어나자 인간 폐기물 역시 대기중의 메탄 증가에 직접적으로 기여한 원인으로 떠올랐다. 따라서 인간과 인간 활동(벼농사를 위한 관개, 가축의 사육, 바이오매스의 연소)은 지난 수천 년간 메탄이 비정상적으로 증가한 원인을 말해주는 유망한 설명처럼 보인다.

그렇다면 약 5000년 전 메탄을 감소세에서 증가세로 돌아서게 만든 이들 요인 가운데 가장 중요한 것은 무엇이었을까? 나는 필시 관개일 거라고 본다. 다른 요인들—인간 폐기물, 가축의 사육, 바이오매스의 연소—은 대부분 인구수와 긴밀하게 관련되어 있을 텐데, 인구는 지난 수천 년간 비교적 서서히 증가한 것으로 여겨진다. 그러나 약 5000년 전 메탄 추세가 자연적인 경로에서 이탈하게 된 것은 꽤나 느닷없는 일이었다.(그림 8.1) 고고학적 기록에서 흔히 볼 수 있는 연도 측정의 오차 범위 내에 있기는 하지만, 어쨌거나 이때는 동남아시아에서 벼농사를 위해 관개가 도입된 시점이었다. 이 소중한 혁신기법이 이미 수백만, 아니 수천만을 헤아리던 인간들 속으로 급속히 번져나갔으리라고 쉽게 상상해볼 수 있다. 드넓게 펼쳐진 동남아시아 저지대에 관개가 도입되었고, 그 지역은 메탄을 방출하기 시작했다.

그림 8.1에서 보듯이, 메탄 배출량이 계속해서 비정상적으로 증가한 현상은 동남아시아에서 전개된 관개의 역사, 그리고 인구 증가와 밀접한 관련이 있다. 관개는 중국 남부와 인도차이나 북부에서 처음 출현했지만, 3000년 전 무렵 서쪽으로 인도의 중부와 동부를 가로지르는 갠지스 강 하곡에 전파되었다. 강이나 개울 바로 옆에 드넓게 펼쳐진 저지대에서 최초로 관개 기법이 사용되었다. 나중에는 상당한 노동력이 드는 운하 시스템이 갖춰진 곳에 한해서이긴 하나, 주요 수원에서 멀리 떨어진 지역도 경작에 이용될 수 있었다. 시간이 흘러 지난 2000년 동안, 역시 훨씬 더 많은 노동력이 드는 일이긴 하지만 경사진 언덕에도 논을 일구기 시작하면서 벼 재배지는 더욱 확대되었다.

논농사 지역이 지리적으로 점차 늘어난 현상은 지난 5000년 동안 메탄 양이 지속적인 증가세를 보이는 것과 맥을 같이한다. 앞서 언급한 대로 메탄은 대기중에 단 10년 정도만 머물다가 산화해 다른 가스로 전환한다. 따라서 지난 5000년간 메탄이 비정상적으로 증가하려면 수 세기 동안 관개가 이루어지는 지역이 서서히 넓어지면서 메탄 배출량이 덩달아 늘어나야 한다. 약 5000년 전 처음으로 10ppb라는 비정상적인 메탄양이 감지되었을 때와 비교할 때, 500년 전의 비정상치 250ppb(그림 8.1)에 이르려면 메탄 배출원이 약 25배 커져야 한다.

선사시대(5000~2000년 전)와 역사시대(2000년 전 이후)를 통틀어, 인류의 인구는 1000~1500년마다 갑절이 된 것으로 추정된다. 만약 지난 5000년 동안 그러한 과정이 네댓 차례 되풀이되었다면, 인구는 애초의 16~32배로 불어났을 것이다. 위의 추정치에서 요구되는 메탄 증가분 25배는 쌀을 주식으로 하는 인구의 증가 범위 내에 속한다. 이것은 결국 인간이 비정상적인 메탄 추세를 설명해주는 가장 그럴듯한 요인이라는 가설과 맞아떨어진다.

인간이 초기에 배출한 메탄양을 추정하는 또 한 가지 방법은 현재부터 산업시대가 시작되기 직전 시기(1700년경)를 역추적해보는 것이다. 1700년경 배출된 메탄양이 그림 8.1에 드러난 비정상적인 증가를 설명해줄 만큼 충분히 커질 수 있었을까? 1700년 무렵 메탄 배출량은 비례관계에 기초한 간단한 계산으로 추정할 수 있다. 즉 오늘날의 메탄 배출량이 현존하는 인구수와 관련되듯이 1700년의 메탄 배출량 역시 당시 인구수와 연관된다고 짐작해볼 수 있다. 이 계산을 할 때, 1700년에는 없었던 인류 연원 메탄 배출원(천연가스 연소 같은)은 확실히 배제하고, 수 세기 동안 존재해온 원천에만 초점을 맞추어야 한다.

첫 번째 단계는 오늘날 60억 인구가 벌이는 활동―벼농사를 위한 관개, 가축 사육, 바이오매스의 연소, 인간 폐기물―으로 배출되는 메탄양을 모두 합하는 것이다. 다음 단계에 필요한 1700년 인구(6억 5000만 명)는 역사를 통해 꽤나 정확하게 추정할 수 있다. 오늘날의 60억 인구는 연중, 혹은 10년 동안 농업활동으로 알려진 양만큼 메탄을 방출하므로, 1700년에 살았던 6억 5000만 명은 그에 정비례하는 메탄양(즉 오늘날의 11퍼센트)을 배출했을 것이다. 이런 대략적 계산을 통해 인간의 농업활동이 5000년 전부터 1700년까지의 대기중 메탄 농도 증가(약 100ppb)를 초래한 원인임을 분명하게 확인할 수 있다.

하지만 관측된 메탄 증가분은 이야기의 일부에 지나지 않는다. 전체 메탄 비정상치를 완벽하게 계산해내려면 그 증가분만이 아니라, 지난

5000년 동안 만약 종전처럼 자연적 과정이 통제했다면 떨어졌어야 마땅한(그러나 실제로는 떨어지지 않은) 메탄 농도도 고려해야 한다. 이 부가적 요인을 감안하면, 전체 메탄 비정상치는 분명 관측된 증가분 100ppb(그림 8.1)보다 훨씬 많은 250ppb에 육박할 것이다.

전체 비정상치를 설명하려면 1700년에 살았던 인구수에 비해 불균형하게 많은 양의 메탄을 만들어낸 모종의 과정이 존재해야 한다. 앞서 지적한 몇 가지 메탄 발생 원천들(인간 폐기물이나 가축 사육 따위)은 인구수와 긴밀하게 연관되므로 제외할 수 있을 것 같다. 나는 가장 유력한 '여분' 메탄의 원천은 논농사를 위한 관개라고 생각한다. 초기의 논은 아마도 오늘날의 논보다 잡초가 더 무성했을 테고, 죽어가는 잡초는 벼만큼이나 많은 메탄을 만들어낸다. 나는 과거에 동남아시아에 살았던 사람들은 상대적으로 넓은 지역에 물을 댔지만 꽤나 비효율적으로 농사를 지었고, 설사 그렇더라도 당시 인구가 얼마 되지 않았던 만큼 모두를 먹여 살리는 데는 아무런 문제가 없었을 거라고 본다. 만약 이 말이 맞는다면, 잡초가 무성하던 초기 논의 메탄 배출량은 당시 인구수와의 비례를 넘어섰을 것이다.

최근 몇 십 년 동안에도 바로 그 같은 추세가 발생했다. 1950~1990년까지 쌀 생산량이 관개 지역이 늘어난 것보다 2배나 상승한 것이다.(그리고 그 지역의 메탄 배출량이 늘어난 것보다 2배 정도 상승했으리라 짐작된다.) 1900년대에 벼 수확량이 개선된 것은 주로 유전자 조작한 벼 개량종과 비료·농약을 대대적으로 사용한 결과였다. 이 증거는 1950년대의 벼농사가 1990년대 효율의 절반밖에 내지 못했다는 것, 따라서 실제로 1950년대에는 벼농사가 생산량 대비 '여분의' 메탄을 만들어냈다는 것을 말해준다. 또한 이 증거는 총 메탄 비정상치 250ppb를 실명하는 데 필요한 나머지 간극(150ppb)의 약 절반에 해당한다.

인간은 18~19세기에 선진적인 농업기술을 활용하지는 못했지만, 시간이 가면서 인구와 가용 노동력이 늘어난 결과 집중적으로 잡초를 제거할 수 있게 됨으로써, 매해 수확되는 종자들 가운데 더 큰 벼품종을 선택함으로써, 그리고 가축에게서 얻은 두엄을 퇴비로 사용함으로써 벼 수확량을 늘려갔다.

요컨대, 인간 활동은 지난 5000년간의 비정상적 메탄 농도 증가뿐 아니라 메탄 농도가 낮은(자연적인) 수준으로 떨어지지 않은 사실을 그럴싸하게 설명해줄 수 있다. 만약 이 가설이 맞는다면, 인간은 산업시대가 도래하기 전 수천 년간 대기중의 메탄양을 급속하게(250ppb나) 증가시킨 주범이다. 초기의 인위적인 영향은 그 이전의 수십만 년 동안 발생한 자연적인 변동 폭의 70퍼센트에 이른다. 메탄의 경우 '인위적인 시대'가 약 5000년 전경부터 시작된 것이다.

우리는 향후 몇 년 동안 이 가설을 다른 유의 정보, 특히 양적 증거에 비추어 면밀하게 따져볼 필요가 있다. 이 일은 녹록지 않을 것이다. 가령, 우리는 어떻게 수천 년 전 관개를 써서 벼농사를 지은 지역이 어느 정도였는지 추정할 수 있는가? 그들이 같은 논에서 이후 수천 년간 농사를 지속해왔고, 그로 인해 초기 영향의 증거가 대부분 파괴된 상황인데 말이다. 그러나 나는 이 가설을 촉발한 핵심 쟁점, 즉 메탄은 자연적인 추세에 따르면 감소할 것으로 예상되는데 실제로는 증가세를 보였다는 사실로 다시금 돌아가고자 한다. 어떤 구체적인 설명을 동원한다 해도 그 역전을 설명해주는 요인은 오로지 인간일 수밖에 없다.

나는 관개가 최초로 발견된 순간이 언제인지 궁금하다. 계절적 몬순 강우가 흡족지 않은 지역에 살던 누군가가 주변의 개울이나 강을 바라보다가 다시 자기 지역에서 타들어가는 작물을 돌아보는 광경을 상상해본다. 어떻게 해서 그에게 영감이 떠올랐을까? 어느 계절에 강물이 먼 산에서 아래로 굽이쳐 내려와 개울 강둑까지 넘실대고 약간 흘러넘치는 듯하다가 도로 퇴각해버려서 결코 논에까지는 닿지 않았을까? 쓰러진 나무가 개울을 타고 흐르다가 논에 물길을 대주는 역할을 하게 되었을까? 어쨌거나 그에게 개울이나 강둑의 엉성하게 쌓인 토양에 작은 수로를 파서 말라비틀어져 가는 작물에 물을 대면 어떨까 하는 생각이 불현듯 떠올랐을 것이다. 어떻게 해서 그와 같은 생각에 이르렀든 간에, 그것은 인류사에서 진정으로 놀라운 깨달음이었다. 마침내 인간은 자연의 변덕에서 얼마간 놓여날 수 있었으며, 매해 여름마다 믿을 만한 수원을 확보하게 되었으니 말이다.

09

이산화탄소를 통제하다

5000년 전 대기중의 메탄양 추세를 좌우한 게 다름 아닌 인간이었다고 확신한 나는, 인간이 수천 년 전의 이산화탄소 농도에도 커다란 영향을 끼쳤을지 모른다고 생각하게 되었다. 이산화탄소는 메탄보다 훨씬 더 많은 온실가스를 포함하고 있고 기후에 미치는 영향도 대체로 더 크므로, 이 문제는 메탄보다 한층 더 중요할 터였다. 그러나 나는 한동안 이 문제에 덤벼들기를 주저했다. 이유의 하나는 이산화탄소 변화는 메탄 변화보다 해석하기가 한층 까다로웠기 때문이다. 메탄의 자연적인 변동이 주로 2만 2000년이라는 지구 궤도 변화 주기를 띠며 습지가 증감하는 것에 좌우되는 데 반해(5장), 이산화탄소의 변동은 세 가지 지구 궤도 주기를 띠면서 발생하므로 규명하기가 훨씬 더 어렵다.

또한 과학자들은 자연적인 이산화탄소 주기를 낳는 원인이 무엇인지에 대해 확신이 부족하다. 문제는 탄소가 기후 시스템의 거의 모든 부분에 존재한다는 것이다. 공기중에는 이산화탄소 꼴로, 초목 속에는 풀이나 나무 꼴로, 토양 속에는 유기탄소 꼴로, 바다에는 주로 용해된 화학물질 아니면 유기체의 조직 꼴로. 이 탄소 저장고들은 저마다 다른 방식으로 다른 정도로 나머지 저장고들과 상호작용한다. 그 가운데 세 가지—공기, 초목, 그리고 플랑크톤이 살아가는 햇빛 비치는 해수면—는 비교적 빠르게(며칠에서 몇 년 내에) 탄소를 주고받는다. 예를 들어 초목은 광합성 과정을 통해 봄이면 대기중에서 이산화탄소를 받아들이고, 가을이 되어 낙엽을 떨구거나 초목이 죽어갈 때면 이산화탄소를 배출한다. 해수면과 상층 대기가 주고받는 이산화탄소양은 해수온과 바람의 세기 같은 요인에 따라 달라진다. 깊은 바다는 단연 최고의 탄소 보유고이지만, 해수면에서 이루어지는 과정과는 다소 동떨어져 있는지라 다른 탄소 저장고들과의 상호작용이 상대적으로 더디다. 탄소 시스템은 말도 못하게 복잡하다.

우리가 확실하게 알고 있는 것은 이산화탄소 변화의 역사가 더 길다는 사실뿐이다. 기나긴 메탄 기록 보관소인 남극대륙 보스토크의 얼음 코어에는 이산화탄소 변화의 역사도 담겨 있다.(그림 9.1) 이 기록에서는 주요 주기가 네 차례 반복되는데, 10만 년마다 이산화탄소 농도가 낮은 쪽으로 느리고 불규칙하게 하강하다가 높은 쪽으로 가파르게 치닫는 특색을 띤다. 그보다 작은 2만 2000년 주기와 4만 1000년 주기도 존재하지만, 10만 년 주기만큼 뚜렷하지는 않다.

이산화탄소 농도는 따뜻한 간빙기에는 280~300ppm으로 최고점을 찍고, 주요 빙하기 동안에는 200ppm을 밑도는 최저점을 찍는다. 이러한 변동 폭은 무게가 약 2000억 톤에 달하는 이산화탄소를 옮기는 것에 해당한다. 대기중에 존재하는 한 가지 기체의 무게가 수십 억 톤에 달한다는 말은 얼핏 이상하게 들릴지 모르지만, (기상캐스터들이 기단—공기덩어리— 이라는 용어를 일상적으로 사용하는 데서 알 수 있듯이) 대기도 '덩어리', 즉 질량을 지닌다. 당신이 금속 깡통에 넣어 가지고 다니는 휘발유 1갤런의 무게를

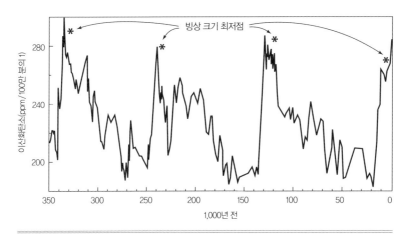

그림 9.1 대기중의 이산화탄소 농도는 10만 년이라는 자연적인 주기에 따라 달라진다. 간빙기에 빙상이 최소 크기에 도달하기 수천 년 전 이산화탄소 농도는 최고점에 달했다.

생각해보라. 차를 운전할 때 연소시키는 휘발유는 그저 허공으로 흩어지고 마는 게 아니다. 휘발유 1갤런은 몇 킬로그램의 탄소를 지구 대기권에 방출한다. 따라서 만약 당신이 1년에 3만 2000킬로미터를 주행하고, 1갤런의 휘발유로 32킬로미터를 달릴 수 있다면, 당신은 해마다 수천 킬로그램의 기체 탄소(대부분 이산화탄소)를 대기중에 더해주는 셈이다.

기후과학자들은 계속해서 주요 빙하기 동안 대기중에서 2000억 톤의 이산화탄소를 사라지게 만든 원인이 무엇인지 밝히는 문제와 씨름하고 있다. 대관절 이산화탄소는 몽땅 어디로 갔단 말인가? 초목으로 가지 않았다는 것만큼은 확실하다. 거대한 북반구 빙상이 따뜻한 간빙기 동안 숲을 이루던 지역을 뒤덮었고, 그에 따라 빙하기에는 그 지역에 탄소양이 훨씬 적었다. 또한 빙하기에는 빙상의 남쪽 대부분의 장소가 강한 바람으로부터 토양을 지켜줄 초목이 적었던 탓에 오늘날보다 더 메마르고 먼지도 많았다.(4장) 전체적으로 대륙에는 간빙기보다 초목이 적었으며, 탄소도 최소한 5000억 톤가량 적었다. 이렇게 되자 과학자들은 한층 더 큰 도전과 마주했다. 즉 빙하기에 7000억 톤이 넘는 탄소에게 대체 무슨 일이 일어난 것인지 규명해야만 했던 것이다.

탄소가 사라질 만한 곳으로 유일하게 남은 후보는 바다, 좀더 구체적으로 말하자면 심해다. 심해는 퇴적물이나 암석(석탄과 석유를 함유한)에 갇혀 있는 탄소를 제외하면 탄소 저장고 가운데 단연 최대 규모다. 탄소가 대체 어떻게 심해로 옮아가게 되었는지는 오늘날 중요한 연구 분야의 하나다. 탄소의 일부는 연조직에 탄소가 풍부한 플랑크톤이 바다 표층에 살다가 죽은 뒤 해저로 가라앉으면서 심해로 이동했을 가능성이 있다. 또 하나 좀더 많은 탄소를 심해로 옮기는 방법은 극지방에서 차가운 물이 하강하며 탄소를 용해된 화학물질 형태로 가져가는 것이다. 어쨌든 이 주제의 전문가들은 이산화탄소 변화가 세 가지 지구 궤도 주기 모두에 따라 일어난다는 것을 알고 있다. 그들은 빙하기에 대기중에서 흡수한 탄소가 심해로 이동했다는 사실은 알지만, 거기서 어떤 과정이 제일 중요한지에 대해서는 확신하지 못하고 있다.

따라서 처음에는 기후 시스템의 다른 측면들에 관한 내 전문지식에 비추어보건대 최근 몇 천 년간 인간이 이산화탄소 추세에 영향을 끼쳤을지도 모를 가능성을 탐구하는 게 영 내키지 않았다. 그럼에도 다시 한번 그 추세가 옳아 보이지 않는다는 점에 신경이 쓰였다. 만약 여러분이 그림 9.1에 나타난 이산화탄소 변화에서 그 수치가 가장 높았던 마지막 네 번을 비교한다면, 처음에는 모두가 엇비슷해 보일 것이다. 그러나 좀더 자세히 들여다보면 서로 비슷하지 않음을 깨닫게 된다.

처음 세 번의 간빙기는 동일한 기본적 순서를 따랐다. 이산화탄소 수치가 최고점을 찍은 때는 얼음이 녹는 시기의 끝이자 빙상 크기가 최저점

(그림 9.1에서 *로 표시된 지점)에 이르기 몇 천 년 전이었다. 이산화탄소 최고점들은 모두 여름 태양 복사에너지와 메탄 수치가 정점을 이룬 시기와 일치했다. 빙하가 녹기 직전에 이산화탄소가 최고점을 이룬다는 사실은 이해할 만하다. 높은 이산화탄소 수치는 여름 태양 복사에너지를 거들어주며, 높은 메탄 농도는 빙상을 녹이는 것이다. 처음 세 번의 이산화탄소 최고점에 이어지는 약 1만 5000년 동안에는 하나같이 이산화탄소 농도가 꾸준히 감소하기 시작했다. 그러다가 약 10만 년 뒤 이산화탄소 수치는 과거의 최고점을 회복한다.

이러한 기본 패턴은 어떻게 가장 최근의 간빙기와 비교되는가? 지난 1만 1000년에 걸친 좀더 선명한 이산화탄소 기록(그림 9.2)에 따르면, 추세는 비슷해 보이나 오직 일부분만 그렇다. 즉 이산화탄소 농도는 약 1만 500년 전 거의 270ppm으로 최고점을 향해 빠르게 치솟았던 것이다. 이 이산화탄소 최고점은 가장 최근에 여름 태양 복사에너지와 메탄양이 정점에 이른 때와 같은 시기이고, 마지막으로 빙하가 용융한 시기(역시 *로 표시되어 있다)에 5000년가량 앞선다. 결과적으로 1만 500년 전의 이산화탄소 최고점은 과거 간빙기들에서 발생한 이산화탄소 최고점과 동등한 것임에 틀림없다. 이산화탄소 농도는 최고점에 도달한 뒤 정확히 과거의 세 차례 간빙기에서와 마찬가지로 줄어들기 시작했다.

그런데 8000년 전, 뭔가 다른 경향이 나타났다. 이산화탄소 농도가 예상대로 계속 줄어든 게 아니라 산업혁명까지 서서히 증가하기 시작한 것이다. 이러한 행동은 어딘가 귀에 익숙한 것처럼 들릴지도 모르겠다. 여기에서 다시 한번 메탄에서와 동일한 패턴을 확인할 수 있다. 과거의 (자연적인) 추세로 미루어 감소할 것으로 예상되었으나 되레 비정상적으로 증가한 패턴 말이다.

산업혁명이 시작될 무렵, 이산화탄소 수치는 260ppm이라는 낮은 상태에서 280~285ppm으로 증가했다. 그러나 메탄의 경우와 마찬가지로, 이 이산화탄소 증가분 역시 비정상치의 전부가 아닐는지도 모른다. 만약 지난 8000년 동안 자연이 계속 통제했더라면 떨어졌을 이산화탄소양까지 고려해야 하는 것이다. 이 일은 과거 간빙기들을 살펴보고 오늘날과 가장 흡사한 시기를 찾아낸 다음, 그때 이산화탄소 수치가 어땠는지 확인하고, 자연적인 이산화탄소 수치가 오늘날 어떠해야 하는지 예측하는 식으로 진행할 수 있다.

과거 간빙기들 동안 이산화탄소 농도는 평균 242ppm 정도였다. 이산화탄소 수치는 1만 500년 전부터 비정상적으로 추세가 역전될 무렵인 8000년 전까지는 자연적인 이산화탄소 감소라는 타당한 예측치를 따라갔다.(그림 9.2) 만약 이 분석이 맞는다면, 산업시대 무렵 전체 이산화탄소 비정상치는 산업시대 직전에 도달한 280~285ppm과 자연적인 감소 추세에 비추어 예상된 240~245ppm의 차인 40ppm이 될 것이다. 이 값은 자연적인 빙하기·간빙기 간 변동 폭의 거의 절반에 달하는 수치로(그림 9.1), 지난 8000년 동안 적어도 3000억 톤에 달하는 탄소를 대기중에 더해주었을 것이다. 그렇다면 그다지도 많은 이산화탄소는 대체 어디서 온 것일까?

비정상적으로 보이는 이산화탄소 증가분을 설명하기 위한 초기의 두 가지 시도는 그것이 자연적인 원인 탓이라는 논리를 폈다. 첫 번째는 여분의 이산화탄소가 지구 궤도 변화에 따른 태양 복사에너지 변화에 대한 반응으로 대륙에서 자연적으로 방출된 탄소로부터 왔다고 주장했다. 그 일부는 그럴싸하게 들린다. 우리는 지난 5000년 동안 여름 몬순이 약해지면서 과거에 초원이던 지역까지 열대 사막이 확장되었다는 사실(5장)을 알고 있으니까. 그 같은 변화에 따른 열대 바이오매스의 순손실로 이산화

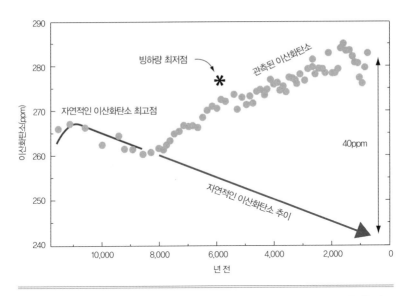

그림 9.2 자연적인 과정은 약 1만 500년 전, 대기중의 이산화탄소 수치를 최고점에 올려놓았고, 8000년 전까지는 계속 그 수치를 줄여나갔다. 그러나 그때 이후 이산화탄소양이 비정상적으로 증가했는데, 그것은 바로 인간 때문이었다.

탄소가 대기중에 방출되었을 것이다. 그러나 다른 증거들은 이러한 설명과 배치된다. 전 지구적인 모델은 지난 수천 년간 일부 지역에서 자연적으로 감소한 탄소는 다른 지역에서의 증가분으로 상쇄되었을 거라고 말해준다. 대체로 보아 바이오매스 탄소의 손실분은 너무 적어서 비정상적인 이산화탄소 추세를 설명하는 데 필요한 정도가 되어주지 못한다.

　나는 이러한 시도들이든 그 밖의 여느 시도들이든 간에 기후 시스템의 '자연적인' 활동을 토대로 8000년 전 이후의 이산화탄소 증가세를 설명하려 하면 한 가지 이유에서 필패를 면치 못할 거라고 결론지었다. 기후 시스템의 주요인들(태양 복사에너지의 변화, 빙상의 퇴각 속도, 해수면 상승, 식생의 변화 등)은 하나같이 지난 네 차례의 간빙기와 그에 이어지는 몇 천 년 동안 비슷하게 움직였지만, 오직 현재 간빙기에만 초기에 이산화탄소가 증가

했다. 반면 그에 앞서는 세 차례 간빙기에서는 이산화탄소가 꾸준히 하강 곡선을 그렸다.(그림 9.1)

결국 최근의 이산화탄소 증가를 자연적인 요소에 근거해 설명하려는 시도들은 하나같이 과거 세 차례의 간빙기에 이산화탄소가 감소한 현상을 설명해주지 못한다. 자연적인 요소를 배제하면 다시금 딱 한 가지 설명만이 남는다. 즉 인간이 이산화탄소를 비정상적으로 증가시킨 장본인이라는 것이다. 어찌 되었든 간에 인간은 8000년 전부터 산업시대가 시작될 때까지 3000억 톤이 넘는 탄소를 대기중에 더해준 것으로 보였다.

그러나 이러한 결론은 일반적인 통념과 정면으로 배치되었다. 대부분의 기후과학자들이 내게 처음 보인 반응은 8000년 전 지구상에 존재하던 한 줌에 불과한 인간들이, 특히나 당시 사용한 도구가 지극히 원시적인 것들뿐이었다는 사실을 고려할 때, 대기중의 이산화탄소 추세를 좌우했을 것 같지가 않다는 지적이었다. 이러한 회의론은 지극히 정당했다. 어찌 그토록 적은 인간이 그리도 엄청난 영향력을 발휘할 수 있었단 말인가? 초기에 인간이 대기중에 이산화탄소를 방출하는 방식은 다름 아닌 삼림 벌채를 통해서였다. 8000년 전에서 250년 전까지 3000억 톤에 달하는 탄소를 방출하려면 산업혁명 이전의 삼림 벌채가 산업시대 200년 동안의 두 배가 넘어야 했다. 오늘날에는 남아메리카와 아시아에서 열대우림이 급격하게 사라지는 탓에 그 속도가 매우 빠르다. 그에 비해 연간 삼림벌채 속도 추정치가 200년 전에는 오늘날의 10퍼센트 수준이었으며, 훨씬 더 초기로 거슬러 올라가면 하찮으리만치 작은 수치로 줄어든다. 이렇게 보자면 1750년 이전까지의 총 삼림 파괴가 그 이후의 두 배가 넘는다는 주장은 터무니없게 들린다.

그러나 일반적인 통념에 따른 견해는 한 가지 중요한 요소를 간과했다.

바로 '시간'이다. 지난 200년 동안 삼림 벌채나 기타 다른 것들의 처분에 따른 탄소 배출의 평균 속도는 연간 약 7억 5000만 톤이었다. 이 속도로 200년간 삼림을 파괴하면 총 1500억 톤의 탄소가 배출된다. 그러나 탄소가 서서히 증가한 그 이전 시대는 그보다 40배나 더 긴 7750년에 걸쳐 있다. 이전 시기의 총 탄소 배출량을 3000억 톤에 맞추려면 탄소 배출량의 속도가 연간 산업시대 평균(7억 5000만 톤)의 5퍼센트에 불과한 4000만 톤에 그쳐야 한다. 결국 속도는 20분의 1이지만 40배 더 긴 기간 동안 지속되었으므로 총 이산화탄소 배출량은 두 배가 된다(40÷20)는 계산이 나온다. 이솝 우화에서처럼, 느리게 움직이지만 일찌감치 출발한 거북이 빠르게 움직이지만 너무 늦게 출발한 토끼를 이긴 것이다. 그림 1.1을 다시 찾아보라. 이 간단한 계산을 통해서 보면 비로소 초기 탄소 방출량이 총 3000억 톤에 달한다는 주장이 한결 그럴 법하게 들릴 것이다.

하지만 이러한 계산은 인간이 비정상적인 이산화탄소 증가의 주범임을 확실하게 보여주기에는 턱없이 모자란다. 이 주장을 뒷받침하기 위해 그림 9.2에서 뚜렷하게 볼 수 있는 이산화탄소 증가의 두 가지 특징과 일치하는 증거를 찾아내야 한다. 첫째, 이산화탄소 곡선이 증가세로 돌아선 8000년 전에 석기시대 인류가 상당한 속도로 삼림을 파괴하기 시작했다는 증거가 필요하다. 둘째, 인류가 저지른 삼림 파괴의 누적 효과로 산업시대 훨씬 이전에(이 경우 무려 2000년 전에) 이미 이산화탄소가 매우 큰 폭으로 증가한 현상을 설명해주는 증거 또한 필요하다.

약 8000년 전 삼림 파괴가 시작되었음을 보여주는 확실한 증거는 이미 나와 있다. 농업은 지중해 동쪽 '비옥한 초승달 지대'에서부터 서서히 퍼져나가 마침내 남부 유럽의 숲 지대에 이르렀다. 그림 7.2에서 보았듯이 약 8000년 전에 곡물과 초목 종자들이 최초로 울창한 헝가리 평원에, 이어서 북쪽과 서쪽의 다른 숲 지역에 전파되었다. 숲이 우거진 지역에서 농사를 지으려면 나무를 잘라내야 햇빛이 땅에까지 닿는다. 개간 작업은 대부분 나무를 베어내고 불을 지르는 식으로 이루어졌다. 약 9000년 전 근동에서 최초로 개발된 양질의 부싯돌 도끼가 나무를 찍고 쓰러뜨리는 데 사용되었다. 사람들은 1~2년 뒤 건기에 떨어진 나무 부스러기와 죽은 나무들을 태웠다. 그런 다음 죽은 나뭇등걸 사이사이 재로 인해 비옥해진 토양에 작물을 심었다. 어떤 지역에서는 몇 년 뒤 토양의 영양물질이 모두 바닥나면 사람들이 짐을 챙겨서 다른 곳으로 이동했다. 또 어떤 지역에서는 사람들이 그대로 남았고, 논밭 부근에 영구 거주지를 조성했다.

유럽의 여러 다양한 증거들도 삼림 파괴가 진행되었음을 보여준다. 또한 호상 퇴적물에는 곡물과 씨앗뿐 아니라, 호수 주변에 영구 경작지가 있었으며 숲을 개간했음을 말해주는 약초와 들풀의 꽃가루가 다량 함유되어 있다. 삼림 파괴를 연상시키는 분명한 유의 유럽 잡초들―질경이, 쐐기풀, 소리쟁이, 수영―의 흔적도 존재한다. 토양에 목탄이 점차 많아진 것도 나무에 불 지르기가 만연했음을 말해준다. 유럽에서 나온 이러한 증거들은 가설에 필요한 첫 번째 요구조건을 완벽하게 충족시킨다. 즉 인간은 8000년 전에 사용할 수 있는 도구가 부싯돌 도끼밖에 없었는데도 이미 적잖은 숲을 잘라내고 있었던 것이다.

그 외 다른 곳에서 나온 증거들은 그만큼 확실하지는 않지만 여전히 시사하는 바가 있다. 중국에서 농사를 짓기 시작했음을 보여주는 최초의 증거는 9500년 전 것으로 추정된다. 그리고 6000년 전 무렵 호상 퇴적물에 들어 있는 여러 꽃가루들을 보면 나무 꽃가루가 눈에 띄게 줄어들고 있음을 분명하게 확인할 수 있다. 이러한 변화 가운데 일부는 여름 몬순의 약화에 따른 습기 부족을 말해주기도 하지만, 많은 과학자들은 그것을 황허 강과 양쯔 강 하곡에서 인간의 영향력이 늘어난 것과 연관시킨다. 인도에서는 인더스 강 하곡에서 나온 최초의 농업 관련 증거가 9000~8500년 전 것으로 드러났다. 그곳에서도 역시나 농업이 퍼져나가면서 점차 나무를 베어낼 필요가 생겼을 것이다. 초기인류의 영향력을 확실하게 파악하려면 이 두 지역과 관련해 좀더 많은 연구가 이루어져야 한다.

두 번째 요구조건—산업시대에 이르기 한참 전에 이미 상당 정도로 벌목이 진행되었다—은 역사시대가 시작될 무렵인 2000년 전을 살펴봄으로써 만족시킬 수 있다. 2000년 전의 세계는 8000년 전과 비교할 때 너무나 다른 곳으로 달라져 있었다. 그 사이 6000년 동안 인간은 창의성을 발휘해 농사의 관행을 완전히 뒤바꿔놓았다.(7장) 석기시대의 도끼와 구멍 파는 나무 막대기 대신 청동기시대·철기시대의 도끼와 쟁기가 등장했으며, 그 쟁기를 끌기 위해 소와 말을 사육했다. 그에 따라 청동기시대에 대부분의 지역에서 광범위한 삼림 파괴와 육지 변형이 이루어졌고, 철기시대에 접어들어서는 그러한 경향성이 한층 커졌다는 증거가 드러났다.

다양한 학문 분야의 과학자들이 손잡고 애쓴 결과 2000년 전의 세계 농업이 개괄적으로나마 모습을 드러냈다.(그림 9.3) 그즈음 중앙아메리카 저지대, 아마존 분지, 페루 안데스 산맥 부근의 고지대에서뿐 아니라 중국, 인도, 유럽 남서부, 지중해에 연한 북아프리카에서 정교한 농법(다양해진 작물, 다중적 파종, 가축 사육)이 실시되었다. 하나같이 본래 숲이 우거져 있던 지역인데, 사람들이 대규모로 농사를 짓기 위해 숲의 초목을 대거 잘라냈다.

이들 지역에서 인간이 산업시대에 접어들기 한참 전부터 풍광에 점점 더 많은 영향을 끼치기 시작했다는 증거는 수두룩하다. 그러나 그 정보를 보고 삼림 벌채의 구체적 비율이 어느 정도였는지 알아내기란 어렵다. 다

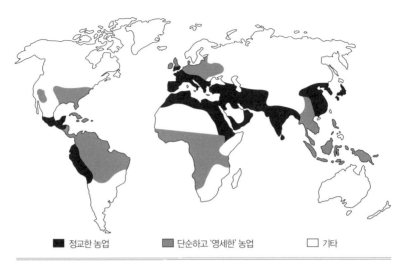

그림 9.3 2000년 전 무렵, 중국, 인도, 남부 유럽, 지중해에 연한 북부 아프리카의 본래 숲이었던 지역에서 정교한 형태의 농업이 실시되었다.

행히 한 역사문헌이 우연찮게도 그 추정치에 이를 수 있는 길을 열어주었다. 1089년 정복자인 영국 왕 윌리엄 1세가 자신이 새롭게 취득한 영토(잉글랜드)의 토지를 광범위하게 분석하기 위해 둠스데이 조사(Domesday Survey)를 실시하라고 명령을 내렸다. 조사에는 특별히 유용한 두 가지 숫자가 포함되었다. 하나는 (경작지나 목초지가 아니라) 여전히 숲으로 유지되고 있는 땅의 비율이고, 다른 하나는 총인구였다. 조사 결과 얻은 첫 번째 수치는 놀라웠다. (고도 1000미터 이하인) 경작지의 90퍼센트, 전원 지역의 85퍼센트에서 삼림 파괴가 이루어졌던 것이다. 산업시대 이전의 약 700년 동안, 영국의 삼림은 영국 왕실이나 귀족을 위한 사냥 보존구역으로 남겨놓은 '숲'을 제외하고는 모조리 파괴되었다. 다른 증거들에 따르면 개간 작업의 대부분이 2000년 전에 이미 이루어진 상태였던 것으로 드러났다. 예를 들어, 호수나 강의 퇴적물은 삼림 파괴로 인해 가파른 지역이 허물어진 결과 유입된 토사와 진흙을 다량 보유하고 있었다. 과거에 어느 지역에서 대대적인 삼림 벌채가 진행되었음을 증명해준 확실한 기준이 하나 있었다.

둠스데이 조사는 인구밀도와 총 삼림 파괴량의 양적 관련성을 보여주었다. 만약 150만 인구가 농부로 살아가기 위해 경작 가능한 땅의 거의 전부에서 삼림을 파괴했다면, 1089년 잉글랜드에 살던 사람들은 저마다 평균 0.09제곱킬로미터(9헥타르)의 땅을 개간했다는 계산이 나온다. 수천 년에 걸쳐 점차 인구가 증가하고 삼림이 파괴되었으며, 사실상 새로 불어난 인구는 각각 삼림 벌채를 통해 평균 0.09제곱킬로미터의 땅을 '새로' 확보해야 했던 것이다. 나는 이 숫자가 철기시대 잉글랜드의 1인당 '숲 발자국'이라고 생각한다.

둠스데이 조사는 다른 지역의 비슷한 변화에 대해서도 시사하는 바가 크다. 인구밀도가 1089년의 잉글랜드와 비슷하거나 그보다 높은 지역에서는 어김없이 경작 가능한 모든 땅에서 삼림이 크게 파괴되었다. 중국 최초의 믿을 만한 인구조사는 약 2000년 전 한(漢) 왕조가 실시한 것이었다. 그 무렵 중국의 인구밀도는 둠스데이 시대의 잉글랜드보다 세 배나 높은 5700만 명이었다. 인구밀도가 낮은 잉글랜드에서 삼림이 파괴되었다면 인구밀도가 높은 중국에서는 말해 무엇 하겠는가? 그 외에 인도·인도네시아처럼 인구가 조밀한 지역에 대해서도 동일한 결론을 얻을 수 있었다. 이러한 접근법은 1000년경, 유럽 남부·중부·서부의 경작 가능한 땅 대부분에서 삼림이 파괴된 게 틀림없음을 암시한다.

나는 점차 초기 삼림 파괴를 언급한 문헌이 저마다 다른 학문 분야 여기저기에 너무나도 풍부하게 흩어져 있음을 확인했다. 2003년 출간된 마이클 윌리엄스(Michael Williams)의 책, 《지구의 삼림 파괴(Deforesting the

Earth》도 커다란 도움이 되었다. 그의 빼어난 책에는 전(前)산업시대에 삼림 파괴가 대대적으로 진행되었음을 보여주는 광범위한 증거들이 망라되어 있다. 나는 중국의 상당 부분에서 3000년 전 이미 삼림 파괴가 진행되었으며, 서유럽의 여러 나라들이 700년 이후 남은 숲 지역을 보존하는 법률을 통과시키기 시작했다(숲의 범위가 놀랄 만큼 축소되었음을 말해주는 증거다)는 사실을 알게 되었다.

기후과학 분야에 몸담은 우리는 우리가 연구에서 포괄하는 범위가 이례적으로 넓다고 생각하는 경향이 있다. 그보다 작은 규모의 과정에 주력하는 과학 분야와 비교할 때 기후과학이 그렇다는 것은 어김없는 사실이다. 우리는 주어진 일을 하려면 해양 퇴적물, 빙상 코어, 호상 퇴적물, 나무의 나이테, 산호 표본 등 기후 관련 기록물을 읽을 줄 아는 전문지식을 지녀야 하며, 지구표면과 심해, 해빙과 빙상, 육지, 식생, 그리고 대기 변화의 역사에 관해서도 잘 알아야 한다. 이 모든 조각을 꿰맞추어 중요한 인과관계를 파악해내는 능력 또한 갖추어야 한다. 우리는 스스로가 지식이 풍부하다는 데 얼마간 자부심을 느낄 만하고, 그 점이 기후사 연구를 신나는 일로 만들어주기도 한다.

그런 나로서도 최소한 처음에는 전체적으로 아는 게 전무하다 싶은 영역이 하나 있었다. 그것은 바로 초기인류사와 우리 인류가 기후 시스템에 영향을 미쳤을 가능성에 관한 영역이었다. 나는 지금도 여전히 그 분야에 관한 공부를 계속하고 있는 중이다. 그런데 바로 얼마 전 일군의 프랑스 과학자들이 2002년에 발표한 논문을 우연히 접하게 되었다. 그 논문은 여러 지역에서 채집한 퇴적물을 보면 지난 몇 천 년간 목탄의 양이 점차 증가했음을 알 수 있는데, 이는 대체로 빙상 코어에서 관측된 대기중의 이산화탄소 증가세와 맞아떨어진다고 주장하고 있다. 이러한 자료들도 초기인류가 이산화탄소 추이에 영향을 미쳤다는 것을 보여준다.

이처럼 초기인류가 이산화탄소를 배출했다는 주장에 힘을 실어주는 증거는 많았지만, 다들 하나같이 질적인 접근법이었다. '초기인류 연원 가설'은 좀더 양적인 평가로 보완되어야 했다. 양적인 접근법은 철기시대 잉글랜드인 1인당 0.09제곱킬로미터의 둠스데이 '숲 발자국'에서 출발했다. 나는 한 역사생태학 문헌에서 6000년 전 유럽 북부·중부에 살았던 후기 석기시대인의 발자국에 관한 대략적인 추정치를 발견했다. 30명(여섯 가족)으로 이루어진 석기시대 마을에 요구되는 삼림 파괴 면적을 계산한 값이다. 가옥과 작물, 건초지와 목초지, 돌아가면서 자르는 조림지 따위에 필요한 양이었다. 석기시대의 발자국 추정치는 1인당 0.03제곱킬로미터(3헥타르)였다. 6000년 전에 1인당 0.03제곱킬로미터이던 데서 1089년에는 1인당 0.09제곱킬로미터로 발자국이 세 배가량 뛴 것은, 그 사이에 낀 몇 천 년 동안 철제 도끼와 쟁기가 등장했고 부리는 동물을 사용하게 된 점을 감안할 때, 지극히 당연해 보였다.

비로소 약 2000년 전의 누적적인 탄소 배출량을 양적으로 추정해볼 수 있게 되었다. 이 계산에는 (지역을 기반으로 하는) 인구, 1인당 파괴한 숲의 면적(제곱킬로미터), 그리고 숲이 1제곱킬로미터 파괴될 때마다 배출되는 탄소량, 이 세 가지 숫자가 필요하다. 세 수를 곱하면 2000년 전에 파괴된 삼림 전체가 배출한 총 탄소량 추정치를 얻을 수 있다.

인구	×	1인당 숲의 면적	×	파괴한 배출된 탄소량	=	삼림 파괴에 의해 배출된 총 탄소량
(명)		(km²/1인당)		(C/km²)		C

2000년 전에 살았던 사람들 수는 역사적인 인구 추정치를 통해 알아냈

다. 주로 세금을 징수하기 위해(그렇다! 심지어 2000년 전인데도) 인구조사를 실시한 유럽과 중국의 자료를 활용했다. 인도, 인도차이나, 남·북아메리카의 인구는 그 정도로 정확하게 파악할 수는 없었다. 좌우간 2000년 전에는 지구상에 다 해서 약 2억 명의 사람들이 살고 있었다.

나는 먼저 이 2억 명의 인구가 자연적으로 숲이던 지역에서 살았는지 숲이 아닌 지역(사막이나 스텝)에서 살았는지에 따라 분류했다. 대략 세계 인구의 10퍼센트가 사막이나 스텝 지역에 거주했는데, 이들은 아마도 탄소 배출에 유의미한 영향을 전혀 끼치지 않았을 것이다. 나머지 90퍼센트는 본래 숲이었지만 농사를 짓기 위해 숲을 잘라낸 지역에서 살았다. 당시 원래 숲이던 지역에서 산 사람들은 두 범주로, 즉 1인당 0.09제곱킬로미터의 '숲 발자국'을 기록한 철기시대 문화권(유라시아 전역, 지중해에 접한 북부 아프리카)과 그보다 적은 0.03제곱킬로미터의 '숲 발자국'을 기록한 석기시대 문화권(남·북아메리카와 사하라 사막 이남 아프리카)으로 갈렸다. 그즈음 가장 많은 인구(1억 3000만 명)가 살고 있었던 곳은 철기시대 문화권인 유라시아 남부(중국·인도·유럽)였다.

계산에 필요한 마지막 숫자, 즉 숲 1제곱킬로미터를 파괴할 때 배출되는 탄소량은 생태학 분야에서 빌려왔다. 이 숫자는 숲 유형에 따라 달라지는데(빽빽한 열대우림에서는 늘어나고, 계절에 따라 기후가 한랭건조해지는 지역의 숲에서는 줄어들었다), 대략 숲 1제곱킬로미터당 1000~3000톤에 달했다. 생태학자들이 보기에 인간의 영향력이 미치지 않은 것으로 보이는 자연적인 숲의 유형은 별도로 분리했다.

이렇게 해서 얻어진 수치는 실로 엄청났다. 즉 2000년 전 삼림 파괴로 인해 대기중에 배출된 탄소량은 자그마치 2000억 톤에 달했다. 이 수치는 전(前)산업시대에 배출된 총 탄소량 추정치 3000억 톤을 향해 순조롭게 달려가고 있다. 가설의 두 번째 요구조건도 충족된 것처럼 보였다. 즉 삼림 파괴는 지난 8000년간 이산화탄소 비정상치의 규모가 늘어나는 현상을 설명해줄 수 있는 것이다.

나는 또한 오래전에 탄소를 배출했을 듯한 다른 인간 활동들에 대해서도 알아냈다. 북유럽 일부 지역에서 땔감이 부족해지자 사람들은 조리와 난방을 위해 땅을 파고 토탄 퇴적물을 구해다가 태우기 시작했다. 전(前)산업시대에 얼마만큼의 토탄 탄소가 대기에 더해졌을지 계산하기 위한 시도가 엉성하게나마 이루어졌다. 즉 만약 지난 2000년 동안 500만 가구가 매일 평균 5킬로그램의 토탄 덩어리를 태웠다면, 약 100억 톤의 탄소가 대기에 더해졌던 것이다. 게다가 중국인들은 북부와 중부 지방의 경작 가능한 땅에서 삼림을 파괴한 뒤 3000년 넘는 세월 동안 석탄을 캐내 연료로 사용했다. 토탄 연소와 비슷한 계산으로 얻은 수치는 그 기간 동안 중국에서 200억 톤의 탄소가 추가로 방출되었을 가능성을 시사한다.

이러한 조사결과들은 유망해 보였지만, 지난 8000년간 인간이 대기중의 이산화탄소 추세에 어느 정도 영향을 끼쳤느냐 하는 문제를 확실하게 해결해주지는 못했다. 이 문제에 관한 논쟁은 앞으로 수년, 아니 수십 년 동안 계속될 것이다. 그러나 나는 시종 처음 조사를 시작했을 때 알게 된 중요한 사실, 즉 최근 수천 년간에는 이산화탄소 농도가 증가했지만 비슷한 과거 간빙기들에서는 그 농도가 예외 없이 떨어졌었다는 사실로 돌아갔다. 그 수치는 내려갔었어야 할 때 올라갔다. 그 같은 비정상적 추세를 설명해주는 가장 주된 원인은 필시 인간이었다.

이 가설은 어느 면에서 무엇이 자연적인 것인지에 관한 우리의 느낌에 도전장을 던진다. 청록색 바닷물이 일렁이는 아름다운 지중해가 내려다보이는 언덕에서 목동들이 염소를 모는 광경을 떠올려보라. 아름답기 그

지없지만 이것은 기실 '자연적인' 것하고는 거리가 먼 풍경이다. 만약 염소들을 치우고 1세기 이상 다시 자연이 통제권을 쥐도록 허락한다면, 어떤 언덕은 다시금 울창한 숲으로 뒤덮일 테고, 또 어떤 언덕은 너무 많은 표토가 소실되고 남은 토양에 영양성분이 거의 사라져서 본래처럼 울창한 숲으로 돌아가지 못할 것이다.

가파른 언덕 아래쪽 해안에 자리한 매혹적인 지중해 항구들에 관해 말해보자. 2000년 전에는 강어귀 부근의 수많은 항구들이 훨씬 더 내륙 안쪽에 위치해 있었다. 초기의 삼림 파괴로 그 지역이 숲이나 초목 같은 자연적인 덮개를 잃어가자 가파른 경사면은 폭우가 쏟아지면 더 이상 토양을 지탱할 수 없게 되었다. 침식된 토사와 진흙이 항구 입구를 막기 시작했고, 해안가 마을은 자꾸만 앞으로 전진하는 해안선을 따라잡으면서 서서히 바다 쪽으로 재배치되었다. 비슷한 일이 남아시아 전역에서도 일어났다. 2000년 전 무렵, 그 지역으로 인간들이 대거 옮아왔고, 자연은 더 이상 풍광을 통제할 수 없게 되었다. 자연은 대기중의 이산화탄소 추이도 제어할 수 없었다. 인간이 통제권을 앗아갔다.

10

인간은 빙하작용을 지연시켰는가

증거는 분명해 보였다. 즉 수천 년 전, 농사와 관련한 인간 활동이 두 가지 주요 온실가스(메탄과 이산화탄소)의 추세를 통제한 결과, 자연에 따르면 농도가 내려가야 했을 때 오르게 된 것이다. 시간이 흐르면서 순전히 인간이 영향을 끼친 결과(그림 10.1), 전(前)산업시대에는 온실가스 농도가 오랫동안 천천히 증가했고, 그 뒤 지난 200년 동안의 산업시대에는 훨씬 더 빠르게 상승했다.

과학자들은 온실가스가 기후에 미치는 효과를 평가하기 위해 한 가지 간편한 기준을 사용한다. 그것은 만약 이산화탄소 농도가 전(前)산업시대 농도인 280ppm의 두 배가 되거나 그 절반이 된다면, 지구 기후가 어느 정도 따뜻해지거나 차가워지는가 하는 것이다. 이른바 기후 시스템이 '두 배의 이산화탄소($2 \times CO_2$)'에 반응한 결과는 지구 행성 전반에서 기온이 평균 2.5℃ 정도 늘어난 것이다. 다른 온실가스의 농도 변화도 이산화탄소의 농도 변화에 상응하는 형태로 전환될 수 있다. '두 배의 이산화탄소'가 기온에 미치는 효과가 정확히 어느 정도인지는 확실치 않다. 1.5℃에서

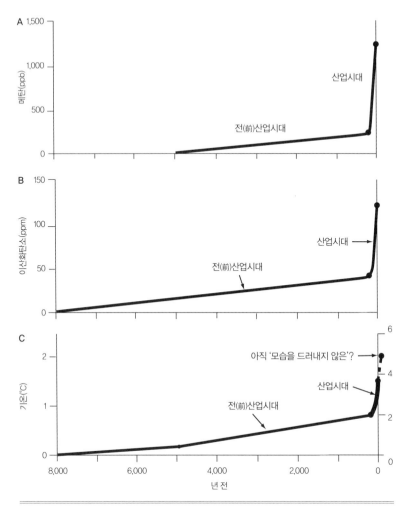

그림 10.1 인간은 지난 수천 년 동안 대기중의 메탄 농도(A), 이산화탄소 농도(B), 그리고 추정된 전 지구 기온(C 왼쪽)과 고위도 지역의 기온(C 오른쪽)에 지대한 영향을 끼쳤다.

4.5℃ 사이 어디쯤인가일 테고, 최근에 이루어진 최적의 추정치는 2.5℃ 이다.

기후민감도(climate sensitivity: 평형 실험에서의 기후민감도란 대기중의 이산화탄소 농도가 현재의 두 배가 될 경우 전 지구표면의 평균 평형 온도가 달라지는 정도를 말한다—옮긴이)가 2.5℃라면, 산업시대 이전에는 인간 활동으로 야기된 이산화탄소와 메탄의 점진적 축적으로 지구 기온이 약 0.8℃ 따뜻해졌을 것이다. 이 숫자는 작은 것처럼 들리지만 결코 시시한 것이 아니다. 0.8℃는 북아메리카 북부와 북유럽 대부분의 지역이 빙상 아래 묻혀 있던 마지막 최대 빙하기 냉각분의 무려 15퍼센트 정도를 좌우하는 수치다.

기후과학자들은 오랫동안 지난 8000년을 이전 빙하기와 다음번 빙하기 사이에 낀 짧은 막간으로, 자연적으로 기후가 안정된 시기라고 여겨왔다. 그러나 내가 이 책에서 제시한 내용은 지난 8000년간의 따뜻하고 안정된 기후가 우연일지도 모른다는 것을 암시한다. 따뜻하고 안정된 기후는 실상 시작되었어야 마땅한 자연적인 냉각과 인간이 야기한 온난화 효과에 따른 상쇄가 빚어낸 우연적인 유사균형이라는 것이다. 만약 이 같은 새로운 개념이 맞는다면, 인간 문명이 초래한 기후란 부분적으로 인간의 농업활동에 영향을 받은 결과였다. 우리 인간은 무려 수천 년 전부터 기후 시스템을 좌우하는 요인으로 떠오른 것이다.

고위도 지역은 기후 시스템 가운데 가장 민감한 부분이다. 이곳의 온도 변화는 지구 평균치의 두세 배에 달한다. 이렇게 반응성이 높은 것은 무엇보다 얼음과 눈이 존재하고, 그들에게 태양 복사에너지를 반사하는 능력이 있기 때문이다. 만약 어떤 이유에서인가 지구가 냉각한다면, 점점 더 많은 눈이 육지를, 점점 더 많은 해빙이 바다를 뒤덮을 것이다. 이러한 현상은 북극권 부근이나 북극권의 극지 쪽에서 한층 더하다. 드넓게 펼쳐진 하얗고 밝은 표면은 그들이 뒤덮어버린 짙은 초록색 육지 표면이나 짙푸른 바다보다 훨씬 더 많은 입사 태양 복사에너지를 반사한다. 육지와 바다는 그들이 흡수한 태양 복사에너지에 의해 가열되지만, 눈과 얼음은 입사 태양 복사에너지를 거의 다 우주로 돌려보낸다. 북극에 널리 퍼진 얼음과 해빙은 이렇게 '양의 되먹임(positive feedback)'으로 냉각을 확장·심화한다. 기후가 따뜻할 때에도 그 같은 양의 되먹임 과정이 작동한다. 온난화는 눈과 해빙을 줄어들게 만들어 진초록 육지와 짙푸른 바다를 더 많이 드러내주고, 육지와 바다는 더 많은 태양 복사에너지를 흡수할 수 있다. 그에 따라 북극은 애초의 온난화 양을 넘어서는 수준으로 한층 더 따뜻해진다.

극지 쪽으로 갈수록 기온 변화가 심화하는 현상을 감안하면, 인간이 전(前)산업시대에 온실가스를 내보냄으로써 초래한 지구 평균 0.8°C의 온난화가 북극 지역에서는 약 2°C에 다다랐을 것이다.(그림 10.1C) 이러한 온난화 규모는 방대하지만, 그 효과는 지구 궤도의 변화가 이끄는 훨씬 더 방대한 자연적 냉각에 의해 가려졌다. 4장에서 이미 지적한 대로, 고위도 지방의 태양 복사에너지 강도는 1만 1000년 전 이래 약 8퍼센트 줄어들었다. 태양 복사에너지가 그만큼 줄어들자 고위도 지방의 기후는, 인간이 만들어낸 온실가스가 추세를 거스르고 있었음에도, 서서히 여름이 추워지는 국면에 접어들었다.

몇 가지 자연적인 기후 감지 장치들에 따르면 지난 수천 년간 북극 지역에서 여름이 서서히 추워지는 추세가 나타났음을 알 수 있다. 그 장치들 가운데 하나는 가문비나무 숲의 북방한계선이 점차 남하한 현상이다. 얼어붙은 북극 툰드라가 남쪽으로 세력을 확장하면서 나무를 대체해간 것이다. 또 하나의 예는 노르웨이 해(Norwegian Sea)의 퇴적물에서 발견된 증거다. 그 퇴적물에는 해빙 아래나 그 주위에서 살아가는 것을 선호하는 플랑크톤 종이 좀더 풍부했는데, 이것은 최근 몇 천 년간 해빙이 널리 퍼져 있었음을 말해준다. 또 하나는 북극에 소규모로 남아 있는 빙모(ice cap)에 기록된 증거다. 거기에는 1만 년 전 여름마다 빙하가 상당 규모로 용융되었음을 보여주는 층들이 존재했는데, 최근 몇 천 년 동안에는 그런 층이 거의 없었다.

북극에 가까운 캐나다 북동부는 지난 275만 년의 기나긴 빙하기 주기 역사에서 중요한 역할을 담당해왔으므로 기후과학자들이 각별히 관심을 기울이는 지역이다. 이 지역은 가장 최근 빙상의 마지막 잔해가 녹은 장소였다.(그림 4.1 참조) 거대한 빙하 돔이 1만 6000년 전까지는 적도 쪽으로 절반가량 뻗어 있었지만, 그 후 1만 년 동안 조금씩 북동쪽으로 후퇴했으며, 마침내 7000~6000년 전 무렵에는 캐나다 북동부에만 조금 남아 있을 뿐이다. 오늘날 이 지역에는 급속히 녹아내리는 소규모 빙모 잔해가 북위 65도상의 배핀 섬에서 래브라도 섬 맞은편에 위치한 그린란드 빙상과 같은 위도인 북위 83도상의 엘즈미어 섬 고지대에 아직껏 남아 있다.

수많은 과학자들은 지난 275만 년 동안 일어난 수십 번의 빙하기 주기가 바로 이 지역에서 시작되었다고 믿는다. 밀란코비치는 여름 태양 복사 에너지가 크게 약해지고 여름이 눈을 녹일 수 없을 만큼 추워지면 눈밭이 작은 빙모로, 그런 다음 거대한 빙상으로 발달한다고 주장했다. 이 지역은 여름이 두 가지 이유에서 춥다. 첫째 너무 북쪽에 위치해 있기 때문이고, 둘째 캐나다 북동 연안이 지대가 약간 높기 때문이다. 오늘날에는 평범한 여름 몇 달 동안 겨울에 쌓인 눈이 녹아내리는 게 일반적임을 감안하면, 이 지역은 지금 틀림없이 빙하기 상태에 가깝다. 이 사실은 다음과 같은 궁금증을 불러일으켰다. 무엇이 그 지역을 빙하기 상태로 이끌 수 있었을까? 좀더 구체적으로 말하자면, 만약 농사에 따른 온실가스 배출로 온난화가 진행되지 않았더라면 오늘날 그 지역은 빙하기 상태에 접어들었을까?

기후과학자 래리 윌리엄스(Larry Williams)는 1970년대에 캐나다 북동부 지역에 관한 기후 모델 분석을 통해 이 주제를 탐구했다. 그는 결국 1970년대의 기온 수치와 비교해 약 1.5℃ 정도 냉각하면 래브라도 해 가장자리의 고지대가 영구적인 눈과 빙하 층으로 뒤덮일 수 있다는 결과를 얻어냈다. 실제로 현재 캐나다 북동부 지역에 존재하는 작은 빙모는 계속 그 지역에 한정되기는 하겠지만 훨씬 더 거대한 얼음덩어리로 불어날 수 있었을 것이다. 그의 연구는 추가적으로 1~2℃ 더 냉각하면 배핀 섬 북쪽의 드넓은 지역에 영구 적설지대가 형성될 것임을 시사하기까지 했다.

거의 30년 전에 이루어진 이 모델 연구의 결과는 그림 10.1에 드러난 온실가스 역사와 정확하게 일치한다. 윌리엄스의 추정치는 인간의 온실가스 투입분이 야기한 온난화 효과를 걷어내면, 오늘날 거대 빙하가 존재할지 여부를 예측하는 데 쓰일 수 있다. 윌리엄스는 자신이 연구하기 전의 산업시대 100년 동안 그 지역에서 이루어진 온난화는 약 1.5℃라고 추정했다. 그는 만약 이러한 최근의 온난화 효과를 제거하면 배핀 섬 고지대는 빙하기 상태의 가장자리가 되었으리라고 주장했다. 이러한 결론을 확실하게 뒷받침해주는 것으로, 현재 배핀 섬에 존재하는 빙모는 온난화가 진행된 지난 100년간의 산업시대 이전, 즉 기후가 더 추웠을 때 생성된 것으로 여겨진다. 그 빙모는 이어지는 온난화로 급속하게 녹아내리고 있으며, 상당수가 앞으로 몇 십 년 내에 사라질 것으로 보인다.

두 번째로 전(前)산업시대에 인간이 초기 농업을 확대함으로써 초래한 2℃의 온난화 효과를 걷어낼 수 있다.(그림 10.1C) 윌리엄의 연구 결과는 이 초기의 온난화 효과를 제거하면 더욱 넓은 캐나다 북동부 고지대가 영구적인 얼음층이 존재하는 상태, 즉 빙하기 상태에 접어들었을 것임을 암시한다.

이러한 모델 연구 결과와 초기의 인위적인 온실가스에 관한 새로운 증거들이 함의하는 바는 놀랍다. 만약 인간이 초기에 온실가스를 배출하지 않았더라면, 전(前)산업시대에 캐나다 북동부 일부 지역에서 빙하작용이 시작되었을 것이고, 만약 전(前)산업시대와 산업시대의 온실가스 배출이 연합작전을 펼치지 않았더라면, 오늘날 이 지역에 빙하가 존재할 거라는 의미이기 때문이다. 인간이 방출한 온실가스가 빙하작용을 중단시킨 것으로 보였다.

이 놀라운 결론은 초기 기후 연구들로부터 새로운 증거를 수집하도록 우리를 내몰았다. 1980년 밀란코비치의 빙하기 이론(4장)을 확실하게 뒷받침해준 핵심인물, 지질학자 존 임브리는 수학자인 아들에게 오랜 역사에 걸쳐 지구 빙하량의 변화를 추정할 수 있는 방법을 궁리해보도록 요청했다. 이러한 시도의 논리적 기초는 간단했다. 지난 수천 년간 빙상이 10만 년, 4만 1000년, 2만 2000년이라는 세 가지 주요 지구 궤도 주기에 따라 태양 복사에너지 변화에 반응하면서 규칙적으로 늘었다 줄었다를 반복했다(4장)는 것이다. 이 같은 장기적인 연관성의 증거를 고려해볼 때, 수학적 공식을 써서 둘 사이의 관계를 알아내지 못할 이유가 없다는 판단이었다.

이들은 작업의 '표적신호'로 바다에서 발견되는 산소동위원소 기록을 활용했다. 산소동위원소들은 지난 수십만 년에 걸쳐 빙상 크기가 어떻게 달라졌는지를 추정할 수 있게 해준다.(4장) 그러나 태양 복사에너지와 얼음양 신호가 동일한 지구 궤도 주기를 보인다 해도, 둘을 연관시키는 것이 그리 만만한 일은 아니다. 가장 큰 문제는 10만 년 신호가 태양 복사에너지 변화에서보다 얼음양 변화에서 훨씬 더 크며, 이러한 불일치의 이유를 제대로 파악하기가 어렵다는 것이었다.

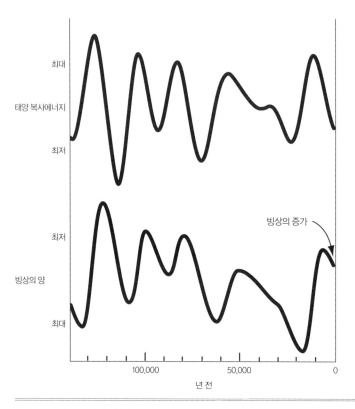

아래 라벨들:

최대

태양 복사에너지

최저

최저

빙상의 양

최대

빙상의 증가

100,000   50,000   0

년 전

그림 10.2 북반구에서 7월의 태양 복사에너지 변화에 반응하는 여러 빙상 모델을 통해 수천 년 전에는 빙상이 늘어나기 시작했어야 한다고 예측할 수 있다.

모델 작업의 결과는 그림 10.2에 나타나 있다. 임브리 부녀는 이 결과를 발표하면서 그들이 사용한 모델은 과거에 빙상이 보여준 행태와 일치하므로, (인간이 오늘날, 그리고 앞으로 온실가스에 영향을 미치리라는 사실을 무시한다면) 다가오는 수천 년 내에 자연적인 지구 궤도 변화가 지구 기후를 다음 번 빙하기로 몰아가리라고 볼 수 있다는 논지를 폈다. 그러나 나는 조금 다른 시각으로 그들의 결론을 살펴본 결과, 그 모델이 어떤 점인가를 놓치고 있다는 사실을 발견했다. 그들의 모의실험은 현재 간빙기가 6000~

5000년 전 무렵 최고점을 찍었으며, 그때 이후 기후 시스템이 서서히 새로운 빙하기 쪽으로 선회하고 있음을 보여주었다. 임브리 부녀가 모델 모의실험에서 이 부분을 간과한 데는 일치시키려고 애는 썼으나 얼음양 표적신호 위에 기온을 겹쳐서 인쇄하는 일이 까다롭다는 것 등 그럴 만한 이유가 있었을 것이다.

그들이 지난 5000년의 모델 모의실험을 무시해버린 가장 중요한 이유는 어떤 빙하도 만들어지지 않았다는 단순한 사실 때문이었을 것이다. 이 점이 그들의 모델 모의실험이 이 기간을 제대로 설명해주지 못하는 원인이었으리라. 그러나 이제 나는 20년이 지난 임브리 부녀의 논문을 다소 다른 시각에서 살펴보았다. 즉 지난 5000년 동안의 모델 모의실험은 과연 정확할 수 있었을까? 그것이 '실패'한 것처럼 보이는 까닭은 인간이 온실가스를 도입함으로써 기후 시스템의 자연적인 행태를 교란시켰고, 그 모델이 모의실험을 통해 보여준 빙하작용을 중단시켰기 때문이다. 이렇게 보면 임브리 부녀의 모델은 도리어 새로운 빙하기가 이미 진행되었어야 한다는 내 개념을 지지해주는 또 하나의 증거였다.

임브리 부녀가 얻어낸 결론은 밀란코비치의 빙하기 이론을 직접적으로 확장한 결과다. 오래전 밀란코비치는 빙상의 반응시간이 너무 길기 때문에 빙상의 생성과 용융을 좌우하는 태양 복사에너지의 변화와 빙상 크기의 변화 사이에는 평균 약 5000년의 시간 지체가 발생한다고 주장했다. 빙상이 존재하는 위도상에서 여름 태양 복사에너지가 마지막으로 최고점을 찍은 때는 1만 년 전이었고, 그 후에는 태양 복사에너지 수치가 계속 떨어졌다. 밀란코비치가 제시한 5000년이라는 시간 지체를 감안하면, 빙상은 임브리 모델이 주장한 것과 마찬가지로 약 5000년 전에 성장하기 시작했어야 한다.

나는 지난 20년 동안 익히 알려진 지구 궤도의 변화를 이용해 과거의 빙상 추세를 모의실험하고, 이어 그 추세가 향후 어떻게 달라질지 예측하기 위한 다른 기후 모델 모의실험들도 면밀히 살펴보았다. 그 모델들 가운데 (모두는 아니지만) 일부도 지난 수천 년의 어느 때쯤 최소한 작은 양의 얼음이나마 생성되기 시작했어야 한다고 예측했다. 그런데도 어찌 된 일인지 과학계는 새로운 빙하기가 시작되었다는 모델 모의실험과 실제로 빙상이 만들어지지 않았다는 사실 사이의 확연한 불일치를 그냥 지나쳐버렸다.

나는 이 모든 정보를 종합한 끝에 그림 10.3과 같은 시나리오를 떠올리게 되었다. 8000년 전 자연적인 기후는 따뜻했다. 여름에 태양 복사에너지가 강하고 자연적인 온실가스 수준도 높았기 때문이다. 그 이후 자연적인 (지구 궤도) 변화에 따라 여름 태양 복사에너지 양은 꾸준히 줄어들었고, 자연적인 냉각이 이어졌다. 지난 몇 천 년간 이러한 냉각 추세는 빙하작용이 가능해지는 문턱에 다다랐지만, 인간이 빙하작용을 피할 만큼 기후를 따뜻하게 유지해줄 온실가스를 대기에 더하기 시작한 것이다. 대략적으로 말하자면 극지방 기후는 지난 5000년 동안 태양 복사에너지 양의 변화로 인해 실제로 냉각되었지만, 인간이 온실가스를 더해주는 바람에 빙상이 생성되지 않았다. 지난 200년간의 산업시대에 방출된 온실가스로 인해 지구 기온은 빙하작용이 가능한 온도를 넘어서버렸다.

나는 오늘날 캐나다 북동부에 일정 크기의 빙상이 존재했어야 옳다는 가설이 도발적이고 논란을 불러일으키리라는 사실을 잘 알고 있었다. 그래서 오랜 친구인 존 쿠츠바흐와 그의 동료 스티브 배브러스(Steve Vavrus)의 도움을 받아 그 가설을 다른 방식으로 실험해보고자 했다. 우리는 쿠츠바흐가 그 자신의 지구 궤도 몬순 가설(5장)을 시험하기 위해 사용한 모

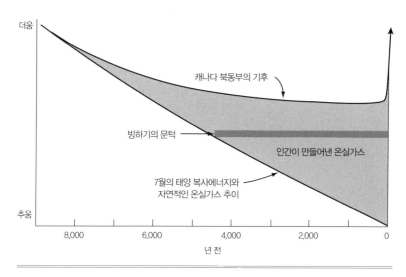

더움

캐나다 북동부의 기후

빙하기의 문턱

인간이 만들어낸 온실가스

7월의 태양 복사에너지와
자연적인 온실가스 추이

추움

8,000   6,000   4,000   2,000   0

년 전

그림 10.3 북반구에서 자연적인 냉각 추세는 수천 년 전 새로운 빙하기가 시작될 수 있는 문턱을 넘어섰다. 그러나 인간이 온실가스를 더해줌으로써 기후는 새로운 빙하기의 시작을 저지할 수 있을 만큼 따뜻해졌다.

델(지구 기후가 현재에서 멀리 떨어진 모종의 상태에 보이는 반응을 3차원으로 재현한 모델)을 써서 실험을 진행했다. 쿠츠바흐 모델에서는 오늘날의 기후가 기준 상태였지만, 우리는 실험에서 그것을 바꿀 수도 있었다.

우리의 실험은 두 가지 간단한 질문에 답하기 위해 고안되었다. 첫째 만약 인간이 발생시킨 온실가스가 대기중에 존재하지 않았다면 오늘날 지구는 얼마만큼 냉각했을까? 좀더 구체적으로 말하자면, 지구는 캐나다나 그 외 다른 지역에 새로운 빙상을 만들 수 있을 만큼 충분히 냉각했을까? 우리는 실험에서 기준 상태에 딱 한 가지만 변화를 주었다. 대기중에서 인간이 만들어낸 온실가스를 몽땅 제거한 것이다. 즉 (8장과 9장에서 서술한 분석에 기초해) 전(前)산업시대에 인간이 방출한 이산화탄소와 메탄, 그리고 산업시대에 추가된 가스들—이산화탄소와 메탄뿐 아니라 냉매로 사용되는 프레온가스(chlorofluorocarbon, CFC)와 비료 등에서 나오는 질소 가스—을 배제했다.

우리는 이 모델 모의실험을 통해 지구 전체의 평균 냉각은 2°C에 육박한다는 결과를 얻어냈다. 이것은 대단히 큰 수이다. 대체로 지구는 마지막 최대 빙하기에 5°C가 약간 넘는 정도만큼만 냉각되었다. 우리가 진행한 실험에서 얻은 2°C 가운데 절반이 약간 안 되는 정도는 전(前)산업시대의 온실가스를, 절반이 약간 넘는 정도는 산업시대의 온실가스를 제거한 데 따른 결과였다. 남반구와 북반구의 고위도 지방에서는 냉각의 정도가 한층 컸다. 그러한 현상은 눈과 해빙의 양이 많아지면서 냉각이 증폭되는 겨울철에 더욱 도드라졌다. 대륙 가운데 냉각이 가장 심한 곳은 북아메리카의 중동부 허드슨 만 북쪽 지역으로, 연평균 3~4°C가, 겨울에는 무려 5~7°C가 감소했다.(그림 10.4)

이와 같은 심한 냉각은 얼핏 빙상의 성장에 우호적인 조건처럼 보였다. 비록 실험에 쓰인 모델은 우리에게 실제로 얼음이 성장했는지 여부에 관해 오직 부분적인 답을 제공해주었을 뿐이지만. 모델은 기온, 강수량(비나 눈), 그리고 지구표면 전역에 걸친 해빙의 규모와 두께뿐 아니라 바람의 세기나 대기중의 압력 같은 특성의 변화를 모의실험한다. 그러나 그토록 많은 지역에서 그다지도 많은 변인들을 모의실험하는 것은 그리 간단한 일이 아니다. 이 모델은 무진장 복잡하고 실행 비용도 많이 들어서 한 번의 실험에서 오직 '몇 십 년'의 지구 기후 반응만을 모의실험할 수 있다. 따라서 빙상이 서서히 생성되고 또 녹는 것처럼 수천 년에 걸쳐 한량없이 더디게 전개되는 과정은 이런 유의 모델이 포괄할 수 있는 범위를 넘어선다.

그럼에도 이 모델은 어느 특정 지역에서 얼음이 생성될 가능성이 있는

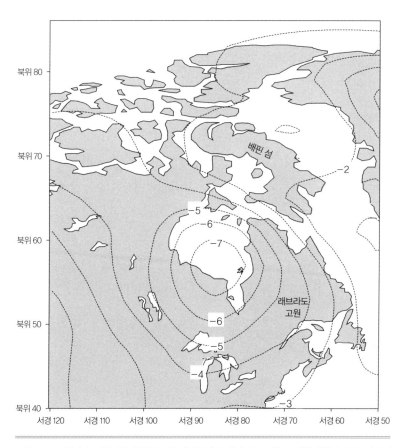

북위 80
북위 70
북위 60
북위 50
북위 40

서경 120　서경 110　서경 100　서경 90　서경 80　서경 70　서경 60　서경 50

배핀 섬
−2
−5
−6
−7
−6
−5
−4
−3
래브라도
고원

그림 10.4　인간이 만들어낸 온실가스를 대기중에서 제거하고 기후 모델을 실행하면, 북아메리카는 겨울에 훨씬 더 추워지며, 눈이 배핀 섬에서는 1년 내내, 래브라도의 고지대 전역에서는 딱 한 달을 뺀 11개월 동안 남아 있다.

지 여부를 시사해주기는 한다. 이 모델은 모의실험을 통해 가을과 겨울에 쌓였다가 봄과 여름에 다시 녹는 눈과 얼음을 서로 상쇄함으로써 1년 동안 쌓인 눈(그리고 해빙)의 두께를 보여준다. 중요한 주제는 잔설이나 해빙이 여름을 지나고도 살아남는지 여부다. 만약 잔설이나 해빙이 잔존하면, 이어지는 겨울에 내리는 눈이 더해지고, 해를 거듭하면서 같은 현상이 되풀이될 수 있다. 이윽고 적설지대는 더욱 단단하게 들러붙어 딱딱한 얼음이 된다. 빙하기의 출발을 예고하는 것이다.

이 모델 결과는 지구상에서 딱 한 지역—윌리엄스가 모델 연구한 배핀 섬—만이 '빙하기의 시작' 단계에 접어들었음을 보여주었다. 오늘날, 배핀 섬은 해마다 여름이면 1~2개월 동안 눈이 사라진다. 이것은 모델의 기준 상태인 모의실험에서도 현실에서도 마찬가지다. 하지만 인간이 만들어낸 온실가스를 배제한 우리의 모의실험에서는 오늘날에도 배핀 섬의 등줄기를 따라 고지대 일부에서 연중 적설지대가 남아 있었다.(그림 10.4) 또한 이 모의실험은 두 번째로 허드슨 만 동부 지역도 초기 빙하기 상태에 제법 가까이 다가갔음을 보여주었다. 캐나다 동부 래브라도 지역에는 고원처럼 생긴 커다란 지형이 고도 600미터 높이까지 솟아 있다. 기준 상태 모델을 실행했을 때는 이 고원에서 여름이면 두 달 넘게 눈이 사라졌다. 하지만 온실가스를 낮춘 모델을 실행하자 딱 한 달 동안만 눈이 없었다.

만약 여러분이 그림 4.1에서 보여준 북아메리카 빙상의 용융 지도를 다시 찾아본다면, 이 두 지역, 오직 이 두 지역만이 초기 빙하기 상태에 있었거나 거기에 다가가고 있었다는 점을 통해 깨닫는 바가 적지 않을 것이다. 배핀 섬은 거대한 빙상이 마지막으로 녹은 지역이고, 모델 모의실험에서 새로운 빙하기 주기로 접어들 준비를 하고 있던 최초의 지역이다. 래브라도 고원은 빙하기의 얼음 잔해가 마지막에서 두 번째로 녹은 지역이고, 모델 모의실험은 그곳이 빙하기 상태로 돌아갈 가능성이 있는 두 번째 장소임을 보여준다. 게다가 온실가스를 낮춘 모델의 결과는 허드슨 만 일부에서 해빙이 한 달 더 길게 버티다가 딱 한 달 동안만 사라짐으로써 다시 한번 빙하기의 필요조건에 매우 근접한 상태임을 보여준다. 모의

실험은 만약 인간이 없었고 초기에 온실가스를 방출하지 않았다면 적어도 캐나다 북동부의 일부 지역만큼은 초기 빙하기 상태에 접어들었을 것이라는 가설을 확실하게 뒷받침해주었다.

그러나 나는 처음에 모의실험 결과를 보고 실망을 금치 못했다. 동료들에게 실토한 대로, 이 실험에서 광대한 지역에 걸쳐 초기 빙하기로 접어드는 분명한 징후를 확인함으로써 홈런을 치고 싶었는데, 여름내 눈이 살아남은 지역이 일부에 불과하다는 사실을 알고 내야 안타를 친 데 그친 맥 빠지는 심정이었다.

하지만 우리가 실험한 모델에서 몇 가지 중요한 과정이 빠져 있다는 사실을 기억할 필요가 있다. 북부 고위도 지역에서 기후에 따른 식생의 변화는 초기의 기후 변화 규모를 증폭하는 '양의 되먹임'을 제공한다. 한 가지 중요한 변화는 침엽수 숲의 북방한계와 나무가 없는 툰드라의 남방한계 경계상의 변화와 관련된다. 이 경계를 따라 냉각이 이루어지면, 숲은 남쪽으로 물러나고 그 빈자리를 툰드라가 대신한다. 이러한 지역에서는 열기를 흡수하는 진초록의 숲 천장이 눈에 뒤덮인 밝고 흰 툰드라(대체로 풀이거나 낮게 자라는 관목들)에게 자리를 내준다. 툰드라가 영역을 넓혀가면 이전의 숲보다 더 많은 태양에너지를 반사시킨다. 그로 인해 이 지역은 그만큼 더 차가워진다. 이러한 부가적인 냉각은 다시 여름 몇 달을 거치고도 두터운 눈이 더 오래도록 녹지 않고 살아남게끔 도와준다. 우리가 진행한 첫 번째 실험은 이러한 '양의 되먹임'을 포함하지 않았다. 그러나 다른 실험들에서 얻은 결과는 그림 10.4에서 드러난 대규모 냉각이 툰드라를 오늘날의 한계보다 더 남쪽으로 밀어 내리고, 해당 지역의 기후를 더 춥게 만들고, 눈과 해빙으로 뒤덮인 지역을 늘리고 그 지속 기간을 증가시킬 것임을 시사한다. 향후 이들뿐 아니라 다른 여러 되먹임들을 포함해 모델을 실행하면 캐나다 북동부에서 적어도 작은 규모의 빙하작용이나마 일어났어야 한다는 우리의 결론을 확실하게 지지하는 결과를 얻게 될 것이다.

만약 자연이 계속 기후에 관한 통제력을 발휘했다면 오늘날 캐나다에 얼마나 큰 빙상이 존재할 수 있었을까? 이 문제는 답하기 어렵다. 배핀 섬은 빙하작용이 진행될 여지가 가장 많은 장소이고, 규모와 면적이 캘리포니아와 오리건 주를 합한 것과 비슷하며, 위도 역시 그 두 주와 마찬가지로 10도에 걸쳐 있다. 모델 실험에서 빙하 상태에 가까이 다가간 래브라도 고원은 거의 뉴잉글랜드 지역과 뉴욕 주를 합친 크기다. 만약 향후 실험들이 이 두 지역에 얼음이 축적되기 시작했음을 보여준다면, 그 빙상의 크기는 최대 빙하기의 거대 빙상보다는 훨씬 작겠지만, 오늘날 그린란드에 남아 있는 빙상보다는 클 것이다. 여러분이 어느 관점에서 보느냐에 따라 그 빙상은 작기도 하고 크기도 할 것이다. 어쨌든 간에 얼음은 북아메리카 대륙에 존재했고, 서서히 남서쪽으로 성장해나가고 있었다.

지난 수천 년간의 기본적인 기후 변화 과정을 이렇게 재해석하면 오늘날 지구 온난화와 관련한 정책 논의의 한 가지 측면에 흥미로운 관점을 부여할 수 있다. 1970년대에 점차적인 지구 궤도 변동이 빙상의 성쇠를 좌우한다는 밀란코비치 이론이 맞는다고 확인해준 것은 기후과학이 일군 성공 가운데 하나였다.(4장) 임브리 부녀가 1980년에 발표한 논문은 다음 빙하기가 '임박'했음을(즉 고작 1000~2000년 내에 시작될 것임을) 보여줌으로써 그 연구결과를 더욱 확고히 해주었다. 안타깝게도 당시 일부 과학자들은 그 결과를 보고 지극히 단견이라 할 만한 다음과 같은 잘못된 결론에 도달했다. 즉 1960~1970년대에 진행된, 지구 기온이 같은 수준을 유지하거나 약간 낮아진 것을 보고 새로운 빙하기가 시작되었을 가능성이 있다고 추론한 것이다.

1980년대에, 수십 년간 대기중의 이산화탄소 농도가 상승했다는 직접적인 측정치들이 쏟아져 나오자 대다수 기후과학자들은 급속한 이산화탄소 증가가 훨씬 더 느린 지구 궤도 변화보다 가까운 미래의 기후 변화에 한층 더 중요한 요인이 되리라고 믿었다. 결국 장기적인 냉각화보다는 단기적인 온난화에 관한 우려가 더 중요한 고려사항으로 떠올랐다. 그 무렵 온난화는 언론으로부터 이례적인 조명을 받기 시작했다. 더러는 환경단체 대변인들이 미래의 온난화가 미칠 수도 있는 해악에 관해 필요 이상의 불안을 부추기는 과장된 언급을 쏟아내기도 했다.

1990년대는 불필요한 우려를 자아내는 이러한 주장들에 대해 반격이 가해졌다. 과학계가 이 주제의 복잡성을 제대로 이해하고 있는지에 관한 의문이 제기된 것이다. 미래의 빙하작용에 관한 예측에서 미래의 열파에 관한 경고로의 이동은 과학적 무능의 예로 언급되었으며, 현재도 여전히 그렇게 언급되고 있다.

여기에 요약된 결과들은 이 주제에 관해 더욱 폭넓은 관점을 제공한다. 빙하기가 임박했음을 암시하기 위해 1970년대에 새롭게 확증된 지구 궤도 이론에 의존한 대다수 과학자들은 틀림없이 느리고 장기적인 지구 궤도 주기라는 맥락에 비추어 그렇게 했다. 다시 말해서 그들은 새로운 빙하기를 당장 내일이 아니라 몇 백 년, 혹은 몇 천 년 뒤에 이루어질 것이라는 의미에서 '임박'했다고 본 것이다. 이 장에서 시도한 재해석을 통해 대다수 과학자들은 실제로 불필요하게 불안을 부추기는 사람들보다 사태를 올바르게 인식하고 있었음을 알 수 있다. 이 장에서 다룬 연구결과들을 보면, 초기 인간 활동으로 인한 온실가스 배출이 없었다면 지난 수천 년간 지구가 대규모의 자연적인 냉각 과정을 겪고 있어야 한다는 것을,

그리고 몇 천 년 전부터 적어도 소규모로나마 빙하작용이 시작되었을 가능성이 있었다는 것을 알 수 있다. 다음번 빙하기는 '임박'한 게 아니라, 이미 시작되었어야 마땅한 것이다.

한편 1960~1970년대의 미미한 기후 냉각을 보고 빙하기가 도래하는 조짐이라고 성급하게 결론 내린 일부 과학자들은 비판받아 마땅하고, 실제로도 비판받았다. 그들의 결론은 완전히 빗나간 것이었다.

11

도전과 응전

대부분의 새로운 과학 개념들은 전형적인 수순을 밟는다. '테제', 즉 발표된 새로운 가설에 '안티테제'(학계의 평가와 비판)가 이어지고, 그 가설이 면밀한 검토를 이기고도 끝내 살아남으면 '진테제'(비판에 맞서고 더욱 넓은 영역의 관측을 만족시키게끔 가설을 정교화하고 재구성한 형태)가 된다. 이 단계에 이르기까지는 보통 몇 년이 걸리는데, 이렇게 되면 그 가설은 이른바 '이론'으로 정립될 수 있다.

내 가설의 경우, 테제 단계는 2003년 12월 첫째 주에 마련되었다. 초기 인류가 기후에 미치는 영향을 다룬 내 논문이 학회지 《기후 변화(Climatic Change)》에 발표된 때이자 샌프란시스코에서 열린 미국지구물리학회 연례회의에서 강연을 한 때였다. 만 명에 가까운 과학자들이 그 회의에 참석했으며, 그들 가운데 800여 명의 과학자들이 화요일 저녁 내 강연을 듣기 위해 몰려들었다. 강연장을 다 메우고도 모자라 옆의 복도까지 밀려날 정도로 강연은 성황을 이루었다. '호의적인 기간'은 결국 짧게 끝나게 마련이지만, 어쨌거나 내 가설의 초기 효과는 상당히 고무적인 것처럼 보였다. 이어지는 며칠 동안, 내 강연과 논문이 〈뉴욕타임스〉, 〈런던타임스〉, 〈이코노미스트〉, 연합통신, BBC 라디오 등 주요 언론에 보도됐다. 연례 회의에서는 강연을 마치고 난 뒤 며칠 동안 수십 명이 내게 다가와 호의적인 의견을 피력했다. 확연한 열정을 드러내는 이들도 더러 있었다. 연례 회의가 거의 끝나갈 즈음, 기후 모델을 연구하는 자칭 회의주의자인 친구가 내게 이런 말을 들려주었다. 관련 분야에 종사하는 다른 회의주의자들과 이야기를 나눠보았는데, 그들 모두가 내 강연에 대해 한목소리를 냈다는 것이다. "제기랄, 나는 왜 그걸 진작 알아차리지 못했지?"

이 같은 초기의 우호적인 반응은 두 유수 과학저널 〈사이언스〉와 〈네이처〉에 특집기사가 실린 2004년 겨울까지 이어졌다. 두 기사는 새로 발표된 개념에 관한 논평에 걸맞게끔 신중하고도 객관적인 논조를 유지했다. 하지만 둘 다 저명 과학자들의 더없이 긍정적인 논평을 인용했으며, 직접적인 비판이라고 할 만한 내용은 거의 없었다. 2004년 겨울이 끝나갈 무렵, 위스콘신 대학에서 동료들과 함께 국립과학재단(National Science Foundation, NSF)에 제출한 공동제안서가 외부 평자와 전문가들로 구성된 위원회로부터 높은 평가를 받았으며, 자금지원을 받을 수 있게 되었다는 소식을 들었다.

상황이 이랬던 만큼 나는 내 가설이 생각보다 빨리 받아들여질 수 있으리라는 기대감을 품었다. 그러나 2004년 봄, 진지한 도전을 제기한 논문 두 편이 발표되었고, 나는 그것들에 대해 심각하게 고민해보지 않으면 안 되었다. 과학적 과정에서 전형적인 안티테제 단계에 접어든 것이다. 그 도전들과 거기에 대한 나의 응전이 바로 이 장의 주제다.

첫 번째 도전은 지난 수천 년간 인간이 영향을 미치지 않았더라면 기후가 따랐을 것으로 예상되는 자연적인 기후 추세와 비교하기 위해 내가 지구 기후 기록에서 선택한 부분이 적절치 않았다는 지적이었다. 8장과 9장에서 설명한 대로, 나는 최근 몇 천 년의 온실가스 추세를 과거 세 차례의 간빙기 초기와 비교했다. 이들 시기가 오늘날처럼 북반구 대륙에서 빙상이 녹은 때이자 태양 복사에너지가 현재와 같은 방향으로 선회한 때였기 때문이다. 그런데 과거 세 차례의 간빙기 초기에는 자연적인 메탄과 이산화탄소 농도가 떨어진 반면, 지난 몇 천 년 동안에는 두 온실가스 수치가 상승했다.(그림 11.1) 나는 과거에 자연적인 온실가스 수치가 떨어진 것과 달리 최근 몇 천 년 동안 그 수치가 증가한 현상을 설명할 수 있는 요인은 오직 인간 활동뿐이라고 주장했다.

내가 선택한 방법에 관한 비판은 일련의 빙하기 주기들을 훨씬 더 거슬러 올라가서 약 40만 년 전 간빙기의 증거까지 따져보았어야 했다는 지적이었다. 40만 년 전 간빙기의 태양 복사에너지 추세는 이용 가능한 것들 가운데 지난 수천 년 동안의 추세와 가장 유사했다. 반면 내가 비교를 위해 사용한 태양 복사에너지 추세는 변화의 방향은 같았지만 규모가 더 컸다.

그 비판은 타당했다. 즉 더 과거인 40만 년 전 간빙기가 과연 최근의 태양 복사에너지 추세와 한층 더 흡사했다. 그림 11.2는 더 과거 시기, 그리고 지난 몇 천 년과 향후 몇 천 년 동안 북위 65도상에서 드러났거나 드러나게 될 태양 복사에너지의 변화 추세를 보여준다. 두 추세의 폭은 약간 다르다. 즉 40만 년 전의 간빙기에는 태양 복사에너지가 지난 1만 년 동안보다 약간 적었지만, 최근 추세와 비교한 차이는 내가 논문에서 사용한 과거 세 차례 간빙기들과 벌어지는 차이의 절반도 되지 않았다.

나는 당시 40만 년 전 간빙기와는 비교하려고 시도하지 않았다. 남극대륙에서 얻은 긴 얼음 코어 기록 가운데 바로 문제의 그 간빙기에서 끝나는 게 하나 있었는데, 그것이 지난 몇 천 년과 가장 유사한 수준에 도달하

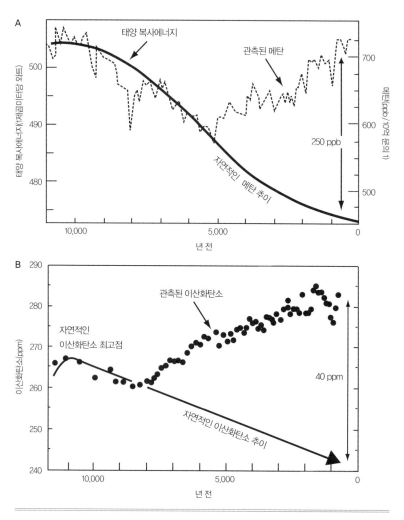

그림 11.1 메탄(A)과 이산화탄소(B)의 농도는 지난 몇 천 년 동안 떨어졌어야 하지만 인간 활동 탓에 되레 증가했다.

지 않았으리라고 보았기 때문이다. 그러나 여러 방면에서 그와 관련한 비판이 들려오고 있었던 터라 좀더 과거까지 면밀히 살펴보지 않으면 안 되었다.

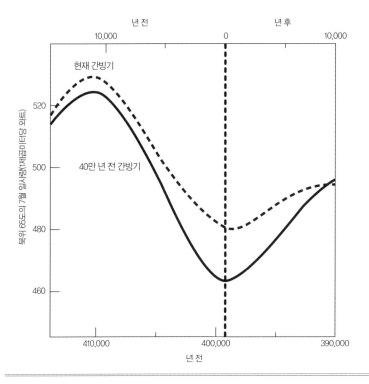

현재 간빙기

40만 년 전 간빙기

북위 65도의 7월 일사량(제곱미터당 와트)

년 전

그림 11.2 약 40만 년 전 여름 태양 복사에너지의 변화는 지난 수천 년간의 7월 태양 복사에너지 변화와 가장 유사하다.

    결국 그 얼음 코어는 시간적으로 훨씬 더 먼 과거의 기록까지 담고 있었던 것으로 드러났다. 깊은 얼음의 연대를 측정하는 독자적인 방법 세 가지를 동시에 활용한 결과, 오늘날과 가장 유사한 기간이 실제로 존재했다는 사실이 드러났다.

    드디어 진실이 밝혀질 순간이었다. 즉 답은 이내 드러날 테고, 그리고 아마도 결정적일 것이다. 만약 40만 년 전의 간빙기 동안 빙하에 갇힌 온실가스 농도가 내 예측대로 얼마간 떨어졌다면(그림 11.1), 그것은 지난 몇천 년 동안 온실가스가 증가한 것은 비정상적인 현상임에 틀림없고, 따라

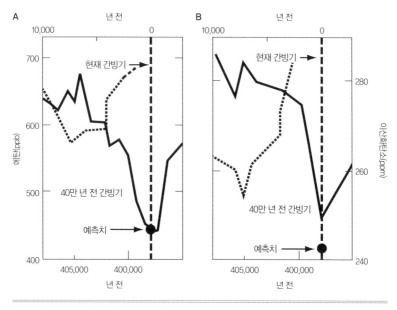

그림 11.3 약 40만 년 전의 간빙기 동안, 메탄과 이산화탄소 농도는 최근 몇 천 년간 도달한 것보다 훨씬 낮은 자연적인 수치로 떨어졌다.

서 그것은 인간 활동이 빚어낸 결과임을 말해줄 것이다. 반면 지난 몇 천 년 동안 발생한 것과 얼추 비슷하게 증가세를 보였다면, 그것은 최근의 추세가 자연적이고 내 가설이 맞지 않는다는 것을 시사할 것이다.

답은 분명했고, 결정적이었다. 즉 메탄과 이산화탄소의 농도는 40만 년 전 간빙기 동안 내가 제안한 것(그림 11.3)에 거의 근접한 수준으로까지 떨어졌다. 메탄 수치는 예상한 것보다 약간 낮은 수준으로 떨어졌고, 이산화탄소 수치는 그보다 약간 높은 수준으로 떨어졌지만, 둘 다 기본적으로 감소세를 보였으며, 도달 수준 역시 내 가설이 옳음을 입증해주었다. 지난 몇 천 년 동안 온실가스가 증가한 것은 기후 시스템의 자연적인 행태에 비춰볼 때 과연 비정상적인 현상이었던 것이다. 그리고 그 증가세가 자연적인 것이 아니었다면 인간에 의한 인위적인 것임에 틀림없었다.

하지만 처음에 이 증거는 같은 40만 년 전 간빙기에 대한 다른 분석들과 충돌하는 것처럼 보였다. 바다 퇴적물에 관한 연구는 이 간빙기의 따뜻함이 이례적으로 오랫동안 지속되었음을 보여주었고, 새롭게 시추한 남극대륙 얼음 코어에서 얻은 결과 역시 그 결론을 확실하게 뒷받침해주었다. 이 두 가지는 40만 년 전 간빙기는 지금까지 지속되고 있는 현재 간빙기보다 훨씬 더 긴 기간 동안 이어졌음을 말해주는 설득력 있는 증거다.

일부 과학자들은 이것을 토대로 현재 간빙기는 앞으로도 몇 천 년 더 진행되고서야 빙하기 상태에 접어드는 '자연적인' 방향전환을 하리라고 결론 내렸다. 이러한 해석은 일면 타당해 보이지만, 오늘날 기후가 상당 정도 냉각했어야 하고 새로운 빙하기가 시작되었어야 한다는 내 가설과는 정면으로 배치된다. 다음번 빙하기가 진작에 시작되었어야 한다는 주장과 그것은 먼 미래의 일이라는 주장 둘 다가 맞을 수는 없는 노릇이니 말이다. 하나의 해석은 틀렸다는 뜻인데, 그렇다면 둘 중 어느 주장이 잘못된 것일까?

증거를 더욱 면밀하게 살펴보니 답이 보였다. 보스토크 얼음 코어에 따르면, 약 40만 년 전에는 이산화탄소와 메탄 수치가 떨어졌고, 남극의 기온 역시 상대적으로 따뜻한 간빙기 수준에서부터 빙하기 상태에 전형적이랄 수 있는 낮은 수치로(오늘날 추운 지역 기온보다 훨씬 낮은 수치로) 급격하게 떨어졌다. 이 증거는 남극대륙에서의 따뜻한 간빙기 상태가, 내 가설과 완전히 일치하는 시기—즉 태양 복사에너지의 변화가 오늘날과 가장 유사한 때인 40만 년 전 직후—에는 끝났음을 의미했다.

이 부가적인 정보는 따뜻함이 오래 지속된 40만 년 전의 간빙기는 필시 현재 간빙기보다 상대적으로 일찍 시작되었음을 뜻했다. 따뜻한 시기가 일찍 시작되어야만 그 간빙기가 오래 지속되고, 태양 복사에너지 추세가 오늘날과 거의 유사한 때 끝날 수 있다. 얼핏 내 가설과 상충하는 듯이 보였지만 실제로는 그렇지 않았던 것이다.

바다 퇴적물에서 얻은 증거 역시 비슷한 도전을 제기했다. 남극대륙에서와 마찬가지로 북대서양도 40만 년 전의 간빙기가 시작될 무렵 따뜻해졌으며, 이례적으로 오랫동안 그 상태를 유지했다. 그러나 이 경우 아이슬란드 남쪽 바다는 내가 북반구에서 새로운 빙상이 자라나리라고 예상한 기간까지도 꾸준히 따뜻한 상태를 이어나갔다. 따뜻한 바다는 간빙기 세상을 뜻하는 것처럼 보였으므로, 몇몇 과학자들은 내 가설에서 빙상이 자라야 마땅하다고 예측한 기간 내내 필시 빙상 없는 상태가 유지되었을 거라고 결론 내렸다.

나는 이처럼 따뜻한 바다란 빙상이 자라지 않는다는 것을 뜻한다는 해석에 동의하지 않았다. 25년 전, 나는 동료 앤드루 매킨타이어(Andrew McIntyre)와 함께 극지방 아래인 아이슬란드 남쪽 북대서양 대부분의 지역이 주변 대륙에서는 빙상이 자라는 시기에도 계속 따뜻했음을 보여주었다. 이유는 분명치 않지만, 어쨌거나 바다는 기후 변화에 그저 수동적으로만 반응하는 존재가 아니다. 각 지역은 바람을 비롯한 여러 변화 요인에 저마다 나름의 특색을 지닌 역동적인 반응을 보여준다. 북대서양의 반응은 무슨 이유에서인가 얼음이 성장하는 기간에도 바다의 따뜻함을 좀 더 오랫동안 유지하려는 경향을 보인다.

다른 중요한 증거는 아이슬란드 북쪽 대서양에서 나왔다. 그 지역의 바다 퇴적물을 연구한 결과 40만 년 전 직후 빙산이 다량의 거친 부스러기를 해저에 떨어뜨리기 시작했음이 드러났다. 그 전에는 그러한 침전물이 없었던 것이다. 빙산이 바다에 이르고 바다에 부스러기를 떨어뜨리려면,

이미 수천 년 동안 빙상이 자라고 있었어야 한다. 빙산 유입 시기의 추정치가 맞는다면, 빙상은 필히 아이슬란드 남쪽 북대서양이 계속 따뜻했던 때 성장하고 있었어야 하고, 이것은 내 가설과 맞아떨어진다.

이 시기의 얼음양은 아마 그리 많지 않아서, 최대 빙하기 상태에서 10만 년 주기로 빙상이 최고점에 이르는 때(4장) 흔히 볼 수 있는 양의 10퍼센트에 불과하거나 그에 못 미칠 가능성도 있었을 것이다. 이 대단찮은 얼음양은 북대서양의 온대 위도상에 추운 바람을 몰고 와서 제 존재를 과시할 정도가 못 되었다. 그렇더라도 그곳은 현재의 그린란드보다 훨씬 더 많은 빙상을 지니고 있었을 가능성이 있다.

요컨대 북대서양에 간빙기의 따뜻함이 오래 지속되었다는 증거는 내 가설이 옳지 않음을 입증하지 못했으며, 바다 기록에서 얻은 다른 증거들은 도리어 내 가설을 지지해주었다. 태양 복사에너지 추세가 최근 몇 천 년과 가장 유사했던 40만 년 전의 간빙기 동안, 수많은 지역에서 상당 정도 자연적인 냉각화가 진행되었으며, 북반구에서는 새로운 빙하작용(아마도 작은 규모의)이 시작되었다. 반면 지난 몇 천 년 동안에는, 지구상에서 냉각화가 진행된 지역이 거의 없었고, 북반구 대륙에 새로운 얼음도 나타나지 않았다. 두 시기 동안 기후 반응이 다른 이유를 설명해주는 유일한 방법은 오로지 인간 활동으로 배출된 온실가스가 만약 그것이 없었다면 이루어졌을 자연적인 냉각화를 저지했고, 그 결과 빙하작용이 진행되지 못하도록 막았다는 것뿐이다. 빙하작용은 오늘날 이미 진행되었어야 마땅한데, 그것을 가로막은 요인은 다름 아닌 우리 인간들이다.

두 번째로 내 가설에 중대한 도전장을 던진 저자들은 논문에서, 전(前)산업시대의 사람들이 내가 이산화탄소 비정상치라고 추정한 40ppm(그림 11.1)을 설명하기에 충분한 정도로 숲을 자르고 불태우는 일은 가능하지 않았으리라고 반박했다. 이 역시 따져볼 가치가 있는 훌륭한 지적이었다.

나는 숲 벌목에 관한 계산을 통해 인간 활동으로 2000억 톤을 웃도는 탄소가 배출될 수 있었다고 밝혔다. 이산화탄소 비정상치 40ppm을 설명하는 데 타당하게 다가가는 듯한 추정치였다. 그러나 논문의 저자들은 그 이산화탄소 비정상치―어느 곳에서는 그 규모가 5500억~7000억 톤에 달한다―를 설명하기 위해 훨씬 더 많은 탄소량이 요구되는 모델 모의실험을 실행했다. 그리고 그 실험 결과를 담은 논문에서, 인간이 지난 몇천 년간 그렇게나 많은 양의 탄소를 대기중에 배출하기란 도저히 불가능하므로 인간 활동으로 40ppm의 이산화탄소 비정상치를 설명하기는 어렵다고 결론지었다. 만약 그렇다면 내 가설은 잘못 설정된 것임에 틀림없었다.

나는 다시금 난관에 부딪혔다. 두 가지 증거가 서로 상충하는 것처럼 보였기 때문이다. 한편으로 나의 새로운 연구는 최근 몇 천 년간의 이산화탄소 비정상치는 과거 네 차례의 간빙기들에는 존재하지 않았던 '새로운' 과정의 산물일 수밖에 없음을 강력하게 시사하는 듯했고, 농사를 짓기 위해 숲을 개간한 것이 가장 유력한 후보였다. 하지만 다른 한편으로 그들의 모델 실행 결과에 따르면 인간이 바이오매스를 연소시킨 것만으로는 40ppm의 비정상치를 설명하기 어려운 것으로 드러났다. 그렇다면 서로 갈등하는 것처럼 보이는 두 가지 증거는 과연 어떻게 해소될 수 있을까?

'이산화탄소 비정상치'에 대해 처음 나 자신이 내린 정의를 다시 한번 살펴보기로 했다. 나는 그것을 (1) 지난 몇 천 년간 증가한 이산화탄소 농도 관측치와 (2) 과거 간빙기들 동안 감소한 이산화탄소 농도 관측치들 간의 차이라고 정의했다.(그림 11.1) 그때까지만 해도 오직 대기중에 이산화탄소를 더해주는 바이오매스의 연소에만 주목했는데, 내가 거기서 한 가지 측면을 놓쳤음을 깨달았다. 즉 과거 네 차례의 간빙기들 동안 대기 중의 이산화탄소 농도가 자연적으로 25~45ppm 정도 감소한 현상 말이다. 현재의 간빙기에도 1만 500년 전과 비슷하게 보이는 이산화탄소 감소 현상이 시작되었지만, 8000년 전 이후에는 이산화탄소 추세가 방향을 바꾸었고 비정상적으로 증가하기 시작했다. 불현듯 '자연적인 이산화탄소 감소의 저지' 역시 이산화탄소 비정상치의 크기에 기여하는 것으로 계산에 넣었어야 한다는 생각이 떠올랐다. 만약 그 비정상치의 일부가 최근 몇 천 년간 자연적인 추세에 따르면 감소했어야 할 이산화탄소양으로 설명된다면, 바이오매스 연소에 따른 직접적인 탄소 배출로 인한 비정상치가 그렇게까지 커질 필요는 없는 것이다.

과거 간빙기들에는 이산화탄소를 자연적으로 감소하도록 만들었지만, 현재 간빙기에는 그렇게 하지 못하도록 막는 기제란 무엇일까? 두 가지 가능성을 떠올려볼 수 있는데, 둘 다 1990년대 초 출간된 유명 가설에 토대를 둔 것이다. 그것들은 얼음 코어와 해양 퇴적물에서 얻은 증거들과도 일치한다.

첫 번째로 가능한 기제는 남극 해빙이 불어나면 바다와 대기 간의 탄소 교환이 단절되어 대기중의 이산화탄소 농도가 감소한다는 것이다. 앞에서 언급한 남극대륙의 얼음 코어 증거는 이 설명과 잘 맞아떨어진다. 즉 과거 간빙기들 초기에는 남극대륙의 기온이 큰 폭으로 감소했지만, 현재 간빙기에는 오직 소폭의 냉각화만이 이루어졌다. 이러한 이유로 과거 간빙기들 동안에는 해빙이 발달하고 이산화탄소 수치가 감소했지만, 현재 간빙기에는 그렇지 못했다는 것이다.

두 번째로 가능한 기제는 북극 빙상으로 인한 이산화탄소의 변화와 관련된다. 과학자들은 빙상이 그만의 고유한 '양의 되먹임'을 만들어낸다, 즉 얼음이 커지면 이산화탄소 농도를 낮추고 얼음이 녹으면 이산화탄소 농도를 올린다는 가설을 제기했다. 빙상이 어떻게 이산화탄소 수치에 영향을 미치는지는 여전히 논란거리이지만, 두 가지가 유력한 후보로 떠올랐다. 하나의 가설은 빙상이 대륙에서 만들어낸 먼지가 바다로 날려 바다 표층수에 사는 조류(藻類)에게 거름이 되어준다는 것이다. 조류가 죽으면 탄소가 풍부한 그들의 조직이 해저로 가라앉는데, 그 과정에서 바다 표층수와 대기중의 이산화탄소를 거둬간다는 설명이다. 또 한 가지 가설은 대기중의 이산화탄소 함유량을 변화시키는 것과 같은 방식으로 거대 빙상이 심해의 순환과 화학작용을 변화시킨다는 것이다. 다시 한번 이 장 앞부분에서 인용한 증거들은 이 설명과 일치한다. 즉 과거 간빙기들 초기에 성장한 빙상은 이산화탄소를 낮추는 데 기여한 것으로 짐작되지만, 현재 간빙기에는 얼음이 나타나지 않아서 이산화탄소가 더 높은 상태로 유지되었다는 것이다.

탄소예산(carbon-budget: 이산화탄소 배출 허용 총량—옮긴이) 딜레마에 관해 내가 제시한 답은 그림 11.4에 담겨 있다. 인간 활동으로 인한 탄소 배출은 관측된 메탄 비정상치의 대부분을, 반면 이산화탄소 비정상치는 오직 그 일부(약 3분의 1)만을 설명해주었다. 메탄과 이산화탄소의 '직접적인' 배출은 기후를 따뜻하게 만들었고, 온난화는 남반구에서 해빙의 자연적인 발달을 억제했고, 북반구에서 새로운 빙상이 성장하지 못하도록 막았다. 그에 따라 이산화탄소의 자연적인 감소 추세가 뒤바뀌었고, 이러한 감소가 사라진 결과가 바로 이산화탄소 비정상치 가운데 '간접적인' 부분이다. 만약 이 설명이 맞는다면, 이는 탄소예산과 관련한 난관을 해소해줄 수 있다. 이 간접적인 기제 역시 온전히 인간 활동의 결과이므로, 인간은

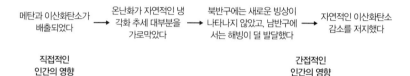

그림 11.4   산업시대 이전에 인간이 발생시킨 이산화탄소 비정상치는 한편으로는 숲의 연소(직접적인 이산화탄소 배출) 탓이고, 다른 한편으로는 자연적인 이산화탄소 감소의 저지 탓이었다.

애초 내가 제안한 대로 이산화탄소 비정상치를 설명해주는 요인이 된다.

요컨대 내가 처음 설정한 가설(테제)은 이미 그것을 겨냥한 여러 도전들(안티테제)에 맞서서 조정되었다. 당초 내 가설과 불일치해 보였던 증거들이 결국에는 그렇지 않은 것으로 드러났다. 이들 도전 덕택에 나의 주제는 좀더 분명해졌으며, 나의 가설 역시 더욱 확고해졌다.

내가 이 장(마지막에 이 책에 덧붙였다)을 쓴 것은 나에 대한 도전과 그에 따른 응전을 정리해 한 과학저널에 막 논문을 제출한 뒤였다. 그러니만큼 학계는 대체로 내 작업에 대해 아직 잘 모르는 상태다. 나의 논의가 과학계를 설득하기까지는 몇 년이 걸릴 수도 있다. 그렇듯 내 주장이 받아들여지는 데 적잖은 시간이 걸리는 까닭은 무엇보다 과학자들이 오랫동안 받아들이고 함께해온 개념을 포기하기가 쉽지 않기 때문이다. 과학자들은 수십 년 동안 몇 가지 기본적인 '진실'에 대해 '알고 있었다.' 그 진실들 가운데 첫 번째는 기후가 현재 간빙기에 해당하는 약 1만여 년 동안 계속 따뜻했었다는 것이다. 두 번째는 이러한 따뜻함이 자연적인 이유에서 비롯되었다는 것이다. 즉 규칙적인 주기를 띠는 새로운 빙하기로 기후를 내모는 힘이 아직은 그다지 강하지 않다는 것이다. 세 번째 '진실'은 인간의 온실가스 방출은 오직 지금으로부터 몇 백 년 전에야 비로소 중요해졌다는 것이다.

이들 '진실' 가운데 첫 번째는 정말로 맞는다. 진짜 극지방만 약간 냉각되었다 뿐 기후는 줄곧 따뜻한 상태를 유지했다. 그러나 내 가설에 따르면 두 번째와 세 번째는 진실이 아니다. 지난 몇 천 년의 따뜻함은 엄청난 우연의 결과일 뿐이다. 즉 자연적인 냉각화 효과가 인간이 초래한 온난화 효과(농사를 지음으로써 온실가스를 배출한 결과)에 의해 거의 완벽하게 상쇄된 것이다.

새로운 개념이 쉽사리 받아들여지지 않는 데에는 그저 '시간' 탓도 크다. 미국의 주요 연구대학에서 과학자들은 강의를 준비·진행하고, 대학생이나 대학원생과 상담을 하거나 그들을 지도해야 한다. 또한 학부·대학·국가·국제 차원의 여러 위원회에 참석해야 한다. 게다가 연구자금을 따내기 위해 제안서를 작성하고, 실험실 조교들, 연구자금을 받고 일하는 학생들을 관리·감독해야 한다. 그들은 자금을 대주는 기관을 위해서는 제안서를, 과학잡지를 위해서는 논문을 리뷰해야 한다. 매주 긴 우선순위 목록의 맨 끄트머리에 두 가지 일이 놓인다. 첫 번째는 새로운 논문, 특히 그들의 직접적인 연구 주제와는 별 관련이 없는 분야들의 논문을 읽고 꼼꼼하게 검토하는 일이다. 두 번째는 생각하는 일이다. 즉 새로운 개념이 싹트도록 해주는 충분한 정보를 오랫동안 천천히 곱씹고 요모조모 따져보는 과정이다. 어떤 의미에서 보자면 우리의 생활 여건이 정작 연구에 가장 중요한 이 두 가지 일을 가로막고 있는 것 같다.

사정이 이러니만큼 아무래도 과학자들이 애써 시간을 내어 내 가설을 고려하기까지는, 또한 올바른 증거가 과학자들이 이미 '알고 있는' '진실'이라는 관성에 맞서서 끝내 승리를 거두기까지는 시간이 걸릴 것이다. 좌우지간 나는 내 가설이 결국에 가서는 받아들여지리라고 확신한다.

4부

질병이 기후 변화에 개입하다

그림 11.1B에서 지난 1만 년 동안의 이산화탄소 추이를 다시 한번 살펴보라. 이상한 곳이 한 군데 발견될 텐데, 바로 그 이전의 몇 천 년과 비교해볼 때 지난 2000년 동안 이산화탄소의 증가세가 둔화되는 현상이다. 그 기간 동안 세계의 인구도 늘어났고 기술도 줄곧 향상되었던 만큼 이 현상은 희한해 보인다. 어째서 이산화탄소 농도가 한층 더 빠르게 증가하지 않았을까? 그보다 더 이상한 것은 이산화탄소 수치가 널을 뛰기 시작했다는 점이다. 더러 일반적인 추세보다 10ppm이나 뚝 떨어질 때도 있었다. 이러한 요동은 이산화탄소 농도를 측정할 때 생길 수 있는 모종의 오류를 훌쩍 넘어서는 것으로 보아 실재한 현상임에 틀림없다.

이에 대한 가장 그럴듯한 설명은 다시금 수십 년 혹은 수백 년에 걸쳐 일어나는 자연적인 기후 변화의 산물이라는 것이다. 단기적인 오르내림은 빙상이 북반구에서 커진 시기뿐 아니라 북아메리카와 유럽에서 사라진 시기의 기후 기록에서 익히 알려져 있다. 왜 이렇게 기후가 요동치는지에 관해서는 철저하게 규명되지 않았다. 다만 가능한 요인으로 간헐적인 화산 분화와 태양 활동의 미세한 변화, 두 가지가 꼽힌다. 그러나 나는 다른 증거들을 살펴본 결과, 자연적인 기후 변동은 지난 2000년간의 대폭적인 이산화탄소 농도의 하락(12장)을 설명할 길이 없다고 확신하게 되었다. 그러던 차에 인간 활동과 관련한 모종의 과정이 그 현상을 설명해줄지도 모르겠다는 생각이 들었다. 어쨌거나 이산화탄소 농도의 오르내림이 이산화탄소의 증가세(내가 인간이 지난 몇 천 년간 만들어낸 거라고 주장한)에 곁들여졌다. 그 추세를 교란한 모종의 과정, 즉 수십 년 혹은 수백 년간 서서히 삼림을 파괴해가던 추세를 역전시킬 만큼 다수의 인간을 사라지게 만든 사건을 밝혀낸다면 해답에 다가갈 수 있지 않을까, 여기에 생각이 미친 나는 역사책을 뒤져보기 시작했다. 책에서 우연찮게 '요한계시록의 네 기사(horsemen of the apocalypse: 백색, 적색, 흑색, 청색 말을 탄 네 명으로, 각각 질병, 전쟁, 기근, 죽음을 상징한다—옮긴이)'의 섬뜩한 이미지와 마주했다. 이들 가운데 하나인 질병(즉 악성 전염병)이 가장 타당하다 싶은 주범으로 떠올랐다.(13장)

나는 이 문제를 탐구하는 동안 오늘날의 사고방식에 또 한 번 도전장을 던졌다. 바로 지난 2000년 동안 네댓 차례 발발한 주요 역병이 수천만 명의 목숨을 앗아갔는데, 그 사건들이 농사를 짓기 위해 서서히 숲을 파괴하던 추세를 역전시켰으며, 1300~1900년의 소빙기(Little Ice Age)를 포함한 단기적인 기온 저하에 기여했다는 내용이었다. 기후 변화에 영향을 끼친 요인으로 질병을 부각시킨 것이다.

12

▲▲▲▲

이산화탄소 농도가 '널을 뛴' 까닭

남극대륙의 빙상 윗부분은 대부분 적설량이 매년 2.5~5센티미터에 불과한, 메마른 사하라 사막의 중앙에 비견되는 극지의 사막이다. 그러니만큼 그곳에서 채취한 얼음 코어에는 지난 수십에서 수백 년간 일어난 단기적인 이산화탄소 및 기타 온실가스들의 변동을 보여줄 만큼 소상한 기록이 담길 수 없다. 반면 빙상의 아랫부분 가장자리에는 눈이 수북하게 쌓인다. 강한 바람이 그쪽으로 눈을 밀어붙여 두툼한 눈덩이를 이룬 것이다. 이런 장소에서는 좀더 자세한 기록을 얻는 게 가능하다. 그림 12.1에서 보듯이, 남극대륙의 이 같은 지점들에서 지난 2000년의 세월이 오롯이 새겨진 기록을 얻을 수 있었다.

음영으로 처리한 부분은 내가 인간 활동 때문이라고 본, 지난 8000년 간의 장기적인 이산화탄소 증가를 형상화한 것이다. 2000년 직후 증가세가 둔화되었고, 네댓 차례인가 이산화탄소 수치가 뚝 떨어지면서 흐름이 끊겼다. 그림 12.1에 나타난 두 개의 얼음 코어 기록은 장소에 따라 불일치했지만, 두 차례 혹은 아마도 세 차례 이산화탄소가 최저치를 가리키고

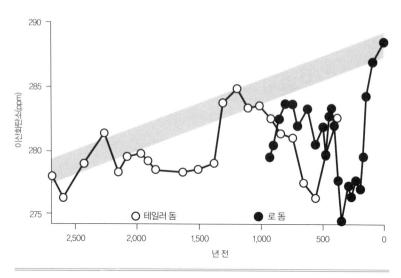

그림 12.1 남극대륙의 얼음 코어는 장기적인 이산화탄소의 증가세(음영으로 처리한 부분)와 비교했을 때, 지난 2000년간 이산화탄소가 큰 폭으로 하락한 시기들이 있었음을 보여준다.

있음을 보여준다. 즉 200~600년 무렵에는 하락 기간이 길었지만 하락 폭은 그다지 크지 않았고, 1300~1400년 무렵에는 그보다 하락 기간이 짧았으며, 마지막으로 1500~1750년 무렵에는 하락 기간도 길고 하락폭도 제일 컸다는 것을 확인할 수 있다.

두 얼음 코어로 측정한 이산화탄소 농도의 중첩 부분이 불일치하는 이유는 부분적으로 연대측정의 오류 탓이다. 제시된 두 기록 가운데에는 로돔(Law Dome)에서 시추한 빙하 기록이 질적으로 더 우수하다. 거기에는 시기가 알려진 화산 분화로 퇴적한 고운 화산재층이 포함되어 있다. 또한 로돔 코어는 테일러 돔(Taylor Dome) 코어보다 더 빠른 속도로 퇴적했다. 어쨌든 간에 두 기록은 한 가지 중요한 점에서 일치한다. 지난 2000년간 이산화탄소가 자그마치 4~10ppm 정도나 뚝 떨어지는 현상들이 발생한 점이다. 얼음에서 일어나는 모종의 과정이 진짜 이산화탄소 기록을 무디게 하거나 그 진폭을 줄여줄 수는 있지만, 실제로는 없는 '음(negative)'의 진동을 만들어낼 수는 없다.

그렇다면 이러한 하락을 어떻게 설명할 수 있을까? 가장 확실한 설명은 역시나 기후의 자연적인 변화에 따른 현상이라는 것이다. 지난 10년 간의 기후 연구에서 가장 흥미진진한 것 가운데 하나는 수십 년, 수백 년, 수천 년(모두 지구 궤도의 변화보다는 훨씬 짧은 기간이다)에 걸쳐 느닷없는 변동이 일어났다는 발견이었다. 지구 빙하기 역사 대부분의 시기에 이 같은 단기적인 변동은 틀림없이 자연적인 데 기원을 두었다. 인간이 기후에 영향을 미칠 가능성이 있기 한참 전에 일어난 현상들이기 때문이다. 빙상이 존재했을 때는 이러한 진동이 매우 커지는 경향을 보였다. 말하자면 그린 란드와 북대서양에서의 단기적인 온도 변화가 완전한 간빙기 기후와 완전한 빙하기 기후 간 차이의 무려 3분의 1이나 되었던 것이다. 이 같은 진동이 이루어지는 사이 무수한 빙산이 빙상 가장자리에서 떨어져나가 대서양을 떠돌아다니면서 무지막지한 양의 암석과 광물 입자를 떨어뜨려 해양 퇴적물에 더해주었다.

이와 같이 비교적 단기적인 진동들이 지구 궤도의 변화에 따른 느리고 장기적인 기후 변화에 덧입혀졌다. 그리고 그 진동들은 아직껏 충분히 파악되지 않은 전혀 다른 현상이 초래한 결과인 듯 보였다. 간단히 익숙한 어떤 것에 비유해보자. 나날의 가열 주기는 직접적으로 태양이 좌우한다. 따뜻함은 늦은 오후에 최고조에 달하고, 차가움은 일출 전 몇 시간 동안 정점을 찍는다. 이러한 변화는 날마다 예측 가능한 주기를 띠면서 되풀이 된다. 그러나 특히 여름의 며칠 동안 오후에 폭풍이 몰아쳐서 해를 가리고 땅을 비로 흠뻑 적셔서 한두 시간 기온을 크게 떨어뜨릴 수 있다. 이처럼 예측 불허의 폭풍우가 난데없이 오후 태양으로부터 얻는 예측 가능한 열기를 식혀버리는 것처럼, 수십에서 수천 년에 걸친 단기적인 기후 진동들이 지구 궤도 변화와 흐름을 같이하는 장기적이고 예측 가능한 변화에 추가된 것이다.

북아메리카와 유럽에 빙상이 존재하지 않거나 규모가 줄어든 오늘날과 같은 시기에 짧은 진동이 훨씬 적어진 이유는 알 길이 없다. 가장 최근의 대규모 기후 진동은 빙상의 크기가 여전히 컸던 약 1만 2000년 전에 일어났다. 그 뒤 얼음이 거의 사라진 8200년 전에는 그보다 규모가 작은 기후 진동이 있었다. 그때 이후 인간이 원시문명, 그리고 선진문명을 창조한 시기에는 진동이 훨씬 더 자잘해졌다.

이처럼 비교적 기후가 안정된 시기에 끼어든 가장 커다란 변화는 이른바 소빙기라 불리는 중세의 냉각기였다. 이 시기는 1250~1900년이라는 긴 기간 동안 지속된 것, 혹은 1550~1850년이라는 짧은 기간 동안 지속된 것 등으로 다양하게 언급된다. 소빙기 이전에는 '중세 기후 최적기(medieval climate optimum)'라 불리는 조금 더 따뜻한 시기—그중에서도 900~1200년 사이가 제일 따뜻했다—가 존재했던 것으로 간주된다. 소빙기는 산업시대인 1900년대에 온난화가 시작되면서 끝이 났고, 그 온난화는 오늘날까지 이어지고 있다.

몇몇 장소에서는 소(小)빙기가 '소'라는 말이 무색하리만큼 대단한 위력을 발휘하기도 했다. 이들 지역은 오늘날 북극 눈과 얼음의 경계 부근에 자리하고 있다. 기후 변화의 효과가 크게 증폭되는 곳이다. 빙하가 산허리를 타고 100미터쯤 내려와서 농가와 마을을 으스러뜨리는 광경을 목격한 산악지대 거주민들에게 소빙기는 틀림없이 예삿일이 아니었을 것이다. 루이 애거시가 과거에 대륙 크기의 빙상이 존재했다는 사실을 깨달은 것(4장)도 바로 이 극적인 혼란을 기반으로 해서였다. 수많은 찰흔들과 몇몇 초기 사진들에는 1800년대 말 일어난 이 사건들의 마지막 자취가 아로새겨져 있다. 빙하가 늘어났을 때 북방 수목한계선도 남쪽으로 내려왔다. 그 이전 몇 백 년간 빙하가 줄어든 시기가 끼어 있었던 것으로 보아 소빙기는 평균적으로 오늘날보다는 추웠지만 그렇다고 계속 추위가 이어진 시기는 아니었다.

소빙기 가운데서도 유독 추웠던 몇 십 년은 옥수수나 포도처럼 서리에 민감한 작물을 재배하던 농부들에게는 혹독한 시련기였다. 기후가 최상인 시절에도 그런 작물을 간신히 재배할 수 있었던 높은 고도나 고위도 지방에서 살아가던 농부들 말이다. 몇 년 혹은 몇 십 년간 그 작물들은 계절에 어울리지 않는 한파로 냉해를 입거나 여름에 추위와 비가 이어지는 바람에 수확기가 늦어졌다. 소빙기가 심화하자 '중세 기후 최적기'에 영국에서 시작되었던 포도원들이 서서히 재배를 포기했으며, 프랑스와 독일에서는 포도 재배 북방한계선이 500킬로미터가량 남하했다. 영국의 북부와 서부의 언덕에서는 더 이상 곡물을 재배할 수 없었다.

소빙기의 추운 겨울이 큰 차이를 만들어낸 곳에는 아이슬란드도 포함된다. 아이슬란드는 상업용으로뿐 아니라 기본적인 식량이나 생존을 위해 오랫동안 대구를 비롯한 여러 어종에 크게 의존해온 국가다. 소빙기의 수많은 겨울날 떠돌아다니는 해빙군이 북부 연안항을 에워쌌고, 선박들이 항구에 발이 묶였다. 달리 할 일이 없어서 귀항한 아이슬란드인들은 통과할 수 없는 얼음 장애물이 선박을 바다로 나가지 못하게 만든 날이 연중 며칠이나 되는지를 꼼꼼하게 기록했다.(그림 12.2) 해빙은 1000~1200년에는 보기 드물었고, 1200년에서 1800~1900년 사이에는 점점 많아졌다가, 1900년대 말에는 도로 희소해졌다.

그러나 아이슬란드 해빙과 산악빙하의 기록은 지구표면의 극히 일부만

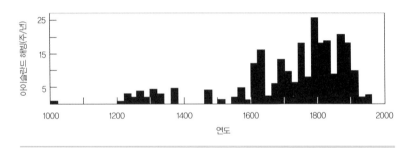

그림 12.2 해빙이 북부 아이슬란드의 항구들에 밀려든 주(週)의 연중 수치는 몇 백 년간 늘어나다 가 1900년대에 급격하게 줄어들었다.

을 말해줄 뿐이며, 지역적인 기록이 큰 그림을 대표하지는 않을지도 모른 다. 예를 들어 1976~1977년 겨울은 미국 동부의 기준에 비추어볼 때 이 례적으로 추웠다. 뉴욕과 그 이남까지 항구들이 얼어붙었다. 20년 뒤인 1996년 겨울에는 수많은 동부 주들에서 20세기 들어 가장 많은 눈이 왔 다. 하지만 이처럼 눈이 많이 오고 추운 겨울은 대체로 지구가 이례적일 만큼 높은 수준으로 서서히 온난화가 진행되던 기간에 속해 있었다. 미국 동부 연안이 몇 차례 옛날 같은(할아버지들이 회고조로 들려주는 유의) 겨울을 맞이했다손 쳐도 지구는 대체로 따뜻해지고 있었다. 하나나 두 지역의 기 록이 반드시 더 큰 그림을 대변해주지는 않는 것이다.

그런지라 일부 기후과학자들은 과연 전 지구 차원에서 소빙기(혹은 '중세 기후 최적기')라는 게 실제로 존재하긴 했던 것인지 의문을 표시하기도 했 다. 이런 유의 도전에 답하려면 수많은 지역의 세세한 온도 변화 기록을 살펴보아야 한다. 안타깝게도 (아이슬란드의 것처럼) 수백 년 전에 새겨진 선 명한 역사적 기록은 극히 드물다. 따라서 기후과학자들은 그런 기록 대신 자연적인 기록 보관소에서 기후 신호를 이끌어내는 방법을 사용했다.

자연적인 기후 변화 기록 보관소 가운데 가장 흔히 쓰이는 것은 수명

긴 나무들이 매년 보태는 나이테의 넓이다. 전반적으로 여름이 춥고 지내기에 다소 험악한 지역에서는, 약간 따뜻해지는(혹은 습해지는) 호의적인 해에 나무들이 좀더 두꺼운 나이테를 더한다. 과학자들은 유럽과 아메리카의 모기가 들끓는 북극 지역에서 여름을 보내며 그러한 고목을 찾아다니고, (파괴적이지 않은 방법으로) 연필 두께의 코어를 추출한다. 그리고 실험실에 돌아와서 연대를 알아보기 위해 전체 성장사가 담긴 나이테의 숫자를 세고, 나무가 생존한 동안 매해의 기온 변화 기록을 확보하기 위해 나이테의 두께(와 다른 특성들)를 측정한다. 이러한 기록물은 북극 근처의 최북단 위도상에서 얻을 수 있다.

중위도 지역과 열대지방에서도 매해의 기온 변화를 담은 또 다른 유의 기록물을 얻을 수 있다. 위도가 매우 높은 지역에서는, 매년 쌓이는 눈층이 산악빙하로 굳어지는데, 거기에는 1년(혹은 거의 1년) 단위로 구분되는 수많은 기후 기록이 담겨 있다. 〔전설적인 로니 톰슨(Lonnie Thompson) 같은〕 강인한 과학자들은 전문산악인이나 버틸 수 있는 고도 6000미터 혹은 그 이상 지대까지 올라가서 얼음 코어를 시추해온다. 올라갈 때는 온갖 장비와 음식을 챙겨가고, 내려올 때는 그 짐에다가 몇 백 미터에 달하는 갓 채취한 얼음 코어들을 얹어오는 것이다.

매해의 기후 기록물을 얻는 일이 다들 그렇게 험난한 것은 아니다. 열대 바다에서는 몇 가지 종류의 산호가 해마다 산호초 구조물에 새로운 층을 덧입힌 결과, 따뜻하고 얕은 옥빛 바다에서 코어를 채취할 수 있다. 그런데 호텔에서 쉽게 가 닿을 수 있는 위치의 산호초는 대부분 이미 코어로 수집된 터라, 이 일을 하는 데에도 소형 비행기를 타고 외딴 섬들로 여행해야 하는 번거로움쯤은 감수해야 한다. 편의시설도 없고, 운이 나쁘면 낯선 열대병에 걸릴 수도 있는 곳이다.

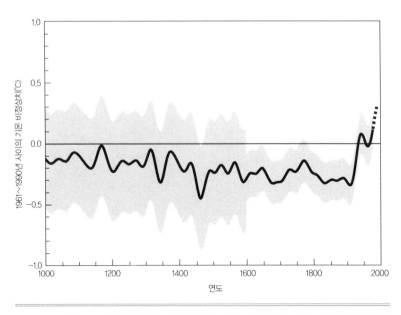

그림 12.3 지난 1000년간의 북반구 기온을 복원한 그림. 1800년대 말 내내 기후 냉각세가 불규칙하게 이어지다가 1900년대에 느닷없이 온난화가 뒤따랐음을 알 수 있다. 옅게 음영 처리된 부분은 오차 범위를 나타낸다.

　과학자들은 수십 곳(주로 북반구)의 자연적인 기록 보관소에서 수백 년 전의 기후 기록을 확보했다. 1999년 대기과학자 마이크 만(Mike Mann)과 그의 동료 레이 브래들리(Ray Bradley), 맬컴 휴스(Malcolm Hughes)는 수학적 방법을 써서 지난 1000년간의 북반구 기온 변화 추정치를 얻어냈다. 그렇게 해서 복원한 기온 추세(그림 12.3)는 '하키스틱(hockey stick)'이라고 알려져 있다. 1000년부터 대략 1900년까지 서서히 냉각화한 부분은 하키스틱의 손잡이고, 1900년부터 2000년까지 갑작스럽게 온난화한 부분은 하키스틱의 날이다. 손잡이와 날은 둘 다 유의미한 단기적 기온 변동을 나타내지만, (얼핏 보았을 때) 전반적인 추세는 하키스틱과 매우 흡사한 모습이다.

그림 12.3을 보면 최소한 포괄적인 의미에서는 기온이 1000~1200년 무렵의 중세시대에는 비교적 따뜻했다가 이어지는 몇 백 년간 서서히, 다소 불규칙하게 냉각했음을 알 수 있다. 소빙기가 시작된 듯한 시기가 뚜렷하게 두드러지지는 않지만, 1600~1900년에는 기온이 그 이전에 비해 분명 떨어졌다. 만약 1000~1200년의 따뜻한 기간을 기준으로 삼는다면, 1600~1900년에는 기온이 평균 0.1~0.2℃가량 낮아졌고, 하락폭이 유독 심했던 수십 년 동안에는 0.4℃나 변화를 보였다.

1200년 이후 이처럼 기온이 서서히 감소세를 보인 원인은 무엇일까? 한 가지 요인으로는 지구 궤도 변화에 따른 태양 복사에너지 양 변화로 먼 북쪽 지역이 서서히 냉각한 현상(10장)을 꼽을 수 있다. 북극의 일부 지역은 지난 9000년간 기온이 1~2℃ 정도 내려갔다. 그림 12.3에 나타난 곡선에 따르면 900년간 평균 0.1~0.2℃가량 냉각했다. 그러나 이것은 주된 설명이 될 수 없다. 즉 기온이 북반구 전체에서 하락한 평균치는 (반응이 증폭되는) 고위도 지방의 수치보다 훨씬 적어서 아마 0.1℃에 한참 못 미칠 것이기 때문이다. 다른 요인들도 이러한 냉각세에 영향을 끼쳤을 것이다.

그 가운데 한 가지 가능한 요인은 거대한 화산 분화다. 화산 분화는 구름층 꼭대기보다 한참 위인 15킬로미터 이상 대기권으로 소량의 이산화황을 분출한다. 유황 가스는 이미 대기중에 들어 있던 수증기와 반응해 황산 물방울을 형성하고, 이들이 입사 태양 복사에너지를 일부 반사해 지표면에 닿지 못하도록 막는다. 그 결과 기후가 냉각한다. 기온이 2년 남짓 차가운 상태를 유지하다가 지구 중력이 다시 낮은 대기권으로 작은 황산 물방울 입자를 끌어당기면, 낮은 대기권의 눈과 비가 그것을 재빨리 씻어낸다. 화산이 한 번 분화하면 기후는 1~2년 동안 눈에 띄게 냉각할 수 있지만, 10년이라는 긴 세월 동안 기후가 계속 차가운 상태를 유지하려면 화산이 몇 년 사이 네댓 번 몰아서 분출해야 한다.

　열대지방에서 화산이 폭발하면 북반구와 남반구 양쪽으로 황을 퍼뜨려서 지구 전체가 차가워진다. 하지만 열대지방의 북쪽이나 남쪽에서 화산이 분화하면 오직 그 일이 일어난 반구(半球)만 차가워진다. 벤 프랭클린(Ben Franklin)은 아이슬란드에서 화산이 분화한 직후인 1784년에 형형색색의 아름다운 일몰과 이례적으로 낮은 여름 기온을 기록한 사실을 통해, 화산 분화가 기후 냉각 효과를 가져온다고 밝혔다. 1815년 인도네시아의 탐보라(Tambora) 화산이 폭발한 뒤, 뉴잉글랜드에서는 일찌감치 찾아와서 늦게까지 이어진 한파로 작물이 모조리 망가졌다. 지역민들은 그해를 ‘얼어 죽을 뻔한 1800년대〔Eighteen Hundred and Froze to death: 여름이 없었던 해(The Year without a summer)라고도 한다─옮긴이〕’라는 별칭으로 불렀다. 이 초기의 화산 분화들 상당수가 우리에게 눈부신 일몰을 선사했으며 한 해 동안 전 세계 기후를 약 0.3℃ 냉각시킨 1991년의 필리핀 피나투보(Pinatubo) 화산 폭발보다 더 큰 규모였다.

　수십에서 수백 년 동안 기후에 영향을 끼친 두 번째 요인으로 꼽히는 것은 바로 태양 활동의 미세한 변화다. 지구 궤도 변화로 야기되는 태양 복사에너지의 분포 변화와 혼동해서는 안 된다. 1981년 이후의 인공위성 측정 결과는 태양 표면의 흑점 수가 변화한 것과 같은 시기에 태양 복사에너지 양이 매우 미세하게 변화했음을 보여준다. 흑점은 그것이 발생한 작은 부분에서는 태양에서 흘러나오는 복사에너지 양을 줄여주지만, 전반적인 관련성은 도리어 정반대였다. 다시 말해 흑점이 가장 흔히 발견될 때 태양이 더 많은 복사에너지를 방출하는 것이다. 태양 표면의 다른 부분들이 더욱 강력하게 작동한 결과 복사에너지 방출을 줄여주는 태양 흑점의 지엽적 효과를 상쇄하고도 남은 것이다.

태양 흑점의 숫자와 태양 복사에너지 양은 11년을 주기로 최대치에서 최소치로 달라진다. 태양 흑점의 11년 주기는 1700년대에 망원경 관측을 통해 잘 기록되어 있지만, 태양 복사에너지 변화가 워낙 작은 탓에 지구 표면의 기후 기록 가운데 11년 주기로 기온이 변했음을 설득력 있게 뒷받침해주는 증거는 거의 없다. 그러나 이것이 꼭 그보다 더 긴 기간에 걸친 태양 복사에너지 변화가 중요하지 않음을 뜻하는 것은 아니다. 중세에 이루어진 망원경 관측은 11년 주기를 띠는 흑점 무리들의 규모가 크게 다를 수 있음을 보여준다. 심지어 1645~1715년에는 완전히 사라졌을 정도로 말이다. 일부(모두는 아니지만) 기후과학자들은 흑점의 수가 적었던 시기와 태양의 활동이 약했던 시기가 추운 소빙기 기후를 초래한 데 일정한 역할을 했으리라고 믿는다.

그렇다면 온실가스는 어떤가? 즉 온실가스는 어떤 역할을 했을까? 분명 하키스틱의 날에서 진행된 급속한 온난화는 적어도 부분적으로는 온실가스가 초래한 것임에 틀림없다. 온실가스 증가의 속도와 양은 기록이 이루어진 처음 900년과 비교했을 때 전례가 없을 정도다. 이 책 5부에서는 최근의 온난화 추세를 다룰 것이다. 그러나 그보다 더 과거의 기록, 특히 그림 12.1에서 볼 수 있는 이산화탄소 농도의 들쭉날쭉함은 어떻게 설명할 수 있을까? 가장 최근에 이산화탄소 농도가 최저점을 이룬 시기(1500~1750년)는 적어도 광범위하게는 소빙기 가운데 가장 추웠던 기간과 일치하는 것으로 보이며, 높은 이산화탄소 수치는 1000~1200년에 걸친 다소 따뜻했던 중세시대에 발견되는 경향이 있었다.

이처럼 기후와 이산화탄소의 연관성에 관한 전통적인 설명은 화산 폭발 그리고(혹은) 태양 복사에너지의 변화가 북반구의 냉각과 이산화탄소의 감소를 초래한 '첫 번째 원인'이라는 것이었다. 이 견해에 따르면 이산화탄소 농도는 지구가 냉각할 때 떨어진다. 따뜻한 바다에서보다 차가운 바다에서 이산화탄소를 더 많이 흡수할 수 있다는 화학작용의 기본법칙 때문이다. 만약 화산 폭발과 태양 복사에너지의 변화로 지구 기후가 냉각하면, 차가운 바다는 대기에서 이산화탄소를 흡수한다. 만약 이 견해가 맞는다면, 반구(半球)상의 온도 변화와 이산화탄소 농도의 변동은 단지 기후 시스템이 (태양 복사에너지와 화산 폭발 같은) 자연적인 변화에 반응한 결과일 뿐이다.

그러나 그럴싸하게 들리는 이 설명에는 심각한 오류가 있다. 오늘날 가장 선진적인 기후 모델들은 대기·바다·지구표면·식생·눈·빙하 등의 복잡한 상호작용을 모두 복원하고자 한다. 모델들은 각각을 따로 떼어 분석하기보다 모두의 상호 관련적 반응을 모의실험한다. 즉 화산 폭발 그리고 (혹은) 태양 활동의 미세한 변화로 인해 기후 시스템에 유입되는 태양 복사에너지 양이 어떻게 달라지는지 구체화하기 위해, 모델을 이용해 기온 변화나 대기중의 이산화탄소 농도 같은 기후 시스템 요소들의 반응을 통합적으로 모의실험하는 것이다.

나는 이 모델 연구들을 살펴보던 중 자연적인 설명에 중대한 결함이 있음을 보여주는 듯한 결과를 한 가지 발견했다. 그 모델은 최대폭의 이산화탄소 농도 감소(10ppm)와 일치시키려면 1℃ 정도 기후를 냉각해야 했지만, 그림 12.3에 복원된 기온 추세를 보면 따뜻했던 1000~1200년과 추웠던 1500~1750년의 감소폭이 0.1~0.2℃에 불과했던 것이다. 복원된 기온 추세에서처럼 작은 기온 변화에 머무르려면, 모델들은 이산화탄소를 관측된 10ppm(그림 12.1)이 아니라 오직 2~3ppm만 변화해야 한다. 어느 쪽이든 간에 이산화탄소 농도 변화는 기온 변화와 비교할 때 너무 컸다. 전통적인 설명은 어딘가 크게 잘못되어 있는 것처럼 보였다.

자연적인 설명은 또 다른 이유에서도 의혹을 불러일으켰다. 이산화탄소의 감소 속도가 너무 난데없어 보였던 것이다. 실제로 그것은 마지막 간빙기와 그 이전 세 차례 간빙기 말기에 일어난 자연적인 변화보다 속도가 한층 더 빨랐다. 그림 9.1에서 보았듯이 이들 각각의 간빙기에 이산화탄소 농도는 약 5000년 동안 100ppm 정도 증가했다. 100년마다 평균 약 2ppm 속도로 증가한 셈이다. 반면 그림 12.1에서 이산화탄소 농도는 떨어지다가 불과 100여 년 만에 10ppm 정도 껑충 뛰었다. 간빙기들과 비교해볼 때 약 다섯 배나 높은 변화 속도였다. 이산화탄소 농도는 왜 기후 변화가 대단히 극적이던 주요 간빙기들 말기보다 전 지구 기후가 비교적 안정되어 있던 시기에 더욱 빠른 속도로 변화했을까, 나는 이 점을 납득할 수 없었다.

다시 한번 자연적인 기후 변화에 기초한 설명은 더욱 정교한 노력을 통해 보완될 필요가 있어 보였다. 나로서는 누가 봐도 난감한 이 상황을 타개할 수 있는 유일한 해결책이란 '자연적인' 원인의 영역 밖에 있는 설명(즉 얼마간 인간과 관련된 설명)뿐인 것처럼 보였다. 수긍할 만한 설명은 몇 천 년에 걸쳐 서서히 진행되던 삼림 파괴와 그에 따른 이산화탄소 배출 추세를 뒤바꿔놓고, 수십 년에서 100~200년 동안 이어지면서 갑작스럽게 이산화탄소 농도를 낮춰준 모종의 과정과 관련되어야만 했다.

13

질병·전쟁·기근·죽음 중 어떤 것?

역사가들은 로마시대의 마지막 몇 백 년과 그에 이어진 시대에, 적어도 유럽에서만큼은 전형적이었던 인간의 진보와 향상이 다소 뒷걸음쳤다는 사실을 진작에 깨닫고 있었다. 대다수 서구사회는 로마인들이 한동안 이룩해놓은 전반적인 번영의 수준과 공학기술을 그 후 천 년 동안 전혀 되살리지 못했다. 로마시대에는 송수로가 여러 도시에 질 좋은 담수를 공급했는데, 지금으로부터 약 200년 전 런던이나 파리에 송수로가 등장하기 전까지는 그에 필적할 만한 것이 없을 정도로 우수한 수준을 자랑했다. 송수로뿐 아니라 목욕탕과 공공시설물은 인간이 고의적으로 파괴하지 않는 이상, 거의 2000년 동안 조금도 훼손되지 않은 채 고스란히 원형을 간직했다. 유럽인들이 1800년대 초에도 뛰어넘지 못한 양질의 시멘트로 건설했기 때문이다. 로마 도로의 내구성 역시 타의 추종을 불허했다. 대부분의 측면에서 로마제국 전성기 때 로마에서의 삶은 8000년, 6000년 혹은 4000년 전 상황보다는 1800년대 초기의 삶과 흡사한 점이 더 많았다. 약 2000년 전, 중국과 인도의 선진문명에서도 그와 비슷한 진보가 이루어졌다.

그러나 로마시대가 쇠락의 길을 걷자 서구문명은 '암흑기'에 접어들었다. 전반적으로 과학적 탐구에 대한 존중과 관심이 시들해지고 기술적 지식이 퇴보한 시기였다. 서구사회 대부분의 지역에서 이 같은 정체 상황이 거의 천 년 뒤인 르네상스 시대까지 이어졌다. 암흑기는 좀더 근원적인 의미에서도 어려운 시기였다. 즉 사망률이 눈에 띄게 늘면서 세계 인구의 성장세가 둔화되었고, 어느 시기에는 아예 멈추기까지 했던 것이다. 알브레히트 뒤러(Albrecht Dürer)가 1528년에 제작한 목판화에는 이 기간 동안 정상적인 사망률에 더해진 여러 가지 파괴의 이미지, 즉 네 기사 이미지가 강렬하게 표현되어 있다. 그 이미지는 본시 신약성서의 마지막 책 요한계시록에서 따온 것이다. 네 기사의 정체는 역사를 거치면서 다양하게 해석되어왔지만, 가장 흔하게 그들 중 처음 세 가지는 전쟁·기근·질병을, 네 번째는 죽음을 상징한다.

요한계시록의 네 기사는 암흑기에 이산화탄소가 감소한 영문 모를 현상의 원인이 무엇인지 탐구하는 데 유용한 출발점이 될 수 있을 듯했다. 그들 가운데 수많은 인간을 죽음으로 몰고 간 기사가 이산화탄소를 감소하게 만든 원인으로 떠오를 소지가 있었다. 인구수가 줄어들면 이산화탄소 배출량도 줄어들 테니 말이다. 나는 역사학자는 아니지만 지난 2000년의 인류사 기록을 뒤적여보기 시작했다. 내가 지침 삼은 암울한 요한계시록의 네 기사가 이산화탄소 농도의 감소(그림 12.1 참조)와 관련된다는 것을 밝혀낼 수 있으리라고 낙관하면서 말이다.

고대의 지혜는 다소 운명론적이긴 하지만 인간 진보가 늘 일방향적 과정은 아니라는 점을 인식하고 있다. 최근 몇 십 년간 유행한 노래의 가사 "한 걸음 앞으로 두 걸음 뒤로"에도 그 점이 잘 표현되어 있다. 최초의 농업 도입, 그리고 그에 따른 온갖 혁신은 몇 천 년간 인류에 유례없는 이익을 안겨주었다. 일용할 양식이 많아지면서 인구도 전에 없이 늘어났다. 어느 지역에서 믿을 만한 식량원이 확보되자 사람들은 끊임없이 짐을 싸고 풀면서 옮겨 다니는 대신 한 장소에 정착해 살아갈 수 있었다. 가까이에서 가축을 키우게 된 뒤부터는 탄수화물이 풍부한 곡물을 보완해줄 육류며 우유, 버터, 치즈 같은 단백질을 손쉽게 마련할 수 있었다. 과수원에서 과실수와 견과나무를 재배하게 되면서 한층 영양가 있는 식사가 가능해졌다. 흉년에 대비해 곡물 과잉분을 저장하자 극단적인 날씨의 변덕도 끄떡없게 되었다. 수렵-채집-어로로 살아가던 취약한 생존과 비교해볼 때 농업은 지구상에 살아가는 인간의 삶을 180도 뒤바꿔놓았다.

그러나 농업의 진보는 대가를 톡톡히 치렀다. 새로운 생활양식에는 인류사에서 전에는 알려지지 않은 규모의 문제로 귀결될 변화가 담겨 있었다. 요한계시록의 세 기사 가운데 첫 번째와 두 번째는 직접적으로든 간접적으로든 전례 없는 농업의 성공과 연관된다. 그리고 2000년 전 이후 농업의 성공으로 인한 '양의' 되먹임 효과는 점차 인류에게 극심한 피해를 안겨준 '음의' 되먹임 효과를 낳기 시작했다.

우선, 주된 인류의 살상 요인임이 분명한 전쟁에 대해 살펴보자. 2000년 전 무렵, 전쟁은 유례없는 규모로 발생했다. 숲의 개간지를 찾아 이곳저곳 옮겨 다니던 석기시대 씨족들은 필시 자원을 놓고 다투었을 테지만, 지역적으로 그렇게 했고 따라서 사망자도 일정치 않은 작은 규모에 그쳤다. 그러나 농업이 출현하고 훨씬 더 많은 부를 지닌 대형사회가 들어서자 이들은 전일제 군인집단을 고용해 부를 지키고, 훨씬 더 많은 부를 확보하고자 다른 지역을 습격하기 시작했다. 더욱이 이 지역 저 지역에서 저마다 다른 종교들이 출현하면서 종교적 갈등도 전쟁을 부추기는 요인으로 떠올랐다.

만약 전쟁이 인류 사망률의 가장 큰 원인이었다면, 대규모 전쟁들이 이산화탄소 농도가 낮아진 시기인 200~600년, 1300~1400년, 그리고 1500~1750년 사이에 몰려 있고, 600~1300년에는 거의 일어나지 않았어야 옳다. 그러나 전쟁사를 대충만 훑어봐도 이 같은 유의 관련성은 전혀, 혹은 거의 확인되지 않는다. 우리 인간이 상당 기간 전쟁 없이 조용히 지나간 시기는 거의 없었다. 기간이 길든 짧든, 규모가 크든 작든, 전쟁을 단 한 차례도 치르지 않은 시대는 없었다. 만약 세계의 전쟁사 지도를 동영상으로 보여준다면 인류사의 모든 시기에 제법 강도 높은 전쟁이 끊이지 않고 겹쳐서 나타날 것이다. 내가 보기에 이산화탄소 농도가 낮아진 세 기간과 전쟁의 관련성은 전혀 분명하지 않았다.

몇몇 사람들은 여전히 이산화탄소 농도가 처음으로 낮아진 200~600년의 로마제국 쇠망기에 전쟁이 꽤나 집중적으로 일어났으리라고 추정하고자 한다. 훈족·서고트족·반달족은 370년부터 500년대 중엽까지 독일에서 남쪽으로 침략을 일삼았고, 500~600년대에는 아바르족이, 500~700년대에는 슬라브족이 그 뒤를 이었다. 중국과 인도에서도 이 기간 동안 대규모 소요가 발생했다. 그러나 이산화탄소 수치가 늘어난 그 후 600년 동안에도 전쟁은 끊이지 않았다. 나중에 전쟁에 휘말린 집단으로는 700년대의 프랑크족, 700년대 말에서 900년대까지 바이킹족, 800~900년대의 마자르족, 그리고 600년대부터 사라센족이 부활한 1200년대까지의 이슬람교도들을 들 수 있다. 전쟁 빈도의 차이가 뚜렷하지 않았으므로, 전쟁과 이산화탄소 배출량과의 상관관계는 그리 명확하지 않았다.

한 가지 중요한 예외가 있을 수 있다. 1200년 초엽에 시작해 1200년대 중엽 최고조에 달한 몽골의 유라시아 침략은 수백 년에 걸쳐 후유증을 남겼다. 칭기즈칸과 그의 후계자들은 동쪽으로 중국 전역, 남쪽으로 인도, 서쪽으로 유럽을 침략했으며, 여러 지역에서 자신들이 정복한 사회의 기본구조를 철저히 망쳐놓았다. 중국에서는 1200년대에 몽골인의 손에 수천만 명이 목숨을 잃었다. 농업이 처음 싹튼 건조한 근동 지역에서는 몽골족이 관개를 기반으로 한 농업의 토대를 거지반 망가뜨렸고, 인구를 급속도로 감소시켰다. 이처럼 방대한 규모의 전쟁과 조직적인 파괴는 이례적이고, 이 기간 동안 이산화탄소 농도는 떨어졌다. 따라서 이 경우에는 두 가지가 인과관계를 보일 수 있다.

그러나 그 밖의 모든 측면에서, 적어도 역사학자가 아닌 내 눈에는 전쟁이 전(前)산업시대의 이산화탄소 감소를 설명해주는 요인이 아닌 것처럼 보였다. 심지어 1618~1648년의 30년전쟁(Thirty Years War)에서 숨진 800만 명의 독일인과 벨기에인조차 당시 전 세계 인구의 '오직' 1~2퍼센트에 지나지 않았다. 전쟁은 치명적이긴 하지만 내가 찾는 '기사'로서의 자격을 갖출 만큼 치명적이지는 않은 것 같았다.

두 번째, 기근도 잠재적인 인류 살상 요소이고, 역시나 어느 정도는 농업의 성공에 따른 부산물이다. 농업 기술이 점차 발달하자 농부들은 서서히 자연이 설정해놓은 한계에 가까운 지역—즉 추운 기온이 자연적인 한계로 작용하는 극북 지역이나 산허리, 그리고 가뭄이 자연적인 한계로 작용하는 좀더 따뜻한 반건조지대 같은—에서 작물을 경작하는 위험을 무릅쓰기 시작했다. 이런 환경에서 자라는 작물은 당연히 해마다 덮치는 냉해나 가뭄에 점차 취약해졌다. 장기적인 기후 변화에는 더 말할 나위가 없었다. 전(前)산업시대의 유럽 역사 가운데 사망률이라는 관점에서 가장 피해가 컸던 기근은 1315~1322년 사이에 지속된 기근과 1430년대에 발생한 기근이었다.

그렇지만 기근이 진짜로 전 지구 차원에서 중요한 요인이었을까? 오늘날과 마찬가지로 북극이나 고위도 한계상의 농업지대에서 살아가는 이들은 지구상에 존재하는 총인구의 극히 일부에 불과하다. 추운 지역에서 곡물 농사를 망쳤을 때, 그에 따른 사망률은 전 지구 차원에서 볼 때는 비교적 미미했다. 심지어 1315~1322년에 지속된 최대 규모의 기근조차 주로 유럽의 극북 지역과 높은 고도 지역에 한해서만 영향을 주었다. 1322년 무렵이 되자 다시 양질의 곡물이 자라났고, 인구 수준도 빠르게 회복되었던 것으로 보인다.

　그렇다면 대부분의 인간들이 실제로 살아가고 있고, 기후에 따른 가장 큰 걱정거리가 가뭄인 열대지방과 아열대지방은 어떨까? 가뭄으로 인한 기근은 그 드넓은 지역에서 주된 인류 살상 요인이 될 수 있었을까? 그랬을 가능성은 몇 가지 점에서 희박한 것으로 보인다. 첫째, 관개가 유라시아 남부의 대다수 지역에서 최악의 가뭄 피해를 막아주는 완충 역할을 했기 때문이다. 유라시아 농업지역은 가물 때조차 다량의 강수를 흡수하는 산을 수원으로 삼는 든든한 강으로부터 물을 제공받았다.

　게다가 기상학적 관점에서 볼 때 가뭄이 유라시아라는 광대한 지역을 일시에 덮칠 가능성은 없었다. 전 지구 차원에서는 해마다 비슷한 양의 비가 내린다. 태양 복사에너지가 바다와 육지로부터 거의 같은 양의 수증기를 증발시키지만, 대기는 수증기를 저장하고 있다가 지상에 되돌려준다. 따라서 전 지구 차원의 강수량은 해가 가도 크게 달라지지 않는다.

　물론 지역에 따라서는 강수량이 큰 차이를 보이기도 한다. 6월 말에 어느 마을은 골프코스처럼 초록색으로 물들고, 그 이웃 마을은 누렇게 시들어갈 수 있다. 하지만 한 달 뒤 산발적인 뇌우가 첫 번째 지역은 살살 다루고 두 번째 지역에 마구 쏟아지면 두 지역의 빛깔은 단번에 뒤바뀌기도 한다. 이처럼 비가 고르지 않게 내리는 현상은 좀더 큰 지역 차원에서도 발생한다. 따라서 어느 나라는 몇 년째 가뭄에 시달리는가 하면 이웃 나라는 폭우와 홍수의 피해를 입기도 한다. 그러나 그보다 더 큰, 전 지구 차원에서는 가뭄과 홍수(그리고 다른 곳에서의 정상적인 강우)의 효과가 서로 상쇄되는 경향이 있다. 광대한 유라시아 남부 전역이 가뭄으로 한 방에 맥없이 무너지는 일이란 좀처럼 일어나지 않는다. 가뭄이 지난 2000년간 가장 광대하고 인구밀도도 높은 대륙(유라시아)에 한꺼번에 영향을 끼친 적이 있다고 주장한 기후역사학자는 내가 알기로 단 한 사람도 없었다. 가뭄도 한파도 광대한 유라시아 전역에서 일시에 곡물을 망쳐놓을 수는 없으므로, 기근 역시 내가 찾고 있는 기사는 아닌 것 같다.

그렇다면 세 번째, 질병을 상징하는 기사는 어떤가? 이산화탄소가 급감한 것에 대해 막 궁금증을 품기 시작한 어느 날 오후였다. 점심을 먹으면서 서평을 읽고 있었는데 갑자기 '전염병'이라는 단어가 눈에 확 들어왔다. 먹던 샌드위치를 집어 던지고 책장으로 달려가서 백과사전을 뒤적였다. 거기서 이내 1300년대 중엽, 그리고 그 뒤 1500~1600년에도 흑사병이 창궐했다는 사실을 재확인했다. 그와 더불어 주요 전염병이 540~542년에 로마시대에 발생했다는 사실을 처음으로 알게 되었다. 두 전염병은 사망률이 놀랄 만큼 높아서 총인구의 약 25퍼센트를 웃돌았으며, 얼핏 보기에 이산화탄소 급감과 꽤나 깊은 관련성을 보이는 듯했다. 드디어 이산화탄소 감소를 설명해주는 좀더 유망한 요인을 찾아냈다. '창백한 말(pale horse: 성서에 나오는 표현으로, '죽음의 사자'를 뜻한다―옮긴이)'을 탄 기사는 바로 질병이었던 것이다.

재레드 다이아몬드가 《총, 균, 쇠》에서 요약해놓은 대로 농업의 성공은 질병을 전파하는 데도 단단히 한몫했다. 초기에 수렵-채집-어로 생활을 하던 이들은 작은 씨족이나 부족 단위로 흩어져 살았다. 만약 질병이 어느 부족이나 지역의 집단을 덮쳤다 해도, 그들 구성원의 일부(혹은 심지어 대부분)가 죽을 수는 있지만, 그들이 다른 씨족에게 질병을 퍼뜨릴 가능성은 극히 낮았다. 낯선 질병이 어느 집단을 덮쳐 많은 이가 목숨을 잃었다는 소문이 나돌 경우 이웃 사람들은 그 질병이 미치지 않는 지역으로 냅다 줄행랑을 치면 그만이었다. 사람들은 질병으로 인해 죽어갔지만, 그렇더라도 그것은 주로 씨족이나 부족 같은 제한적인 규모에 그쳤다.

2000년 전, 인구가 급증한 결과 이러한 자연적인 보호가 다소 느슨해졌다. 동아시아·인도·유럽처럼 인구가 조밀한 지역에서는 식량 생산이 늘면서 처음에 마을이, 이어서 도시가 성장했다. 인구밀도가 높으면 치명적인 질병의 피해자나 보균자들이 다닥다닥 붙어 살기 십상이라 전염성 질병이 삽시간에 번진다.

게다가 농부들이 한 장소에 붙박여 정착생활을 했다는 점 또한 질병을 키우는 데 기여했다. 농사 도입 이전 시대에는 식량원이 고갈되면 수렵-채집 생활을 하던 씨족들이 새로운 식량원을 찾아 이동해야 했다. 그들은 그때마다 쓰레기를 버리고 떠났다. 그런데 이제 농사를 지음으로써 상당량의 식량 잉여분이 생기자 사람들은 대규모로 한자리에 모여 살았고, 거주지 부근에는 많은 쓰레기가 쌓여갔다. 영구 가옥에는 질병의 매개체인 쥐와 생쥐들이 득시글거렸으며, 수많은 마을과 도시는 위생 상태가 엉망이고 거리가 쓰레기로 넘쳐나서 더할 나위 없이 훌륭한 질병의 온상이 되었다. 사람들은 자기가 배설한 똥오줌을 거름 삼아 밭에 뿌렸고, 심지어 관개수로조차 잠재적인 전염의 원천으로 떠올랐다.

한층 더 나쁜 점으로, 수천 년 전에 기르기 시작한 가축이 인간에게 해를 입히는 질병의 매개체로 떠올랐다. 소는 천연두·홍역·결핵을, 돼지는 유행성 감기를 옮겼다. 농업과 간접적으로 관련된 또 다른 요인으로 선박이 개선되고, 물자를 교역하기 위해 육로를 사용하는 일이 잦아지면서 여행이 늘었다는 사실을 꼽을 수 있다. 농업의 성공은 부를 키웠고 교역을 늘렸으며, 그로 인해 지역 간의 접촉은 더욱 빈번해졌다. 이렇게 되자 질병이 한 지역을 덮치면 쉽사리 다른 지역으로 번져나갔다. 이 모든 이유들로 말미암아 농업의 성공은 질병이 인간에게 더 많은 피해를 끼칠 수 있는 여건을 제공했다.

역사시대 이전에는 질병에 대해 거의 알려진 게 없었다. 구약성서의 사무엘서는 몇 차례인가 질병에 관해 언급하고 있다. 역사시대가 열리면서 몇몇 지역에서 발발한 질병의 기록이 그 역사를 제한적으로나마 보여주었다. 처음에 나는 역사시대 전반에 걸친 질병 사망률을 일목요연하게 정리해놓은 내용을 찾아낼 수 있었으면 했다. 그러나 어딘가에 있을는지 몰라도 끝내 발견하지는 못했다. 그래서 W. 맥닐(W. McNeil)의 《역병과 인간(Plagues and Peoples)》, F. E. 카트라이트(F. E. Cartwright)의 《질병과 역사(Disease and History)》, 그리고 R. S. 브레이(R. S. Bray)의 《역병 군단(Armies of Pestilence)》을 토대로 내가 직접 그 내용을 마련했다.

전체 역사를 통틀어 질병으로 인한 사망자 수를 정확하고 믿을 만하게 정리하기란 불가능해 보였다. 나는 그 대신 시간의 흐름에 따라 달라지는 사망률 규모가 전반적으로 어떤 의미를 띠는지 보여주기로 했다. 그러기 위해서 역사에 기록된 질병 발생을 세 가지 공간적 차원으로 도표화했다. 질병은 공간적 차원에 따라 첫째, 마을이나 국가의 일부에 영향을 미치는 '국지적 유행병(local epidemic)', 둘째, 몇 개 나라나 대륙의 일부 지역에 영향을 주는 '지역적 유행병(regional epidemic)', 셋째, 여러 대륙의 대부분의 지역에 피해를 입히는 '세계적 유행병(pandemic)'으로 대별된다. 역사상

표 13.1 지난 2000년간의 국지적 유행병, 지역적 유행병, 세계적 유행병

연도	지역	질병	강도(사망률, %)
79, 125	로마	말라리아?	국지적 유행병
160~189	로마제국	천연두?	지역적 유행병
265~313	중국	천연두	지역적 유행병
251~539	로마제국	천연두? 혹은 흑사병	지역적 유행병(10년 주기로 반복)
540~590	유럽, 아라비아, 북아프리카	흑사병	주요 세계적 유행병(25%), 10년 주기로 반복(40%)
581	인도	천연두?	지역적 유행병
627~717	중동	흑사병	국지적 유행병
664	유럽	흑사병	지역적 유행병
680	지중해 유럽	흑사병	지역적 유행병
746~748	동부 지중해	흑사병	국지적 유행병
980	인도	천연두	지역적 유행병
1257~1259	유럽	알려지지 않음	지역적 유행병
1345~1400	유럽	흑사병	주요 세계적 유행병(40%)
1400~1720	유럽/북아프리카		지역적 유행병
1500~1800	유럽	천연두	지역적 유행병
1500~1800	남·북아메리카		주요 세계적 유행병(80~90%)
1489~1850	유럽	발진티푸스	지역적 유행병
1503~1817	인도	콜레라	국지적 유행병
1817~1902	인도/중국/유럽		세계적 유행병(<5%)
1323~1889	유럽	유행성 감기	지역적 유행병
1918~1919	전 세계		세계적 유행병(2~3%)
1894~1920	동남아시아	흑사병	지역적 유행병(미미한 %)

발발한 주요 질병은 표 13.1에 열거해놓았고, 빙하 속의 이산화탄소 변화와 질병 피해를 입은 대륙의 인구는 그림 13.1에 나란히 실었다. 유라시

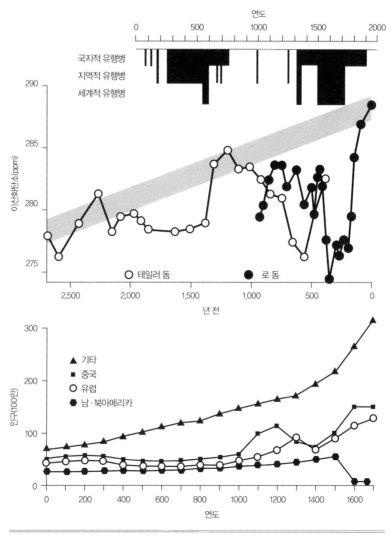

그림 13.1 남극대륙 얼음 코어에서 이산화탄소 농도가 낮게 나타난 시기들은 유라시아와 남·북 아메리카 대륙에서 인구를 급감시킨 '세계적 유행병'들과 상관관계가 있다.

앞의 인구수는 콜린 매키브디(Colin McEvedy)와 리처드 존스(Richard Jones)의 《세계 인구사 지도(Atlas of World Population History)》에서 가져왔다. '세

계적 유행병'과 인구 감소, 이산화탄소 최저치 간의 관련성은 추적해볼 만한 가치가 있으며 시사하는 바도 커 보였다.

역사상 질병에 관한 기록이 시작된 것은 기원전 430년 기원을 알 수 없는 역병이 아테네를 덮쳤을 때부터다. 스파르타와 펠로폰네소스 전쟁을 치르던 아테네 군사들이 역병에 걸려 수도 없이 목숨을 잃었다. 79년과 125년에는 이탈리아에서 말라리아로 짐작되는 질병이 발생했다. 〔125년의 질병은 '오로시우스 역병(Orosius Plague)'이라 불렸다.〕 말라리아는 오늘날에는 대체로 치명적이지 않지만, 당시에는 수많은 이들의 목숨을 앗아갔다. 아마도 아직 거기에 대한 자연적인 내성이 생기지 않은 탓이었을 것이다. 이 병은 특히 시골 지역에 큰 피해를 안겨주었고, 농부들이 도시로 떠나는 바람에 수많은 농지가 경작되지 않은 채 방치되었다. 하지만 이들 질병의 발발은 비교적 국지적인 규모였던 것으로 보인다. 발생 범위가 다소 넓어진 '안토니우스 역병(Antonine Plague)'은 천연두가 분명해 보이는데, 160~189년에 로마제국을 덮쳐서 로마 황제 마르쿠스 아우렐리우스를 죽음으로 내몰았다. 그 병이 한창일 때는 연일 2000명가량의 사망자가 쏟아져 나왔다. 증상(발열, 피부 발진, 입·목의 염증)은 천연두와 일치한다. 또한 사망률도 꽤나 높아서 부족해진 로마 군대를 충원하기 위해 농부들이 징집될 정도였다.

251년에는 초기 희생자들 가운데 한 사람의 이름을 붙여 '키푸리아누스 역병(Cyprian Plague)'이라 불린 새로운 질병이 발발했다. 질병 유형은 이번에도 불확실하지만, 천연두 아니면 흑사병일 가능성이 가장 높다. 기원이 어떻든 간에 이 병은 치명적이었고, 장장 16년 동안 지속되었으며, 이집트에서 스코틀랜드까지 번져나가 거의 '세계적 유행병'이 되다시피 했다. 일부 지역에서 전해지는 일화에 따르면 그 여파로 살아남은 자보다 죽은 자가 더 많았으며, 이탈리아에서는 드넓은 지역의 농가들이 쑥대밭으로 변했다고 한다. 다시 한번 사람들이 농촌을 버리고 도시로 향했으므로 도시는 한층 더 취약한 공간이 되었다. 로마제국에서는 300년 동안 흑사병이 끊임없이 재발했다. 일부 역사학자들은 로마제국이 이처럼 지속된 인구 손실 탓에 심각하게 쇠퇴하기 시작했다고 주장한다.

그런가 하면 몇몇 역사학자들은 1~4세기에 역병이 이어진 사태가 기독교 성장의 밑거름이 되었다고 주장하기도 한다. 많은 이들이 죽거나 병들었으므로 공포에 질린 생존자들은 내분을 일으키고 서로 시기하는 늙은 로마신들에게서는 거의 위안을 찾을 수 없었다. 반면 기독교는 병든 자를 치유하고 악귀를 몰아냄으로써 이승의 삶에 기적이라는 희망을 불어넣었을 뿐 아니라 내세의 삶도 약속했다. 역병이 돌 때 기독교로의 개종이 더욱 활발해진 결과, 기독교는 4세기 말엽 불법적인 순교자들의 종교에서 로마제국에 의해 공식 인가받은 종교로 탈바꿈했다.

그러나 기독교 시대에도 역병은 끊이지 않았으며, 540~542년 유례없는 '유스티니아누스 역병(Justinian Plague)'이 발생하면서 최고조에 달했다. 유스티니아누스는 로마의 마지막 황제가 될 운명을 지닌 당시 황제의 이름이다. 흑사병이 거의 확실한 이 병은 처음 이집트에서 발병한 것으로 기록되어 있지만, 북쪽의 팔레스타인과 그리스, 이어 흑해, 당시 남은 로마제국 권력의 중심지였던 콘스탄티노플로까지 번져나갔다. 그 병은 계속해서 지중해 연안을 따라 북아프리카의 여러 도시들로, 유럽의 남부와 서부로 옮아갔다. 대체로 먼저 연안 항구에 도착하고 이어 내륙 도시와 시골 지역까지 번져나갔다. 그 병은 여러 대륙에 씻을 수 없는 상처를 남겼으므로, 최초의 '세계적 유행병'으로 떠올랐다.

이 시기 동안 발발한 역병은 대부분 쥐에 붙어사는 벼룩이 옮겼다. 사람이 벼룩에게 물리면서 병에 걸렸다. 병은 발열과 함께 시작되었으며, 사타구니나 겨드랑이의 림프절을 붓게 만들고, 그런 다음 혼수상태에 빠뜨렸다. 병에 걸린 부위를 움직이면 통증이 극심했다. 숨진 직후 사람들 몸에서는 검은 반점이 나타났다. 이 역병은 최소한 한 가지 점에서만큼은 자비로웠다. 빠르게, 대개 일주일 만에 목숨을 거둬간다는 점이다. '유스티니아누스 역병'이 한창일 때에는 콘스탄티노플에서 연일 5000~1만 명의 사람들이 죽어나갔다. 생존자들이 시체를 일일이 묻어줄 수도 없을 지경이었다. 도시를 악취로 물들이며 썩어가는 시체는 요새(要塞)의 빈 탑 속에 버리거나 배에 실어서 바다에 띄워 보냈다. 당시에는 사회질서가 거의 붕괴되다시피 하여 마을뿐 아니라 도시들도 사라졌으며, 수많은 지역에서 사람들은 농사를 거지반 작파하다시피 했다. 인구의 약 25퍼센트가 이 단 한 차례의 질병으로 자취를 감추었다.

유럽에서는 그보다 강도가 약하지만 여전히 대단히 심각한 흑사병이 590년까지 10~20년 간격으로 이어졌다. 질병이 발발하는 사이에 대략 10년 정도 공백이 생기는 까닭은 아마도 대다수 생존자들이 자연적인 내성을 키우고, 그로 인해 병들 소지가 있는 사람이 줄면서 병의 기세가 잠시 누그러졌기 때문일 것이다. 15~20년이 흐르면, 새로운 세대 구성원 대다수는 면역력이 부족해졌고 병이 재발했다. 지중해 유럽 인구의 약 40퍼센트가 590년까지 계속 발발한 흑사병에 걸려 숨졌다.(그림 13.1) 몇몇 나라의 경우 이때 손실된 인구를 본래 수준으로 회복하는 데 자그마치 400~500년이 걸리기도 했다.

어찌 된 영문인지는 모르지만 590년 이후 유럽에서는 흑사병이 잦아들기 시작했다. 물론 그 후 150년 동안 '지역적 유행병'이 발발했다는 기록이 있고, 627~717년 이슬람교도들이 지배하는 중동에서는 역병이 거의 연달아 발생했지만 말이다. 흑사병은 746~748년 한 번 더 발발하고는 약 600년 동안 잠잠했다.

로마시대에 오랜 기간 영향을 끼쳤으며, 한 차례 '세계적 유행병'으로 정점을 찍은 질병은 발병 시기가 얼음 코어에 나타난, 최초로 오랫동안 이산화탄소 농도가 최저점이었을 때(그림 13.1)와 꽤나 근사하게 맞아떨어진다. 그 시기에 이어 749년에서 1300년대 중엽까지 역병이 발생하지 않은 시기 역시 이산화탄소가 높은 수치로 반등한 추세, 그리고 유럽과 중국의 인구가 도로 증가한 현상과 긴밀한 연관성을 보인다. 적어도 언뜻 보기에는 이 기간 동안 '세계적 유행병', 인구, 이산화탄소의 수치가 서로 관련되어 있었을지 모른다는 가정이 그럴듯하다 싶다.

1340년대 말 또 한 차례 처참한 역병이 맹위를 떨쳤다. 아시아 중부에서 시작되었으리라 짐작되는 병이 1347년경 근동에 다다랐고, 1350년대 초에는 흑해에서 영국제도에 이르는 유럽, 그리고 북아프리카를 덮쳤다. 이 역병은 벼룩이나 쥐만이 아니라 기침, 재채기, 키스, 심지어 그냥 숨쉬기만으로도 전염되는 바실러스 균을 매개로 전파되었다. 이 유행병이 덮치기 직전 유럽에 살고 있었으리라 추정되는 7500만 명 가운데 적어도 2500만 명, 그러니까 전 인구의 3분의 1이 몇 년 사이 목숨을 잃었다.

과거와 마찬가지로 주민들이 죽거나 도시로 떠난 결과, 농가, 작은 마을, 심지어 도읍 전체가 폐허로 변했다. 밭에서는 곡식들이 미처 수확되지 못한 채 버려졌고, 포도원은 돌보는 이가 없어서 엉망이 되었다. 예전에도 그랬듯이 도시 자체는 아예 도망갈 곳이 없어서 일부 지역은 용케 피해를 모면했지만, 특히 질병이 대규모로 덮친 지역의 경우 사망률이 무려 70퍼센트에 달했다. 저소득층 출신의 시신은 그저 길거리에 버려진 채 속절없이 썩어갔다. 그나마 돈깨나 있는 이들은 장례식을 치렀지만,

감히 장례식장을 찾아가는 이들은 찾아보기 어려웠다. 교황은 아비뇽 시 근처를 흐르는 론 강을 신성하다고 선포해야 했다. 그래야 거기에 버려진 시체들을 기독교식으로 매장한 셈이 되기 때문이다. 역병으로 선원을 몽땅 잃은 선박들이 지중해와 북해 여기저기서 유령선처럼 정처 없이 떠다녔다.

일부 역사학자들은 흑사병이 중세 영국과 그 외 국가의 봉건구조를 바꿔놓았다는 논리를 편다. 그 역병이 나돌기 전에는 가난한 농노들이 제 처지가 나아지리라는 희망도 없이 그저 묵묵히 지주의 땅에서 일했다. 그러나 역병으로 숱한 사람들이 목숨을 잃어 농장의 일손이 부족해지자 살아남은 자들은 얼마간 협상력을 얻게 되었다. 노동자들은 처음으로 높은 임금과 개선된 조건을 찾아 시골 지역을 돌아다녔다. 소작농 형태가 확실하게 자리 잡았다. 완전한 자유는 아니었지만 어쨌거나 농노 상태보다는 진일보한 것이다.

1390년대 내내 첫 번째 '세계적 유행병'에 이어 좀더 혹독한 질병이 몇 차례 발발했다. 당시 추정컨대 전 인구의 40~50퍼센트가 유럽의 여러 지역에서 목숨을 잃었다. 마을 전체가 허망하게 사라지기도 했는데, 어떤 마을은 영영 복구되지 못하고 말았다. 역병의 파급력은 오늘날 우리가 출처도 모르면서 쓰고 있는 관용 표현들—즉 "……를 '역병 피하듯'(기를 쓰고) 피하다", "우리를 '역병처럼'(몹시) 괴롭히는" 문제, 혹은 "……에게 '역병이 덮치기를'(저주가 있기를)"—에도 잘 나타나 있다.

알 수 없는 출처에서 알 수 없는 방식으로 느닷없이 발생하고, 단 1~2년 만에 가족 구성원과 이웃의 목숨을 셋에 하나꼴로 앗아간 뒤, 살아남을 희망을 포기할 무렵에야 간신히 진정되는 질병이 과연 어떤 공포심을 불러일으키는지 상상하기란 어렵다. 한층 더 잔인한 것은, 우리가 마침내 안전하다고 안도하고, 조심스레 희망을 품기 시작한 15~20년 뒤 병이 재발해 다음 세대까지 초토화하는 상황이다. 흑사병이라는 '세계적 유행병'과 그 뒤 1400년까지 이어진 역병의 발발은 테일러 돔 얼음 코어 기록에 나타나는 극적인 이산화탄소 감소와 썩 잘 맞아떨어진다. 연대측정이 좀 더 정확한 로 돔의 얼음 코어 기록에서는 이산화탄소 감소폭이 훨씬 덜하긴 하지만 말이다.(그림 13.1)

유럽에서는 이후 300년 동안 쉴 새 없이 역병이 발생했다. 일부 역사학자들은 이들 가운데 최악의 것을 '세계적 유행병'이라고 부르는데, 이 기간에 일어난 질병들 가운데 하나에서 사태가 가장 심각했던 1665년에는 런던에서 매주 수천 명의 사람들이 쓰러졌다. 그런가 하면 그즈음 다른 질병들이 세계 인구에 타격을 가한 '역병 군단(army of pestilence)'에 대거 합류했다. 1300년대 초엽에는 (돼지를 매개로 한) 유행성 감기가 주요 문제로 떠올랐다. 1500년대에는 유럽에서 (소가 전파한) 천연두가 유행병 목록에 더해져서 1800년대까지 인명을 앗아간 주요인으로 자리 잡았다. 1500년 이후 인도를 덮친 국지적 유행병 콜레라는 1543년에 이례적일 정도의 치명상을 남겼다.

그러나 이 기간 동안 유럽에서 극성을 부린 질병들은 진정한 '세계적 유행병'으로 취급되는 것 같지 않다. 1300년 중엽의 흑사병 공포 뒤 유럽의 인구는 놀랍게도 150년 만에 다시 종전 수준을 회복했으며, 1400~1800년대에 꾸준히 늘어났다.(그림 13.1) 사망률은 로마시대와 중세시대보다 현저히 낮아졌음에 틀림없다.

그러나 전(前)산업시대에 발발한 세 번째이자 최악의 유행병이 서서히 다가오고 있었다. 그것은 유럽인들이 남·북아메리카에 유입된 데 따른 결과였다. 유럽인들은 이제 자기네로서는 웬만큼 면역력을 갖춘 온갖 질병들을 전파했고, 그것들은 캐나다에서 아르헨티나에 이르는 아메리카 원주민의 인구를 대폭 감소시켰다. 질병들 가운데 일부는 유럽인들과 함께 들어왔다. 당시 그들은 건강에 좋지 않다는 이유로 목욕을 극도로 싫어해서 몸에 벼룩이며 이가 들끓었다. 또한 질병은 돼지·소를 비롯한 여러 가축들과 함께 유입되었다. 이렇게 사상 유례가 없을 정도로 물밀듯이 밀려든 역병에는 천연두·유행성 감기·바이러스 간염·디프테리아·홍역·볼거리·발진티푸스·백일해, 얼마 뒤의 성홍열·콜레라·흑사병 등이 있다. 오늘날에는 별것 아니게 들리는 볼거리와 홍역 같은 질병조차 자연적인 면역력이 없었던 당시 사람들에게는 더러 치명적이기도 했다.

최근 몇 십 년간 콜럼버스가 미 대륙을 발견하기 전에 거기 살았던 인구의 추정치가 크게 올라갔다. 과거에는 역사학자들이 남·북아메리카 원주민 인구를 1000만~2000만 명이라고 생각했다. 하지만 이제 W. 데네반(W. Denevan)의 《1492년의 북남미 원주민 인구(The Native Population of the Americas in 1492)》 같은 믿을 만한 출처의 추정치는 대체로 낮잡을 경우라 해도 5000만~6000만 명이다. 심지어 1억 명이 넘는다는 주장마저 있다. 최대 인구수를 자랑한 것은 멕시코의 아즈텍족, 페루와 볼리비아에 살던 잉카족이었으며, 중앙아메리카와 아마존 분지의 열대우림에도 인구가 놀라울 정도로 많았다. 최근에는 도로와 마을, 계단식으로 일군 산비탈 밭의 유형을 살펴보는 것 같은 새로운 고고학 방법론으로 아마존에 훨씬 더 많은 인구가 살았다는 추정치가 나왔고, 그러한 추정을 바탕으로 자세한 연구가 뒤따랐다.

아메리카 원주민은 유럽인과 접촉한 뒤 인구의 무려 90퍼센트를 잃었다. 한때 미시시피 강 하구의 하곡에 늘어선 마을이 모두 파괴되었고, 마을들 사이로 끝없이 펼쳐진 옥수수밭도 폐허로 변했다. 다시금 숲이 회복된 뒤 전에 농사짓던 이들이 살았음을 보여주는 확실한 증거로 남은 것은 의례 목적에 쓰인 거대한 흙 둔덕뿐이었다. 대부분 정착민들이 마을이나 도시를 세우기 위해 쟁기로 일구고 반반하게 다진 것들이다. 아마존 분지를 비롯한 열대우림 지역에서는 울창한 열대 식생이 새롭게 들어서면서 과거에 주거지가 있었음을 말해주는 증거들을 대부분 지워버렸다. 그렇게 수십 년이 흐르자 지난날 원주민들이 북아메리카를 진작부터 차지하고 있었다는 증거가 거의 남지 않았다. 그래서 1800년대와 1900년대 초에는 과학자나 역사학자들이 원주민 인구가 비교적 적었다고 추정한 것이다. 과학자와 역사학자들은 제법 선진적인 문명이 존재했음을 암시하는 일리노이 주 카호키아(Cahokia)의 웅장한 구조물을 보고도 아메리카 원주민의 작품이라는 움직일 수 없는 사실을 애써 외면하고, 유럽인들이 정착 초기에 지은 것이라고 주장했다.

오늘날 가장 정확한 추정치에 따르면 단지 유럽인과 접촉한 사실만으로 숨진 아메리카 원주민이 약 5000만 명에 달한다. 이것이 바로 전(前)산업시대의 역사를 통틀어, 세계 인구의 크기와 비례해, 그리고 지금껏 출몰한 최악의 '세계적 유행병'들 가운데 단연 최대 규모의 유행병이었다. 당시 지구상에서 살아가던 대략 5억 명의 인류 가운데, 10퍼센트에 이르는 약 5000만 명이 남·북아메리카에서 죽어갔다.

남·북아메리카의 토착민 인구는 이 엄청난 '세계적 유행병'을 겪은 뒤 좀처럼 원상복구하지 못했다. 1750년 이후 유럽인이 대대적으로 정착하고 난 뒤에야 남·북아메리카의 총인구는 콜럼버스 이전 수준을 가까스로 회복했다. 1500~1750년에 걸쳐 아메리카 대륙을 휩쓸고 간 세 번째 '세계적 유행병', 즉 '아메리카의 세계적 유행병(American Pandemic)'은 역시로 돔 얼음 코어에 드러난 세 번째이자 가장 규모가 큰 이산화탄소 감소

(그림 13.1)와 상당히 가깝게 일치한다. 이 경우 얼음 코어의 이산화탄소 최저치 연대는 분명하고, 시간적으로 세 번째 '세계적 유행병'과의 관련성 또한 뚜렷하다.

1800년대 이후에는 질병으로 인한 사망률이 몇몇 예외가 있기는 하지만 전반적으로 종전보다 낮아졌다. 인류사에 기록된 마지막 흑사병이 1720년에 프랑스 남부와 아프리카 북부에서 발생했다. 1700년대에 역병이 자취를 감춘 것은 대체로 위생 상태가 개선된 덕분이라고들 한다. 그러나 일부 의학사 연구자들은 그와 같은 설명에 반대했다. 그들은 병을 옮기는 벼룩을 몸에 지니고 다니는 쥐 종(種)을 그렇지 않은 종이 무슨 연유에서인가 밀어낸 결과일 뿐이라고 주장했다. 흑사병 퇴치 백신이 개발된 것은 1884년의 일이지만, 그 병은 1910년에도 만주에서 꽤나 심각한 수준으로 발생했으며, 심지어 오늘날에도 간간이 발병 사례가 나타나고 있다. 점차 위생 상태가 개선되고 신약이 개발됨에 따라 험악한 형태의 수많은 질병이 억제되었다. 물론 에이즈 같은 병은 현대의학의 최선의 노력을 기울였음에도 수백만 명의 인명을 앗아갔지만. 어쨌거나 1750~1800년 이후 낮은 이산화탄소 수치가 다시 반등한 것은 치사율 높은 질병의 발생 빈도가 줄어든 것과 밀접하게 연관되는 것으로 보인다.

역사가들은 역사의 흐름을 결정짓는 일련의 복잡한 발달 과정을 설명해주는 숱한 요인들 가운데 좀더 타당한 것에 무게를 두면서도 다른 한편 그것들을 저마다 균형 있게 다루어야 한다. 그러나 나는 여러 증거들을 통해, 얼음 코어 기록에 나타난 주요 이산화탄소 감소 시기는 전쟁이나 기근이 일어난 시기보다 '세계적 유행병'(질병)에 따라 인구가 감소한 시기와 더욱 분명하게 연관된다는 명확한 결론에 이르지 않을 수 없었다.

나는 당장에라도 '세계적 유행병'이 분명 이산화탄소 감소의 주원인이라고 결론짓고 싶은 충동을 느꼈다. 그러나 과학에서는 "상관관계가 곧 인과관계는 아니다"라는 말이 흔히 통용되곤 한다. 두 추세가 시간적으로 근사한 상관관계를 보여주는 것은 틀림없지만, 원인과 결과라는 관련성을 띠는 것은 아니었다. 이산화탄소 수치와 질병·인구 추세가 각기 어떤 다른 공통요인에 반응하되 기실 인과적 관련성을 띠는 것은 아닐 가능성도 여전히 남아 있다. 나는 계속해서 이산화탄소와 '세계적 유행병'을 이어주는 구체적이고도 개연성 있는 인과 기제를 찾아내야만 했다.

14

'세계적 유행병', 이산화탄소, 기후

'세계적 유행병'과 대기중 이산화탄소 농도 감소 간의 상관관계는 시사하는 바가 컸다. 그렇다면 두 가지는 과연 어떤 식으로 연관되었을까? 즉 역병을 비롯한 여러 질병들이 어떻게 이산화탄소 농도를 감소시킬 수 있었을까? 이 질문에 대한 답은 부분적으로 13장에 요약한 역사적 기록에서 얻을 수 있다. 이러한 기록에는 세 차례의 '세계적 유행병'이 도는 동안이나 그 이후 예외 없이 사람들이 대규모로 농가나 농촌을 버리고 떠난 사실이 실려 있다. 유럽에 역병이 발발하면서 버려진 농가는 폐허나 폐가로 묘사되곤 한다. 이러한 단어를 들으면 산들바람만 불어도 덜컹거리는 문짝, 지붕이 주저앉거나 무너져 내린 가옥과 헛간, 썩어가는 울타리를 칭칭 감고 기어오르는 야생 덩굴 따위가 연상된다. 그러나 자연은 이보다 한층 더한 일을 해내고 있었다. 놀랍도록 빠른 시일 내에 목초지와 경작지를 도로 숲으로 돌려놓은 것이다.

우리 가족은 10여 년 전, 지금 살고 있는 토지를 구입했다. 전 주인은 그 토지의 일부인 초원 아래쪽에 작은 크리스마스트리 농장을 시작했다.

그는 건초 베는 것보다 훨씬 거친 방법인 '부시 호깅(bush hogging)'을 통해 초원 대부분의 지역을 말끔하게 손질하고 있었다. 트랙터를 밀고 가면 뭉툭한 칼날이 회전하면서 풀뿐만 아니라 거기에 자라는 모든 것(묘목, 덤불 따위)을 기세 좋게 베어버린다. 땅을 구입하고 두 번의 여름이 지난 뒤 집을 짓기 시작했는데, 그 짧은 기간 동안 초원에서는 숲의 대반격이 이루어졌다. 근처 숲의 성체 삼나무에서 떨어져 나온 씨앗이 초원 가장자리를 따라 싹을 틔웠다. 쥐엄나무 묘목이 꼬투리에 의한 종자 분산과 뿌리 번식에 힘입어 초원에서 왕성하게 솟아났다. '부시 호깅'으로 잘려나갔지만 완전히 숨이 끊이지는 않은 네댓 종의 잡목과 삼나무도 여기저기서 올라오기 시작했다. 초원에는 울타리가 없었지만, 만약 울타리가 있었다면 새들이 비료막 속에 들어 있는 씨앗을 울타리 아래 땅에 떨어뜨려 나무들이 줄지어 자랐을 것이다. 나는 그 교외 땅에서 나무들이 급속하게 뻗어 오르는 광경을 보고 놀라움을 금치 못했다. 그리고 초원이 초원으로 유지되기 위해서 얼마나 많은 노력이 필요한지를 분명하게 깨달았다. 우리는 세력을 점차 넓혀가는 초목을 뜯어 먹도록 가축을 내보낼 수도 있지만, 눈앞에 자라는 풀이나 나무를 닥치는 대로 먹어치우는 것은 오직 염소뿐이다. 소와 말이 노닐 수 있도록 들판에 번지는 나무나 잡목을 없애려면 따로 나무를 잘라내야 했다.

이곳 버지니아 주에서는 삼나무와 쥐엄나무가 초원을 잠식하는 주요 수종이다. 북쪽으로 뉴욕에서는 단풍나무가, 뉴잉글랜드에서는 자작나무가 그와 같은 역할을 한다. 미국 시인 로버트 프로스트(Robert Frost)가 뉴잉글랜드 전역에 버려진 피폐한 농가를 둘러본다면 아마도 "초원을 싫어하는 무엇인가가 있다"[그의 시 〈담장 고치기(Mending Wall)〉에 나오는 구절, "담장을 싫어하는 무엇인가가 있다(Something there is that doesn't love a wall)"에 빗댄 표현이다—옮긴이)고 읊조렸을 것이다. 자연적으로 숲이던 지역에서는 버려진 목초지나 경작지들이 다들 놀랍도록 빠르게 숲으로 복구되었다.

역사를 살펴보면 유럽의 수많은 지역에서 주요 역병 피해를 입은 뒤 수십 년 혹은 심지어 100~200년 동안 농가들이 다시 들어서지 못했음을 알 수 있다. 농촌이 새로 형성되기까지 얼마나 많은 시간이 걸리느냐는 부분적으로 역병이 거듭 발발해 인구를 낮은 상태로 묶어두고 사람들을 가용 토지에서 멀어지게 만드느냐 그렇지 않느냐에 달려 있었다. 인간이 사라지면 초목은 농가에게 제 땅을 돌려달라고 요구하기 시작했고, 점차 자라면서 대기중의 이산화탄소를 빨아들였다. 생태학자들은 현장 증거와 모델 연구를 토대로 버려진 목초지와 경작지는 단 50년 만에 완전한 숲에서 전형적으로 나타나는 탄소(바이오매스) 수준을 회복할 수 있다고 밝혔다. 처음에 초원의 침략자인 잡목이나 나무 묘목들은 토양과 햇빛을 서로 차지하려고 다툰다. 이윽고 그 경쟁에서 일부 나무들이 승리를 거두기 시작하면서 숲은 얼마간 정돈된다. 50년이 지나면 제법 굵직한 나무들만 살아남아서, 성체 나무들을 간직한 노령의 숲은 아니지만 뿌리·줄기·가지에 저장된 탄소량이라는 측면에서는 완전한 숲의 꼴을 갖추게 된다. 대기에서 흡수되는 이산화탄소라는 관점에서 보자면 이것은 마치 땅이 단 50년 만에 숲으로 달라진 것과 같다.

이렇게 되면 수십 년 만에 대기중에서 이산화탄소가 사라지는 현상이 나타날 수 있다. 즉 세계적 유행병으로 사망자가 늘어난 결과 숲이 대규모로 복구되는 현상 말이다. 이어지는 시나리오를 상상해보라. 역병이 나돌기 전에는 점차적인 벌목에 의해 8000년 전과 산업시대 사이 시기에 흔히 볼 수 있었던 속도로 육지에서 탄소가 서서히 줄어들었다. 그 결과 대기중의 이산화탄소 농도는 조금씩 올라갔다. 그러다가 '세계적 유행병'

이 닥치자 이어진 50년 동안 사람들이 대거 죽어나갔고, 농가들이 버려졌고, 숲이 되살아났고, 대기중의 이산화탄소 농도가 낮아졌다. 숲이 복원되면서 이산화탄소가 줄어드는 속도는 숲이 파괴되면서 이산화탄소가 늘어나는 속도보다 훨씬 빠르다. 따라서 역병이 발생한 때로부터 50여 년이 지나면 이산화탄소 농도는 최저치를 기록한다.

이 지점에서부터는 몇 가지 다른 시나리오가 펼쳐질 수 있다. 첫째, 만약 '세계적 유행병'이 끝나면, 사람들은 곧바로 버려둔 농가를 다시 찾아가 새로 자라난 숲을 자르고, 농사지을 수 있도록 경작지를 복구할 것이다. 그렇게 되면 탄소가 다시 대기에 더해질 테고, 이산화탄소 수치는 역병이 발생하기 이전의 수준으로 잽싸게 돌아갈 것이다. 그러나 만약 역병이 처음 발발한 이래 10년 간격으로 거듭된다면, 100년이 지나야 비로소 농가들이 복구될 것이다.

역사를 돌아보면 '세계적 유행병'들의 패턴이 저마다 다르다는 것을 알 수 있다. 540~542년의 '유스티니아누스 역병'은 이전의 수백 년 동안 유행병들이 점차 강도를 더해가다가 마침내 정점을 찍은 사건이었다. 그 후로도 100년 남짓 그보다 덜 심각한 역병들이 이어졌다. 유럽 대부분의 지역에서 인구는 그로부터 수 세기가 지난 1000년경 중세 초엽에야 완전히 원상복구되었다. 반면 흑사병은 1347~1352년에 아무 경고도 없이 발발했고 몇 차례 더 재발했지만, 유럽 대부분의 지역의 인구는 1500년경 그럭저럭 이전 수준으로 돌아갔다. 1500년 이후 발발한 '아메리카의 세계적 유행병'은 정녕 끝이 없었다. 토착 인구는 유럽인 정착이 시작된 1700년 중엽과 말엽에도 원상태로 회복될 기미조차 보이지 않았다.

내가 로마시대와 흑사병이라는 '세계적 유행병'의 한 가지 측면에 대해 품은 궁금증은 끝내 풀리지 않은 채 남아 있다. 흑사병으로 유럽 인구가 크게 줄어든 것과 같은 세기에 중국의 인구도 감소하고 있었고, 그러고 나서는 중국 인구도 역시 거의 동일한 유형으로 반등했다.(그림 13.1 참조) 중국과 유럽의 대다수 지역은 이 기간 동안 대대적인 인구조사를 실시했으므로 인구 변화에서 드러난 이 같은 놀라운 유사성을 역사적 부정확성의 산물로 치부할 수는 없다. 질병사를 다룬 주요 문헌들은 대부분 이 기간 동안 중국이나 그 외 이란 동부에서 흑사병이 발발했다고 언급하고 있지 않다.

어쨌든 간에 나는 로마시대와 중세시대에 숲의 복구가 대기중의 이산화탄소 농도에 미치는 영향을 연구할 때 중국은 제외했다. 입증되지 않은 역사적 증거에 따르면 대체로 중국의 모든 경작지는 약 3000년 전, 인구가 밀집한 북부와 중부 지역에서 벌목이 이루어진 결과물임을 알 수 있다. 그때쯤 중국은 영국에서 1089년의 삼림 파괴를 초래한 인구밀도(둠스데이 조사에 따른, 1제곱킬로미터당 11명)를 넘어섰다. 나는 중국에서 남아도는 인구가 로마시대와 중세시대에 인구가 줄고 그에 따라 버려진 농가들을 차지한다고 치면, 당시 사망률이 어마어마했다 해도 숲의 복원 정도가 최저치를 기록했으리라고 추론했다.

그에 따르면 처음 두 번의 '세계적 유행병' 발발 시기에는 유럽과 지중해 연안지대가, 세 번째 '세계적 유행병' 발발 시기에는 남·북아메리카가 숲이 복원될 여지가 있는 지역이었다. 버려진 농가의 양을 추정하기 위해 인간이 1인당 남긴 '숲 발자국'이라는 개념(9장)을 다시 살펴보았다. 그렇지만 이번에는 그 개념을 정반대로, 즉 버려진 농가를 정량화하는 데 사용했다. 석기시대인과 철기시대인이 차지했으리라 추정되는 땅은 각각 1인당 0.03제곱킬로미터와 0.09제곱킬로미터이므로, 역병으로 숨진 이들은 각각 그만큼의 땅을 포기했다고 가정한 것이다. 50년 뒤 농가에 새로 숲이 조성되면 과거 숲이 파괴되었을 때 대기에 유입된 것과 같은 양의 탄소가 대기중에서 사라진다. 대기로부터 빼앗긴 총 탄소량은 다음과 같은 계산을 통해 얻을 수 있다.

역병으로 숨진
사람들 수   ×   1인당
포기한 농지   ×   숲의 복원으로 줄어든
1제곱킬로미터당 탄소량

나무의 성장에 쓰이는 탄소가 전적으로 대기에서만 오는 것은 아니다. 대기는 몇 년 주기로 바다 표층이나 세계의 모든 식물(육지식물과 바다식물)과 끊임없이 탄소를 교환하며, 따라서 이 같은 상이한 탄소 저장고들도 숲 복원에 필요한 탄소를 제공하는 데 기여한다. 따라서 대기에서 가져다 쓰는 이산화탄소양은 줄어든다. 나는 이 모든 요인을 고려해본 결과, '세계적 유행병'들이 발발한 뒤 진행된 숲 복원이 4~10ppm에 이르는 관측된 이산화탄소 감소를 설명해주기에 충분한 규모임을 확인했다.

또한 '세계적 유행병'들이 전 지구 차원의 평균 삼림 벌채 속도를 늦추어 대기중의 이산화탄소 농도가 줄어들도록 만들 수 있었다는 데 생각이 미쳤다. 이산화탄소는 수천 년에 걸친 삼림 파괴를 통해 꾸준히 대기에 더해졌지만, 또한 바다에 흡수됨으로써 계속 제거되었다. 이산화탄소가 심해로 옮겨가는 과정은 '세계적 유행병'에 따른 삼림 파괴 속도보다 한층 더 느리게 진행되었다. 만약 '세계적 유행병'으로 이산화탄소 투입률은 대폭 떨어지고 바다가 흡수하는 비율은 조금 떨어졌다면, 대기중의 이산화탄소 총량은 줄어들어야 한다.

'세계적 유행병'들은 피해 지역에서 삼림 파괴를 완전히 중단시킨 것으로 보인다. 이것은 그 지역에서 실제로 숲이 되살아났다는 역사적 증거에 따른 판단이다. '세계적 유행병'의 피해 지역에서 갑자기 삼림 파괴가 중단된 결과, 그 병을 비껴간 세계의 다른 지역들에서 느리지만 쉴 새 없이 진행되던 삼림 파괴 효과를 압도했다. 그로써 전 세계의 평균 삼림 파괴율이 낮아졌고, 대기중의 이산화탄소 농도 역시 그 추세를 따랐을 것이다.

인류는 또한 세 번째 방식으로 이산화탄소 감소에 기여했을 수 있다. 약 2000년 전, 삼림 파괴가 이루어지던 중국의 북부와 중부에서는 대다수 사람들이 난방이나 조리를 위해 석탄을 연료로 사용했다고 전해진다. 로마시대와 중세시대의 높은 사망률은 그 지역에서의 인구 손실에 비례하는 만큼 석탄 연소에 따른 이산화탄소 배출량을 줄여주었을 것이다. 이 모든 요소―숲의 복구, 삼림 파괴의 감소, 석탄 연소의 감소―가 대기중의 이산화탄소 농도를 낮추는 데 한몫했을 것이다. 만약 (화산 분화나 태양 활동의 미세한 변화 같은) 자연적인 요인이 대기중의 이산화탄소 감소를 제대로 설명해주지 못한다면, 인간이 가장 중요한 요인이었음에 틀림없다.

이러한 결과는 '세계적 유행병'으로 인한 이산화탄소 변화가 지난 2000년간의 기후 변동에서 중요한 역할을 했음을 말해준다. 기후 시스템이 '두 배의 이산화탄소'에 반응한 결과는 2.5°C의 기온 상승이므로, '세계적 유행병'으로 이산화탄소 수치가 4~10ppm 감소하면 지구 기후는 0.04~0.1°C 냉각할 것이다. 이러한 냉각은 추웠던 로마시대(200~600년), 따뜻했던 중세시대(900~1200년), 그리고 다시 추웠던 소빙기(1300~1900년)에 관측된 기온 변화(그림 12.3)의 상당 부분을 말해준다. 화산 분화나 태양 활동의 미세한 변화 같은 요인이 기온 변화에서 맡은 역할을 배제할 수는 없다. 그러나 그러한 자연적인 과정은 실험을 통과하지 못한 반면, '세계적 유행병' 가설은 어쨌거나 재구성된 기온 감소를 훼손하지 않으면서 이산화탄소 감소 규모를 설명해주었다.

이 책 3부는 수천 년 전에 소규모 빙하작용이 시작되었어야 했지만, 인

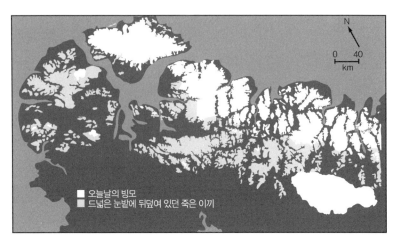

그림 14.1 오늘날 빠른 속도로 녹아내리고 있는 배핀 섬의 소규모 빙모는 '죽은' 이끼밭에 에워싸여 있다. 이끼가 죽은 것은 1900년대 이전 여름을 이기고 살아남은 두꺼운 잔설층에 가려서 햇빛을 보지 못한 결과다.

간이 방출한 이산화탄소와 메탄이 서서히 늘어나 온난화가 진행되면서 추세가 역전되었다는 결론으로 마무리되었다. 이산화탄소의 경우, 인간이 초래한 전체 비정상치는 중세시대에 무려 40ppm까지 늘어났다. '세계적 유행병'들은 그 가운데 약 10ppm을 떨어뜨렸다.(물론 화산 분화나 태양 활동의 미세한 변화도 그것을 거들었을 것이다.) 실제로 '세계적 유행병'들은 인류 연원 온실가스가 새로운 빙하작용이 시작되지 못하도록 '저지'하는 활동을 대폭 축소시켰다. 이처럼 느닷없는 이산화탄소 감소는 기후 시스템을 진작에 빙하작용이 이루어졌어야 하는 상태로 몰아갔다.

배핀 섬에서는 수백 년 전 캐나다 북동부의 빙하기 상태가 어느 정도였는지 보여주는 단서를 찾아볼 수 있다. 9장에서 지적한 대로, 거기에는 오늘날 몇 개의 작은 빙모가 고원지대 높은 곳에 남아 있다. 빙모 주변에는 '죽은' 이끼밭이 드넓게 펼쳐져 있다.(그림 14.1) 그 이끼밭은 그곳이 중세시대 때 빙하기에 근접했음을 보여주는 으스스한 잔재다.

이끼는 나무와 암석의 표면에서 얇게 자라는 회녹색 식물이다. 다른 초목들과 마찬가지로 이끼도 광합성을 하고 성장을 하려면 태양·이산화탄소·영양물질을 필요로 한다. 빛은 태양으로부터 공급받고, 이산화탄소는 공기중에서 쉽게 얻을 수 있다. 그러나 영양물질만큼은 대부분의 다른 초목들과 달리 이상한 원천으로부터 구한다. 바로 자신들이 붙어서 자라는 얼핏 그다지 우호적이어 보이지 않는 표면에서다. 이끼는 암석을 공격해 그 구성성분인 광물과 원소로 분해한 다음 그것들을 영양물질로 이용한다. 한편 북극의 이끼는 겨울밤이면 온도가 대개 영하 수십 ℃까지 내려가는지라 혹한에도 잘 적응해 있다. 따라서 혹한이 북극권 지역에 살아가는 종들의 목숨을 앗아갈 수는 없다.

그러나 무엇인가가 이끼를 망가뜨리고 귀기 어린 죽은 이끼밭을 펼쳐놓았다. 그럴듯한 설명은 오직 이끼가 해를 보지 못했다는 것뿐이다. 그런데 해를 차단하는 가장 좋은 방법은 눈이 겨울에 추가된 뒤 여름에 완전히 녹아내리지 않는 과정을 되풀이하면서 켜켜이 쌓여 이끼를 묻어버리는 것이다. 죽은 이끼밭은 영구적인 얼음층이 배핀 섬 고지대의 드넓은 지역을 뒤덮고 있었던 시기의 흔적이라고 여겨진다.

오늘날 같은 고원 등성이에서는 지난 100년 동안 자란 어린 이끼를 볼 수 있다. 새로운 이끼가 성장한 시기는 소빙기가 끝나고 온난화가 진행된 최근 시기와 일치한다. 증거를 종합하면 이런 결론을 이끌어낼 수 있다. 즉 배핀 섬 고지대의 드넓은 지역에 한때 이끼가 자랐다(물론 지금은 죽은 이끼밭만이 남아 있지만), 그러다가 영원이 녹지 않는 눈밭이 켜켜이 쌓여서 태양을 가리는 바람에 이끼가 죽었다, 한참 뒤인 지금으로부터 약 100년 전, 눈밭이 녹고 새로운 이끼가 자라나기 시작했다……. 수십 년 전, 과학자들은 이 증거를 보고 소빙기에 옛 이끼 세대를 죽게 만든 영구적인 눈밭이 생겨났다고 결론지었다.

눈은 해를 거듭하면서 녹지 않고 쌓여서 영구적인 눈밭을 이루고, 위에 놓인 눈의 압력을 받는 등 여러 과정을 거치면서 서서히 싸라기눈(firn)으로, 그다음 얼음으로 바뀐다. 처음에는 눈과 싸라기눈과 얼음이 그저 제자리에 쌓인다 뿐 움직이지 않는다. 얼음은 두께가 수십 미터에 이르러야만 돌아다니기 시작하며, 이 단계가 되어야 비로소 빙하라 불릴 수 있다. 알려진 바에 따르면, 소빙기 때 배핀 섬 꼭대기에 형성된 눈밭(혹은 얼음밭)은 결코 움직일 수 있을 정도로 두껍지가 않았다. 따라서 엄밀하게 말해서 빙하가 아니었다. 그러니만큼 빙하작용이 시작된 거라고 보기 어려웠다. 그러나 빙하작용이 이루어지는 방향으로 중요한 발걸음을 내디딘 것만은 확실했다.

그와 같은 의미에서, 소빙기는 단지 기후가 약간 추운 시기였다 뿐 진짜 빙하기는 아니었다. 하지만 몇 백 년 전 캐나다 북동부의 한 지역에서 진짜 빙하기 쪽으로 작은 발걸음을 내디딘 현상이 최초로 시작되었다. 나는 이것이 부분적으로 1500년 이후 '아메리카의 세계적 유행병'이 화산 분화와 태양 활동의 미세한 변화 같은 자연적인 변화와 손잡고 대기중의 이산화탄소를 감소시킨 결과라고 보았다.(그림 14.2) 만약 이 같은 소량의 이산화탄소 감소(10ppm)가 이 지역을 빙하기 상태에 가까워지도록 도왔다면, 인류 연원의 메탄·이산화탄소 비정상치를 대기중에서 제거할 경우, 캐나다 북동부 대부분의 지역에서 빙하작용이 진행되었을 것이다.

'세계적 유행병', 이산화탄소, 기후 간의 관련성은 그 밖에도 여러 가지 함의를 지닌다. 13장에서 언급한 대로 일부 기후과학자와 역사학자들은 기후가 추운 기간에, 적어도 극히 취약한 극북 지역에서는 기근이 발생해

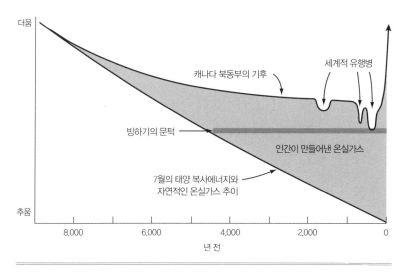

더움

캐나다 북동부의 기후

세계적 유행병

빙하기의 문턱

인간이 만들어낸 온실가스

7월의 태양 복사에너지와
자연적인 온실가스 추이

추움

8,000   6,000   4,000   2,000   0

년 전

그림 14.2 '세계적 유행병'들이 초래한 이산화탄소 감소로 캐나다 북동부의 일부 지역이 새로운 빙하작용에 필요한 문턱에 다다른 것 같다.

인구가 줄어든다는 가설을 세웠다. 날씨가 한랭다습한 시기에는 작물이 냉해를 입거나 질척거리는 논밭에서 썩어버리고, 그에 따라 사람들도 굶어 죽는다. 한파는 굶어서 기진맥진해진 이들이 질병에 걸리거나 죽어가게 만드는 원인이 되기도 한다.

최근에는 지난 2000년 동안의 인구와 기후 간 관련성에 관해 제법 도발적인 해석이 내려졌다. 지구 인구가 따뜻한 기후 시기에는 늘어나고 추운 기후 시기에는 줄어드는 경향이 있다는 관측을 기반으로 하여, 일반적으로 인류에게 따뜻한 기후는 좋고 추운 기후는 나쁘다는 결론을 이끌어낸 것이다. 이렇게 해서 미래의 온실가스 온난화는 여하한 것이든 필시 인류에게 이로우리라는 주장이 지구 온난화 논쟁에 끼어들었다.

그렇다면 이러한 기후와 인구의 관련성은 과연 세계 차원에서도 말이 되는가? 역사학자들은 일반적으로 이런 유의 '환경결정론'―즉 기후가 인구를 제어하는 주요인이라는 생각 ─ 에 거부감을 드러냈다. 먼저, 그들은 심지어 소빙기 가운데 가장 추웠던 수십 년 동안에도 온도가 고작 겨울에 1~2℃, 여름 생장기에 0.2~0.3℃밖에 떨어지지 않았다고 반박했다. 또한 이러한 규모의 온도 하락은 오직 극북 지역이나 고위도 지역에서만 일어났다 뿐, 열대지방이나 아열대지방, 혹은 낮은 고도 지역의 경우 온도 하락폭이 훨씬 적었다고 반박했다.

온도 하락폭이 큰 고위도 지역에서는 최상의 계절에만 제한적으로 농사를 지을 수 있으므로 실제로 사람들이 거의 살지 않는다. 결국 이들 지역의 흉작과 기근은 대륙 전체, 혹은 전 지구 차원에서는 거의 혹은 전혀 영향을 미치지 않는다. 사람들은 대부분 열대지방이나 습윤한 아열대지방에 살고 있으며, 그런 사정은 지난 수천 년 동안에도 크게 다르지 않았다. 따뜻한 위도상에서 살아가는 이들에게 소량의 기온 감소는 도리어 반가운 일일 것이다. 0.2~0.3℃의 온도차를 사람들이 체감할 수 있을는지는 모르겠지만 말이다. 세계 인구의 대다수는 소빙기의 냉각에 의미 있는 영향을 받지 않았을 것이다.

그러나 자료(그림 13.1 참조)를 보면 전 지구의 인구와 기후는 모종의 관련성을 띤다는 것을 알 수 있다. '상관관계가 곧 인과관계는 아니'지만, 둘 간에 보이는 분명한 상관관계를 어떻게 설명할 수 있을지 따져봐야 한다. 내 연구결과가 그에 대한 답이 될 수 있다. 추운 기후 기간과 그와 시기가 겹치는 인구 감소는 각기 '세계적 유행병'과 관련한 별개의 반응이다. '세계적 유행병'은 분명한 이유에서 대규모 인구 손실을 초래하지만, 다른 한편 이산화탄소를 감소시켜 기후가 추워지는 데에도 기여한다. 한마디로 인구 손실이 추운 기후 시기와 상관관계를 보이는 것은 틀림없는 사실이나, 추운 기후가 인구 손실을 초래한 것은 아니다. 여기에서 원인

요소는 바로 질병이다.

'세계적 유행병'과 이산화탄소의 상관관계는 산업시대 초기에 방출된 것으로 추정되는 탄소량에 관한 연구와도 연관된다. 토지 이용 변화에 따른 탄소 방출량 복원 수치는 1840년까지, 그보다 다소 거친 추정치는 1800년까지 확보되어 있다. 1700년대 말과 1800년대 초의 추이에 관한 최근의 해석을 보면, 토지 개간이 산업시대 초에 늘어나기 시작했지만, 1840년 이후처럼 그렇게 급속도로 진행된 것은 아니었음을 알 수 있다.

'세계적 유행병'–'이산화탄소' 가설은 이렇게 복원한 자료에 한 가지 새로운 요소를 더해준다. '아메리카의 세계적 유행병'은 산업시대가 시작될 무렵에도 여전히 전면적인 영향력을 행사하고 있었다는 것이다. 토착인구가 유럽인이 들여온 질병에 따른 인구 격감에서 좀처럼 회복되지 못한 탓이다. 유럽인이 정착하기 시작하면서, 대개 비옥한 강 범람원이나 인근 지역의 저지대를 시발점으로 드넓은 숲이 잘려나갔다. 그 숲은 대부분 과거에 개간되었고, 많은 인구가 모여 살았고, 아메리카 원주민들의 농가가 다닥다닥 들어섰지만, 버려진 뒤 다시 숲으로 복구된 지역이었다. 이것은 1700~1800년대에 남·북아메리카 대륙에서 삼림 파괴와 탄소 방출 비율의 대폭적 상승이 전적으로 최초의 숲 파괴에 따른 결과만은 아님을 암시한다. 즉 그것은 부분적으로, 훨씬 더 과거에 토착민들이 처음 파괴했지만 수백만 명이 숨진 뒤 다시 살아난 숲, 그 숲을 '재'파괴한 결과이기도 한 것이다. 만약 이 말이 맞는다면 산업시대 초기에 파괴된 것으로 간주된 숲에는 실상 '아메리카의 세계적 유행병' 이후 복구된 숲도 포함되어 있음을 알 수 있다.

마지막으로 이 책 3~4부에 요약된 결과들은 지난 수천 년간의 기후 변화 연구를 무진장 복잡하게 만든다. 지금까지 초기 기간들을 연구한 주된 이유는 (200년 전 시작된 것으로 여겨지는 위력적인 인간의 개입보다는) 기후 시스템의 자연적인 활동을 규정하기 위해서였다. 인간이 지구에 미치는 영향을 별도로 떼어놓고 자연적인 기후 시스템의 활동을 정확하게 정량화하는 게 주목적이었던 것이다. 그러나 이제는 지난 수천 년의 기후 변화에서 인간에게 영향을 받지 않은 부분이 따로 없다는 사실이 확연해졌다. 최근 몇 천에서 몇 백 년을 연구하는 것도 여전히 충분한 가치가 있지만, 좀더 중요한(그리고 좀더 까다로운) 과제는 기후의 자연적인 변동으로부터 인간이 기후에 미치는 영향을 따로 떼어내어 규명하는 일이다.

5부

인간이 통제권을 쥐다

∆∆∆∆

1700년대 말과 1800년대에 세계는 산업시대에 접어들었다. 처음에 증기, 나중에 휘발유로 움직이는 엔진 같은 기술혁신은 저렴한 동력을 생산하고 이용할 수 있도록 도와주었다. 수확기를 비롯한 여러 농기구의 발명은 농업의 모습을 완전히 바꿔놓았으며, 농민들이 초원 풀의 깊은 뿌리를 뒤집고 비옥한 토양을 일굴 수 있게 해주었다. 지구상의 인구는 1850년에 10억에서 2000년에는 60억으로 껑충 불어났다.

혁신의 시대가 환경에 미친 결과는 실로 놀라웠다. 어떤 설명에 따르면, 인간은 이제 자연(물·얼음·바람·산사태 등)이 모두 힘을 합쳤을 때보다 더 많은 암석과 토양을 여기저기 실어 나르고 있다. 농경지는 세계 육지 표면의 10~15퍼센트를, 목초지는 6~8퍼센트를 차지하고 있다. 둘을 합하면 20퍼센트에 가깝다. 이용 가능한 땅의 대다수—사막·산지·툰드라·빙상을 제외한 부분—가 농업 용지로 쓰이고 있다. 담수의 절반 이상은 인간이 사용하고 있으며 그 대부분은 관개에 쓰인다. 대다수 산업국가에서 거의 모든 숲이 한 번쯤 잘려나간 적이 있다. 세계의 강들은 댐 건설로 자연적인 흐름에 방해를 받았고, 같은 강이 여러 차례 그런 수난을 겪은 일도 비일비재했다. 종합하건대 이제 육지 면적의 30~50퍼센트는 인간의 손길에 의해 크게 달라졌고, 나머지 지역도 그보다는 작지만 저마다 나름의 변화에 시달렸다.

인간은 이제 지구에 막대한 영향을 끼치는 환경요소로 떠올랐다. 자연은 지역적인 차원에서, 짧은 기간 동안 허리케인·홍수·지진·토네이도·가뭄 따위로 통제권을 되찾을 수는 있다. 그러나 자연적인 위협이 가시면 인간은 불도저, 흙 파는 기계 따위를 동원해 원하는 대로 상황을 되돌려 놓는다.

나는 이 책 3부에서 인간이 수천만 년 전 온실가스 추세를 통제했다고, 또한 온실가스 농도가 점차 증가하면서 그렇지 않았더라면 발생했을 자연적인 냉각의 상당 부분을 저지했다고 주장했다. 이 싸움에서 자연은 여전히 인간보다 다소 강하게 기후에 영향을 주었다. 그러나 지난 200년 동안 인간이 온실가스에 끼친 영향은 몰라보게 증가했다. 온실가스 농도는 지난 40만 년 동안의 자연적인 범위를 훌쩍 넘어서는 정도까지 치솟았고, 인간이 기후에 미치는 영향력도 전(前)산업시대보다 상당폭 커졌다. 그렇다면 인간의 영향력은 자연의 영향력을 능가하는가?

대다수 과학자들은 다음의 두 가지 관측에 동의한다. 첫 번째, 지난 200년 동안 온실가스 농도는 자연적인 수준을 넘어 급격하게 증가했다. 두 번째, 전 지구의 온도는 지난 125년 동안 이례적으로 빠르게 0.6~0.7°C 상승했다. 사정이 이렇다 보니 우리는 당장에라도 "인간이 일으킨 전례 없는 온난화가 진행되고 있다"는 결론을 이끌어내고 싶은 충동을 느낀다.

그러나 그러한 결론은 말처럼 그리 쉽게 정당화될 수 없다. 믿을 만한 기후과학자라면 관측된 온난화의 적어도 '일부'는 분명 온실가스 농도 증가 때문이라는 데 동의하겠지만, 온난화 '전체'가 온실가스에 의해서'만' 야기되었다고는 주장하지 않을 것이다. 다른 요인들도 기후에 영향을 미치며, 따라서 산업시대에 인간이 기후에 어느 정도 영향을 미쳤는지 밝히려면 우선 그 요인들부터 찾아내야 한다.

한 가지 비정상적으로 보이는 관측 결과가 있다. 바로 인간이 이산화탄소와 메탄을 크게 증가시켰는데도(15장), 지난 200년의 기후 온난화는 전(前)산업시대에 인간이 만들어낸 정도에 그쳤다는 점이다. 이에 대한 가장 주된 설명은 기후 시스템이 급격하게 도입된 온실가스에 완전히 적응하려면 수십 년이 걸리므로, 지난 반세기 동안 지구 기온이 폭발적인 온실가스 증가를 미처 따라잡지 못했다는 것이다. 또 한 가지 그럴듯한 설명은 다른 산업 배기가스들이 대기에 배출되면서 온실가스로 인한 온난화 효과를 일부 소거했다는 것이다.

미래에 온실가스로 인한 온난화 규모가 어느 정도일지는 화석연료 생산이 경제적으로 얼마나 수지타산이 맞는지, 우리가 그에 따라 발생하는 온실가스 가운데 얼마만큼을 (얼마나 빠르게) 대기중에 내보낼지, 그리고 기후 시스템이 그들의 투입에 얼마나 민감하게 반응할지(16장)에 달려 있다. 이 같은 예상에서 가장 불확실한 점은 미래의 기술발달이 인류 연원의 온실가스를 얼마나 줄여줄 수 있느냐 하는 것이다.

우리 인간 선조들은 수백만 년 동안 기후에 아무런 영향을 끼치지 않았다. 그 뒤 수천 년 동안 인간의 영향력은 작지만 서서히 커지기 시작했다. 그러다가 급기야 지난 세기에는 인간이 기후에 미치는 영향이 자연을 능가했다. 이런 추세는 다가오는 수백 년 동안에도 크게 달라지지 않을 것이다. 지금으로부터 1000년 남짓한 세월 동안 화석연료 시대는 대체로 막을 내릴 테고, 그러면 기후 시스템은 천천히 자연적인(좀더 추운) 상태로 접어들 것이다.(17장)

15

▲▲▲▲

온실가스로 인한 지구 온난화: 거북과 토끼

눈이 매서운 독자들은 10장에서 모순되어 보이는 점을 한 가지 발견하고 당혹감을 느꼈을지도 모르겠다. 그림 10.1은 산업혁명 이전에는 인간이 만들어낸 것으로 추정되는 온실가스가 비교적 서서히 증가(이산화탄소 40ppm과 메탄 250ppb)했는데도 지구 기온이 비교적 크게 상승(0.8°C)한 데 반해, 산업시대에는 큰 폭으로 증가한 온실가스(이산화탄소 100ppm과 메탄 1000ppb)가 지구 기온을 고작 0.6°C만 상승시켰음을 보여준다. 이들 반응의 상대적 규모는 모순되어 보인다. 그러나 사실은 그렇지 않다. 두 가지 요인이 그 차이를 설명해준다.

첫 번째(이자 더 중요한) 설명은 거북과 토끼의 차이다. 즉 온실가스 농도가 전(前)산업시대에는 서서히 증가했지만 산업시대에는 몹시 빠르게 증가한 나머지 기후 시스템이 미처 그 결과를 기온에 반영할 틈이 없었던 것이다. 기후 시스템은 온실가스 증가 같은 새로운 방향의 자극에 제대로 반응하기까지 수십 년이 걸린다. 우리는 이러한 지체를 기후 시스템의 '반응시간'이라고 부른다.

만약 당신이 겨울휴가를 떠나면서 온수 욕조를 옥외에 그대로 방치해 두었다고 치자. 사용하지도 않으면서 전기세를 내고 싶지 않았던 당신은 온도를 낮춰놓았다. 집에 돌아온 당신은 뜨거운 물에 몸을 담그고 싶어서 온수 욕조의 온도를 다시 올렸다. 그러나 당신이 선택한 온도까지 물이 데워지려면 한 시간 넘게 기다려야 한다. 이러한 지체가 바로 그 욕조의 반응시간이다. 과학자들은 욕조가 설정 온도의 특정 부분까지 데우는 데 걸리는 시간을 반응시간이라고 정의하곤 한다. 반응시간을 측정하는 편리한 방법(여기에서도 사용한 방법)은 욕조가 처음 시작 온도와 설정 온도의 중간까지 가는 데 걸리는 시간을 재는 것이다.

기후 시스템의 반응시간 효과는 나날의 삶에서 분명하게 확인할 수 있다. 태양광선은 날마다 정오에 최대 세기에 이르지만, 기온이 가장 높아지는 때는 그로부터 몇 시간 뒤다. 해마다 북반구에서 태양 복사에너지 강도가 최고점에 이르는 것은 6월 21일이지만, 육지의 여름 기온은 7월 중순이나 그 이후가 되어야 비로소 가장 높아진다. 매일, 혹은 연중 일어나는 시간 지체는 기후 시스템이 즉각 반응하지 않는다는 것을 보여준다. 기후 시스템의 반응에는 지체가 내재되어 있다.

기후과학자들에게는 전체 기후 시스템이 최근의 온실가스 증가에 보이는 평균 반응시간을 밝혀내는 문제가 주어졌다. 그러나 이것은 간단하지 않다. 즉 기후 시스템은 수많은 상이한 부분들로 이루어져 있고, 그들의 반응시간이 저마다 다르기 때문이다.(표 15.1) 우리는 제각각인 반응시간을 모두 고려해 지구 전체의 평균 반응시간을 구해야 한다.

만약 당신이 우주에서 지구의 주위를 돌면서 내려다보면 지구표면의 중요한 부분들, 즉 육지(30퍼센트)와 바다(70퍼센트)가 보일 것이다. 다시 육지는 빙하가 없는 부분(27퍼센트)과 빙상에 뒤덮인 부분(3퍼센트)으로, 바다

표 15.1 지구 기후 시스템의 반응시간

기후 시스템의 구성요소	반응시간
육지	
빙하가 없는 육지	몇 시간~몇 달
빙상	몇 천 년
바다	
저위도 표층수	몇 달~몇 년
극지방 표층수	몇 달~몇 십 년
해빙	몇 달 ~ 몇 십 년
심해	몇 세기
지구 평균	몇 십 년

는 해빙이 없는 지역(66퍼센트)과 계절에 따라 변화하는 해빙에 뒤덮인 지역(4퍼센트)으로 나뉜다. 그러므로 기후 시스템을 구성하는 부분들의 반응을 알아내고 각각이 지구표면에서 차지하는 비율에 따라 가중치를 둔 뒤, 지구 행성에 대한 반응을 모두 합한 가중 평균치를 계산하는 것이 한 가지 접근법이 될 수 있다.

빙하가 없는 육지는 우리가 일상적인 삶에서 가장 흔히 만나볼 수 있는 곳이다. 바다에서 한참 떨어진 이곳 웨스트버지니아 주는 봄이면 낮 기온이 밤 기온보다 자그마치 25℃나 높다. 이처럼 반응이 강한 이유는 부분적으로 토양이나 암석의 표층은 태양 복사에너지를 흡수해 몹시 뜨거워지지만, 열이 속으로 깊이 파고들어 가지는 않기 때문이다. 단 한 번의 오후에도 가열 반응이 강하게 일어난다는 사실을 통해 육지 표층과 그 위에 드리운 대기층의 반응시간은 짧다는 것을 알 수 있다. 이런 까닭에 북반구 대륙의 내륙은 태양 복사에너지 양이 최대인 하지로부터 약 한 달밖에 지나지 않은 7월이면 기온이 최고점에 이른다. 이 모든 정보를 토대로, 육지와 그 상층 대기가 주어진 기후 변화에 반응하는 시간은 며칠에서 몇 주로 측정되었다.

지구 육지 표면의 극히 일부를 덮고 있는 빙상은 기후 시스템의 반응 스펙트럼에서 정반대 끝에 위치해 있다.(4장) 거대 빙상은 가장 최근의 해빙이 약 1만 6000년 전에 시작되어 6000년 전에야 끝난 사례에서 보듯이 용융하는 데 수천 년이 걸린다. 빙상이 성장하는 속도는 용융하는 속도보다 한층 더 느리다. 빙상의 반응시간은 5000~1만 년 사이 어디쯤엔가 놓여 있어서, 전체 기후 시스템의 구성요소들 가운데 속도가 가장 느리다. 산꼭대기의 빙모나 산악빙하 꼴로 등장하는 좀더 크기가 작은 얼음 덩어리는 사정이 약간 다르다. 즉 이들은 주어진 반응에 훨씬 더 빠르게 (단 10년 만에) 반응하지만, 지구표면의 극히 일부만을 차지하고 있어서 지구 전체의 반응 평균치에는 거의 영향을 주지 않는다.

따라서 지구의 육지 표면은 반응이 상당히 빠른 지역이 주를 이루지만 반응이 한량없이 더딘 얼음으로 뒤덮인 지역도 포함한다. 그러나 육지는 지구표면의 30퍼센트만을 차지하고 있다. 지구 행성의 전체 반응 대부분은 틀림없이 나머지 70퍼센트를 구성하는 바다가 주도한다. 바다는 또 다른 이유에서도 중요하다. 즉 물은 자연적인 특성상 다량의 열을 보유하며, 그에 따라 바다는 기후 시스템 가운데 태양에서 받은 열을 가장 많이 저장할 수 있는 장소다.

바다의 반응시간을 알아내는 것은 무척이나 까다롭다. 바다의 표층(해수면에서부터 몇 십 미터 깊이까지)은 해수면에 닿아 아래로 뚫고 들어가는 태양 복사에너지 양의 변화에 반응하며 어느 계절에는 따뜻해지고 어느 계절에는 차가워진다. 계절에 따라 달라지는 바다 표층수의 온도 변화폭은 육지의 온도 변화폭보다 훨씬 작고, 태양 복사에너지와 해수온 사이에는 한두 달가량 시간 지체가 생긴다. 이 같은 시간 지체가 바로 9월에 바닷가를 찾으면 태양광선은 세 달 동안 약해졌고 상층 기온은 차가운데도 해수온만큼은 마치 여름처럼 따뜻하게 느껴지는 까닭이다. 바닷물의 반응시간은 육지의 반응시간보다 약간 더 느리지만, 빙상보다는 훨씬 더 빠르다.

바다의 표층은 저위도와 고위도에서 각기 다르게 작동한다. 열대지방과 아열대지방 대부분의 지역에서는 바다 최상층의 따뜻한 수온이 연중 유지된다. 태양 복사에너지가 이 층을 따뜻하게 데워주므로 대기권의 바람이 그 물을 휘저어서 더 깊은 바다까지 열을 전달한다. 산들바람은 바다를 아주 조금만 휘젓지만 세찬 폭풍은 50~100미터 깊이까지 표층의 열을 전달해준다. 이런 식으로 바다 최상층의 온기가 '바람에 의해 섞이는 층'까지 퍼진다. 그리고 아래에서는 좀더 차가운 물이 표면을 향해 위로 용승(湧昇, upwelling)한다. 하지만 세찬 폭풍은 이따금만 발생하므로 열기가 바다 깊은 곳까지 뒤섞이려면 시간이 걸린다. 이 모든 과정이 열대 바다의 반응시간에 중요하게 작용한다. 그 반응시간은 육지보다는 길지만 빙상보다는 짧은 약 20년으로 추정된다.

극지방에서는 태양에 의한 가열이 한층 약화되고, 늘 따뜻한 바다층이라는 게 아예 존재하지 않는다. 한여름이라고 해봐야 약간 덜 차가운 물이 표층에 얇은 막을 두른 정도에 불과하다. 고위도 지방에서는 전형적인 극지의 겨울 동안 매우 낮은 기온이 짠 바닷물을 차갑게 만들고 밀도를 높인 뒤 깊은 바닷속으로 수백 미터 넘게 내려보낸다. 극지방이나 그 부근의 바다에서는 이렇게 아래로 하강한 물이 저위도 지방으로 흘러간다.

이처럼 광대한 바다 표층 아래는 기후 시스템에서 느리게 반응하는 곳들 가운데 하나다. 극지방에서 하강한 물덩어리가 심해로 이동하는 여정을 모두 마치기까지는 평균 1000년이 걸린다. 심해는 전체 바다 부피의 90퍼센트 이상을 차지하므로, 얼핏 1000년에 걸친 느리디느린 심해의 물갈이가 바다 전체의 반응을 주도하는 것처럼 보일 수도 있다.

그러나 실제로 심해는 표층수와 너무 동떨어져 있어서 설사 느릿느릿 반응한다 해도 바다 전체의 반응에는 실질적인 영향을 끼치지 않는다. 아래로 가라앉아 다른 곳으로 흘러가는 물은 대부분 오랫동안 표층수로 돌아오지 않으므로, 바다 표층은 아래에서 일어나고 있는 더딘 변화를 '느끼지' 못한다.

하지만 고위도 바다는 여러 가지 면에서 바다 전체의 반응시간에 중요한 역할을 한다. 먼저, 고위도 바다는 차가워진 표층수를 저 아래 깊은 바다로 대거 내려보낼 때면 그와 동시에 아래쪽 물을 표층으로 밀어 올린다. 그런데 이러한 대대적인 전복은 오직 몇 년 혹은 몇 십 년에 한 번씩 겨울 동안 일어나는 현상이므로, 표층의 기후 변화가 수백에서 수천 미터에 걸친 바다에 퍼지기까지는 수십 년이 걸린다. 요컨대 극지방에서 표층 바다의 반응은 느리다.

특별히 예측하기가 까다로운 고위도 반응의 한 가지 측면은 온난화가 바다의 전복 속도를 늦춰주느냐 아니냐, 하는 점이다. 따뜻한 바닷물은 차가운 바닷물보다 밀도가 낮으므로 바다 표층에 머무르려는 경향이 강하다. 일반적인 기후 온난화가 바다 표층수를 따뜻하게(혹은 차갑지 않게) 만들면 만들수록 그 물은 표층에 남아 있으려는 경향이 강해진다. 더욱이 온난화는 한랭기단(겨울에 바다 위로 불어 열기를 빼앗아감으로써 차갑고 조밀해진 바닷물을 바다 깊은 곳으로 내려보낸다)의 기세를 누그러뜨릴 것이다. 겨울의 냉각화가 주춤하면 전복이 약화되고 따뜻한 바닷물은 표층에 머물 것이다. 또한 극 부근의 고위도상에서 바닷물 전복이 대폭 줄어들면 지구는 온실가스가 야기한 온난화에 좀더 적극적으로 반응할 것이다.

지구표면을 이루는 부분들 가운데 바다의 반응시간에 영향을 주는 마지막 존재는 해빙이다. 남극대륙 부근에서 해빙은 매해 겨울마다 1미터 두께의 층으로 형성되지만, 이듬해 여름이면 거의 다 녹아버린다. 수명이 1년에 불과한 얇은 얼음의 반응시간은 분명 짧아 보인다. 반면 북극해의 대부분은 몇 년에 걸쳐 생성된 3~4미터 두께의 해빙에 뒤덮여 있고, 그 대부분은 해가 가도 녹지 않으며 심지어 얇아지지도 않는다. 두껍고 안정된 북극 해빙의 반응시간은 좀더 길어서 몇 년에서 몇 십 년에 이르는 것으로 보인다.

바다의 순환에 미치는 이 모든 영향력을 한꺼번에 고려해볼 때, 바다의 평균 반응시간 추정치는 25~75년 사이다. 바다는 지구표면의 70퍼센트를 차지하고, 바다는 육지보다 훨씬 더 많은 열을 저장할 수 있으므로, 전체 기후 시스템의 평균 반응시간도 같은 범위에 놓인다. 가장 정확한 추정치는 아마도 30~50년일 것이다.

이 반응시간은 온실가스가 증가한 두 번의 시기에서 다른 결과를 보인다. 전(前)산업시대에는 이산화탄소와 메탄의 증가 속도가 한정 없이 느려서 장장 수천 년에 걸쳐 있었다. 기후 시스템은 온실가스가 변화하고 몇 십 년이 지나면 반응을 보이는데도, 수 세기가 흐르는 동안 온실가스 농도의 증가 속도가 어찌나 더뎠는지 기후 시스템은 당시 존재하는 온실가스 양과 거의 전적인 균형을 이루고 있었다.(14장에서 언급한 역병 발발 시기만은 예외였다.)

반면 산업시대에는 대기중의 온실가스 농도가 폭발적으로 증가했다.(그림 15.1) 그 증가분의 절반을 웃도는 양이 내가 살아 있는 동안 만들어졌

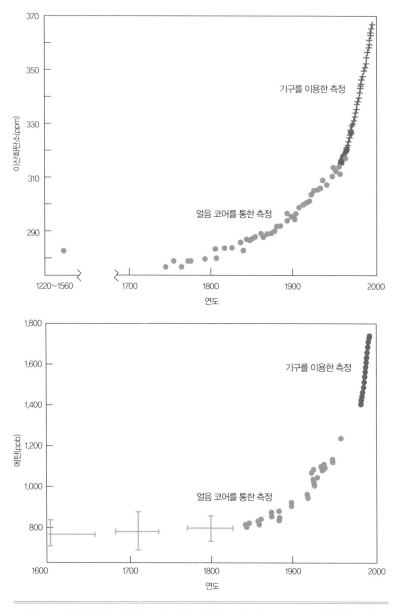

그림 15.1 1800년대 이후 산업화가 대기중의 이산화탄소와 메탄 농도의 급증에 영향을 미친 것은 틀림없는 사실이다.

다. 산업시대에 온실가스 증가의 최초 조짐은 1800년 무렵 드러났지만, 1900년까지 증가분은 전체의 20퍼센트 미만이었다. 1950년경에조차 현재(2005년)까지의 이산화탄소·메탄 증가분의 30퍼센트가 못 되는 정도만 기록하고 있었다. 따라서 산업시대의 온실가스 증가분 가운데 나머지 70퍼센트는 기후 시스템의 반응시간 추정치에 상당하는 기간(30~50년) 동안 일어난 셈이다.

한마디로 기후 시스템은 결국 일어나게 될 온난화의 상당 부분을 미처 기록할 겨를이 없었다. 몇몇 추정치에 따르면, 현재의 온실가스 수치로 인해 결국 일어나게 될 온난화의 절반 이상은 아직껏 모습을 드러내지 않고 있다. 우리가 미래에 배출할 온실가스를 어떻게든 제한할 수 있게 된 다 하더라도(예컨대 대기중의 온실가스 농도를 향후 몇 십 년간 정확하게 같은 수준으로 유지하는 식으로), 기후 시스템이 서서히 현재의 온실가스 농도와 전면적인 균형을 이루게 됨에 따라, 지구 기후는 계속 따뜻한 상태를 유지할 것이다. 이처럼 기후가 반응하기까지 시간 지체가 존재한다는 점이 전(前)산업시대와 비교해 산업시대에 온실가스가 크게 증가했음에도 온난화 정도가 너무나 작은 것처럼 보이는 주된 이유다.

분명하게 드러나는 이러한 불일치의 원인에 관한 두 번째 설명은 산업시대에 기후를 냉각함으로써 온실가스 온난화의 효과를 반감시키는 다른 종류의 배기가스들이 대기에 배출되었다는 것이다. 그에 반해 전(前)산업시대에는 그것들이 배출되지 않았거나 적어도 기후에 영향을 미칠 만큼 충분한 양이 아니었다. 산업시대에 굴뚝에서 배출된 주요 배기가스들 가운데 온실가스가 아닌 것은 바로 이산화황(SO_2)이다. 이산화황 가스는 대기중에 배출되면 에어로졸이라는 작은 입자로 변한다. 화산 분화로 발생하는 황과 달리 이 황 입자는 성층권에 도달하지 않는다. 성층권에서라면

황 입자가 정착하기까지 몇 년 동안 그대로 머물러 있었을 테지만, 대기권에서는 대신 수백에서 수천 미터 상공으로 상승한 뒤 우세풍을 타고 서서히 배출 지점에서 벗어난다. 이산화황의 3대 주원천은 미국 중서부, 유럽(특히 구소련에서 분리된 동유럽 국가들), 그리고 중국이다. 에어로졸 기둥은 하강기류를 타고 이들 장소의 동편에 자리를 잡는다. 황 입자는 태양에서 유입되는 복사에너지를 일부 반사하므로 그들이 기후에 미치는 효과는 지역적 차원의 냉각이다. 냉각의 정도는 알려져 있지 않지만, 입자의 크기·모양·색깔과 관련된 복잡한 세부사항들, 그리고 그것이 대기권에서 어느 높이에 있느냐에 따라 달라진다. 이 에어로졸은 며칠 혹은 몇 주 내로 비에 의해 대기에서 씻겨나가지만, 그런 일은 이들이 하강기류를 타고 수백에서 수천 킬로미터를 떠나닌 뒤에야 일어난다.

얼음 코어에는 인간이 방출한 에어로졸의 역사가 일부 기록되어 있다. 그린란드에서 시추한 어느 얼음 코어의 황산염 함량(그림 15.2)을 보면 1650년에서 1900년께까지 북반구와 열대지방에서 대규모 화산 분화가 있었을 때 잠깐 치솟은 경우를 제외하고는 대체로 낮은 농도를 유지했음을 알 수 있다. 그러다가 1900년 무렵, 산업시대에 접어든 지역들 대부분에서, 특히 북아메리카에서 배경농도(background concentration: 오염상태가 심한 지역의 오염원이 발생시키는 직접적인 영향을 배제한 오염 농도—옮긴이)가 꾸준히 증가하기 시작했다. 1980년께, 황산염 수치가 뚝 떨어진 것은 대기오염방지법(Clean Air Act)의 통과로 미국에서 이산화황의 배출이 줄어든 결과다.

전(前)산업시대에는 적어도 산업시대와 비교했을 때 황산염 배출이 무시할 정도였을 것이다. 청동기시대와 철기시대 초기의 야금학은 뜨거운 불을 필요로 하지 않았고, 1700년대나 그 이후와 비교했을 때 굴뚝 높이도 높지 않았다. 이 때문에 배출된 이산화황은 대기중으로 높이 올라가서

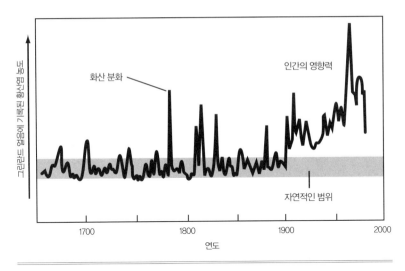

그림 15.2 그린란드 얼음의 측정 결과는 산업시대에 대기중의 황산염 농도가 급증하다가 1970년 대 대기오염방지법이 통과되자 하강곡선을 그리고 있음을 보여준다.

드넓은 지역으로 퍼져나가는 대신, 계속 지면 가까이에, 배출 지역 내에 머물러 있었을 것이다. 그러므로 전(前)산업시대에는 이산화황 배출이 기후를 큰 폭으로 냉각했을 것 같지 않다.

황산염 입자는 우리가 산업시대에 배출하는 여러 에어로졸들 가운데 하나에 불과하고, 그 밖의 에어로졸들이 기후에 미치는 영향력은 더욱 불확실하다. 오늘날 삼림 파괴 등 여러 가지 연소로 배출되는 '블랙카본 (black carbon: 석탄, 석유, 나무 등 탄소를 포함한 연료가 불완전연소할 때 나오는 그을 음—옮긴이)' 입자는 태양 복사에너지를 흡수해 낮은 대류권의 온난화에 영향을 미치는 것으로 보이지만, 그것이 지구 기온을 얼마만큼 따뜻하게 만드는지는 알려져 있지 않다. 1700년대 산업시대 이전의 숲 파괴와 연소의 비율이 오늘날의 5~10퍼센트에 그친다는 점을 감안하면, 그로 인해 생긴 에어로졸이 지구 기후에 표가 날 정도로 영향을 미쳤을 가능성은 별로 없는 것 같다.

일부 추정치에 따르면, 산업시대에는 에어로졸이 온실가스로 인한 온난화(만약 에어로졸이 없었을 경우 발생했을)의 20퍼센트를 상쇄할 만큼 기후를 냉각했다. 이러한 냉각 효과가 지난 200년 동안 온실가스가 큰 폭으로 증가했는데도 지구 기온이 상대적으로 조금만 상승한 현상을 설명해주는 두 번째 요인이다. 이와 관련해 또 한 가지 따져봐야 할 요소는 태양 복사 에너지에 대한 지구표면의 반응과 반사율을 달라지게 만드는 산업시대의 삼림 파괴 효과다. 어쨌든 온실가스 증가와 최근의 온난화 추세가 불일치하는 이유를 설명해주는 가장 유망한 답변은 바로 기후 시스템의 반응 지체와 황산염 에어로졸로 인한 냉각 효과다.

역설적이지만, 산업시대의 온실가스와 기타 배기가스를 과거 수준으로 되돌려놓기 위한 느닷없고도 전면적인 조치는 여하한 것이든 온난화 효과를 감소하기는커녕 도리어 강화할 것이다. 우리가 오늘날 대기중에 그 어떤 이산화황도 배출하지 않으면 현재 대기중에 있는 황산염 에어로졸이 몇 주 내로 비에 씻겨나갈 것이다. 그렇게 되면 그들의 냉각 효과도 사라지고, 따라서 거의 즉시 얼마간 온난화가 초래될 것이다. 한편 우리가 오늘날 대기중에 이산화탄소를 배출하지 않으면, 현재 대기중에 존재하는 산업시대 이산화탄소 초과분의 절반을 심해가 흡수하는 데 1세기도 더 걸릴 것이다. 산업시대의 냉각 효과는 재빨리 제거했지만 온난화 효과는 그대로 남겨둔다면, 기후는 꾸준히 따뜻한 상태를 유지할 것이다. 더욱이 최소 몇 십 년 동안은 과거의 온실가스 증가에 반응하는 데 있어 아직 실현되지 않고 잠복해 있는 온난화 효과도 속속 드러나면서 온도가 한층 더 올라갈 것이다. 이상하게 들리지만 틀림없는 말이다. 즉 만약 우리가 산업시대의 배기가스를 모두 없앤다면 적어도 몇 십 년 동안은 지구 온난화가 더욱 가속화할 것이다. 그런 다음 이산화탄소 수치가 점차 낮아지고 기후 시스템이 거기에 서서히 반응하게 되면서 기후가 냉각하기 시작할 것이다.

16

미래의 온난화 규모, 커질까 작아질까

미래에 온실가스로 인한 온난화 규모는 주로 두 가지 점에 달려 있다. 첫째, 이산화탄소를 비롯한 온실가스의 농도가 인간 활동에 의해 얼마나 많이 증가할 것인가? 둘째, 기후 시스템은 이들 증가분에 얼마나 민감하게 반응할 것인가? 이 두 가지 질문에 대한 답에는 상당 정도의 불확실성이 내포되어 있다. 자연이 지구 퇴적암에 탄소를 기반으로 한 세 가지 에너지원을 저장하는 데에는 수백만 년이 소요되었다. 석탄 속에 저장된 탄소는 본시 육지 저지대의 저산소 습지에서 초목이 썩어서 만들어졌다. 석유와 천연가스에 축적된 탄소는 얕은 바다의 플랑크톤 잔해와 기타 부스러기들에서 유래했다. 세월이 흐르면서 묻혀 있던 이 유기물질이 열과 압력을 받아 석탄·석유·천연가스로 바뀌었다. 매장된 석탄은 대부분 생성된 지 몇 억 년이 지난 것이다. 석유와 천연가스도 거의 그에 필적할 만큼 오래된 것으로, 만들어진 지 몇 천만 년 혹은 몇 억 년이 되었다.

반면 오늘날 인간이 화석연료에 의존하게 된 것은 1800년대 중반에야 시작된 일로, 여전히 얼마 되지 않았다. 처음에는 석탄이 산업용 에너지와 가정용 난방에 쓰이는 연료였지만, 언젠가부터 석유와 천연가스가 여러 가지 목적에서 석탄을 대체했다. 그러나 이러한 자원들은 벌써부터 궁극적인 한계를 드러내기 시작했다.

석유는 사실상 자동차와 트럭에 사용되는 유일한 연료이지만, 공급은 유한하다. 최근의 몇 가지 추정치〔예를 들어 켄 데파이스(Ken Deffeyes)의 책 《허버트의 정점(Hubbert's Peak)》〕에 따르면, 우리는 2004~2009년 사이 어느 때인가 지구 역사에서(혹은 앞으로의 역사까지 포함해) 가장 많은 양의 석유를 퍼올린 것으로 기록될 해를 맞이할 것이다. 이처럼 피크오일(peak oil)을 찍은 해가 지나면 채굴(및 소비)량은 점차 줄어들고, 100여 년 정도 지나면 경제성을 저울질해봤을 때 이용 가능한 석유가 대부분 고갈될 것이다. 그보다 훨씬 더 낙관적인 예측조차 2010년을 넘어서면 석유 생산이 이내 줄어들 거라고 내다봤다.

미국에서 석유 생산량은 1970년에 최고점을 찍었고, 이후 줄곧 하강곡선을 그리고 있다. 한때 세계 최대의 생산량을 자랑하던 미국 남서부와 서부의 대규모 유전은 모두 1940년대 말에 발견된 것들이고, 그 후에는 집중적인 탐사와 시추 작업이 이루어졌음에도 그 지역에서 제법 규모를 갖춘 새로운 유전을 단 한 군데도 발견하지 못했다. 석유회사들은 혁신적인 신기술을 이용해 이미 개발된 대규모 유전들 사이에 자리한 작은 석유 매장지들을 찾아냈다. 그러나 이러한 발견은 그저 지난 30년 동안의 석유 발굴 하락 속도를 더 빨라지지 않도록 막아주었을 뿐이다. 어쨌거나 이 '새로운' 원천과 알래스카 유전에 힘입어 미국은 해외의존도를 늘려오던 추세를 다소나마 늦출 수 있었다. 알래스카 주 프루도만의 노스슬로프에 매장된 석유량은 150억~300억 배럴로 추정되지만, 이것은 세계 인구의 4년치 소비량에 불과하다.

단연 최대 규모를 자랑하는 세계적인 유전들은 중동의 페르시아 만 지역에 몰려 있다. 그러나 이 지역의 유전들은 전부 1950년대에 발견되었다. 페르시아 만 지역의 석유 매장량 규모와 관련해서는 다소 혼선이 있다. 1980년대에 페르시아 만 국가들은 갑자기 일시에 석유 매장량 추정치를 올려 잡았다. 석유수출국기구(Organization of Petroleum Exporting Countries, OPEC)가 매장량 규모를 연간 생산 할당량 분할의 기준으로 삼겠다고 결정한 직후였다. 수많은 분석가들은 당시(혹은 그 후로도) 새로운 유전 발견 소식이 들리지 않았으므로, 회원국들이 석유수출국기구의 총생산에서 과거 자국의 지분을 유지하고자 하는 단기적 경제 동기에서 발표한 숫자를 곧이곧대로 믿지 않는다.

만약 페르시아 만의 과거(더 낮은) 석유 매장량 추정치가 맞는다면, 생산량이 정점을 찍을 해가 그리 멀지 않았다. 미국의 역사적 사정과 유사하게 세계의 석유 잔여분 역시 대부분 이미 시추되고 있는 주요 유전들 사이에 산재한 작은 웅덩이들에 매장되어 있다. 설사 페르시아 만 지역의 석유 매장량 상향 추정치가 맞는다 해도, 석유 생산량이 최고조에 달할 해는 마찬가지로 얼마 남지 않았다. 아마도 20년 이내일 것이다. 석유수출국기구 회원국들은 계속해서 알려진 자국 매장량을 점점 더 빠른 속도로 퍼 올리겠다고, 그래서 생산량이 정점을 찍는 해를 좀더 늦추겠다고 결정할 수도 있었다. 하지만 그렇게 한다면 매장된 석유는 더 빨리 고갈될 테고, 정점 이후 생산량 하락폭은 더욱 가팔라질 것이다.

일부 낙관론자들은 미탐사 지역에 아직 발견되지 않은 광대한 유전이 존재한다고 확신하고 있지만, 데파이스는 지구의 대다수 지역이 이미 탐사되었으므로 우리를 놀라게 할 희소식은 좀처럼 들려오지 않으리라 본다. 우선, 지질학자는 표면에 드러난 암석 노두를 지도로 나타내고, 지구

물리학자는 지진 관측 장비를 동원해 지표면 아래층의 이미지를 확보하고 있다. 또한 지구화학자는 탐사용 우물을 시추해 조사할 수 있도록 지표면 아래층의 표본을 구한다. 그리고 이 표본들을 실험실에서 분석해 그 지역의 기온이나 압력이 석유를 만들어내기에 적합한 조건인지 밝혀낸다. 이제 지구상의 거의 대부분의 지역에서 탐사용 우물을 시추한 상태이므로 거대한 미발견 유정이 존재할 가능성은 높지 않다. 영토 분쟁이 끊이지 않는 탓에 남중국해(South China Sea)는 지구상에서 넓은 지역들 가운데 아직껏 탐험되지 않은 최후의 장소이지만, 지질학적으로 따져보건대 페르시아 만 같은 규모의 유정이 숨어 있을 것 같지는 않다. 기(既)탐사 지역을 과거보다 더 깊이 시추하는 것도 별반 도움이 되지 않을 것이다. 석유는 비교적 깊이가 얕은 곳(표면으로부터 1.5~5킬로미터 떨어진 곳)에서 기온이나 압력이 적절한 조건일 때 생성되기 때문이다.

한편, 지구상에서는 석유에 대한 수요가 꾸준히 늘고 있다. 수십 년 전에는 유정 하나면 세계가 몇 년 동안 필요로 하는 분량을 공급할 수 있었지만, 지금은 수요가 무지막지하게 늘어나서 오직 그 일부만을 감당할 수 있다. 동아시아 국가들이 계속 산업화함에 따라 소비량은 점차 늘어나기만 할 뿐이다. 겁 없이 치솟는 석유 소비는 분명 어느 지점에서인가 경제적으로 수지타산을 맞출 수 있는 수준을 넘어설 테고, 생산량이 제자리걸음을 하다가 점차 줄어들 것이다. 엄밀히 말해서 우리는 결코 석유를 '바닥내지는' 못할 것이다. 지구상의 어디에선가는 아직 시추되지 않은 석유가 존재할 테고, 그 일부는 여전히 퍼 올릴 가치가 있을 것이기 때문이다. 그러나 점차 작아지고 여기저기 흩어져 있는 원천들에서 석유를 추출하려면 비용이 늘어날 것이다. 추출 비용이 그렇게 해서 얻는 보상에 서서히 육박하면, 석유 생산 기업들은 미국에서 많은 회사가 그랬듯이 폐업

수순을 밟을 것이다.

이 모든 이유로, 연간 석유 생산량이 최대가 될 때(그리고 석유 이용에 따라 대기중에 방출되는 이산화탄소양이 최고가 될 때)는 10여 년 내에 닥칠 것 같다. 그렇게 되면 천연가스나 석탄에 더욱 의존하는 시기가 열릴 것이다. 천연가스는 석유와 같은 지역, 같은 원천에서, 그러나 기온과 압력은 더 높은 상황에서 생겨난다. 석유를 시추하는 이들은 수년 동안 대부분의 천연가스를 정두(wellhead: 시추 장비와 유정 사이를 이어주는 장치 — 옮긴이)에서 대기중으로 그냥 태워버렸다. 그러나 천연가스는 이제 업계와 가정의 에너지원으로 인식되고 있으므로, 석유만큼 값어치가 높다. 지금 그리고 앞으로 예측되는 사용 속도에 따르면, 천연가스는 석유보다는 좀더 오래갈 것이다. 더욱이 천연가스는 석유보다 더 높은 기온이나 압력에서도 안정적이므로, 시베리아를 비롯한 여러 지역에서 아직 발견되지 않은 채 남아 있을 가능성이 높다. 그럼에도 점차 석유 의존에서 벗어나고 있는 세계는 이번 세기가 끝나갈 무렵 천연가스 잔여분을 대부분 소비할 것으로 추정된다. 이용 가능한 석유와 천연가스 매장량이 거의 고갈되면 22세기에 주로 쓰이게 될 연료로는 화석연료인 석탄이 남는다. (주로 러시아·중국·미국에 매장된) 석탄은 앞으로 한두 세기 동안 에너지원이 되어줄 수 있지만, 그로 인해 환경이 치러야 하는 대가는 만만치 않을 것이다.

몇 십 년 전까지만 해도, 석탄은 지금으로서는 상상도 하기 힘든 방식으로 채굴되었다. 광부들이 건강에 해롭고 위험하기 짝이 없는 좁은 석탄층에서 등을 구부린 채 작업을 했다. 축축한 탄광 바닥에 드러눕거나 쭈그리고 앉기, 석탄 바로 아래 놓인 암석층 파기, 1미터 정도 드러나 있는 석탄 폭발하기, 삽질해서 석탄 끌어내기, 그리고 다시 들어가기를 끊임없이 되풀이하는 힘겨운 과정이었다. 하지만 이제는 주로 기계가 대규모로 그 일을 한다. 터널을 뚫고 들어가는 대신 다량의 흙을 옮기는 대형 기계가 석탄층 위에 놓인 모든 것을 그냥 치워버리는 식이다. 석탄층은 두께가 1미터에 불과하고, 날라야 하는 총 암석의 일부분을 차지하고 있을 따름이다. 따라서 석탄 추출은 다른 어딘가에 치워야 하는 어마어마한 양의 암석 부스러기를 만들어낸다. 웨스트버지니아 주에서는 석탄을 캐낸 결과 드넓은 지역의 지형이 달라지고 있다. 산꼭대기는 깎여나가고 계곡은 암석 부스러기로 가득 차 있으며, 여러 가지 환경 안전장치들이 들어서 있는 것이다. 이런 식으로 석탄 캐는 데 드는 돈과 에너지 비용은 석유나 천연가스보다 훨씬 많지만, 아직까지는 경제적으로 수지타산을 맞출 수 있는 상태다.

오늘날의 기술로는 석탄이 석유나 천연가스에 비해 이용 가능한 에너지 단위당 이산화탄소를 더 많이 배출한다. 톤당 가장 많은 에너지를 내는 석탄 유형은 초기에 채굴되었고, 남은 석탄의 상당 부분은 에너지 효율이 떨어지며, 고대 습지에 식물 탄소와 함께 축적되어 있던 황을 다량 함유하고 있다. 석탄이 에너지원으로서 석유와 천연가스를 대체하기 시작하면, 사용되는 에너지 단위당 이산화탄소와 황의 배출량이 늘어날 것이다. 기술혁신으로 석탄 연소로 인한 황 배출량을 완화할 여지는 있지만, 이산화탄소 배출량을 줄이는 데 쓰일 수 있는 방법은 좀체 보이지 않는다. 현재 우리의 지식수준에 따르건대, 세계가 석탄을 에너지원으로 사용하기 시작하면 지구의 이산화탄소 배출량이 눈에 띄게 증가할 것이다.

2004년에 대기중의 이산화탄소는 전(前)산업시대의 280ppm보다 33퍼센트가량 불어난 375ppm을 기록했다. 인간은 다른 온실가스들(메탄·오존·질소산화물 등)도 배출하였는데, 당시 대기중 이산화탄소의 증가율(33퍼센트)은 총 온실가스 증가율의 두 배에 이를 만큼 컸다.(그림 15.1 참조) 그렇다면 미래에는 이 같은 이산화탄소 추세가 과연 어떻게 이어질지 궁금해진다.

미래의 이산화탄소 농도를 가늠하려면 몇 가지 요인(그 가운데 일부는 본질적으로 예측이 어렵다)을 고려해보아야 한다. 세계에 매장된 화석연료를 소비함으로써 배출되는 이산화탄소 총량이 하나의 변인이고, 매장된 화석연료의 사용 속도가 또 하나의 변인이다. 산업시대에 대기에 더해진 여벌의 이산화탄소 분자를 심해가 모두 빼앗아가기까지는 대체로 약 125년이 소요된다. 만약 이산화탄소가 한꺼번에 급격하게 대기에 더해진다면 바다의 능력으로는 그것을 미처 다 흡수하지 못할 것이다. 반면 이산화탄소가 서서히 더해진다면 바다는 이산화탄소를 빨아들여서 이산화탄소 농도가 최고조에 이르지 않게끔 제한할 여지가 늘어난다.

가장 불확실한 점은 기술혁신이 미래의 배출량에 어떤 영향을 미칠지이다. 인간이 창의성을 발휘해 석탄을 소비하되 많은 이산화탄소를 대기 중에 내보내지는 않게 해주는 방식을 고안했으면 하는 바람은 전혀 얼토당토않은 게 아니다. 그러나 수억 톤의 이산화탄소를 처리하는 일은 틀림없이 쉽지도 저렴하지도 않을 것이다.

이러한 불확실성에도 불구하고 과학자나 경제학자들은 미래의 추세가 놓일 수 있는 범위를 그럴듯한 시나리오로 제시했다.(그림 16.1) 가장 낙관적인 시나리오는 인간이 공공정책, 자발적인 실천, 기술혁신 따위를 통해 온실가스 배출량을 어떻게든 줄여나가리라고 가정한다. 이에 따르면 이산화탄소 농도는 2200년 무렵(혹은 그보다 일찍) 두 배가 되는 지점까지 상승하고, 100년 남짓 비슷한 기조를 유지하다가 서서히 떨어지리라고 내다봤다. 이 낙관적인 예측조차 최소한 지난 500만~1000만 년 동안 지구 대기권에서는 본 적 없는 수준으로 이산화탄소가 늘어나리라고 전망

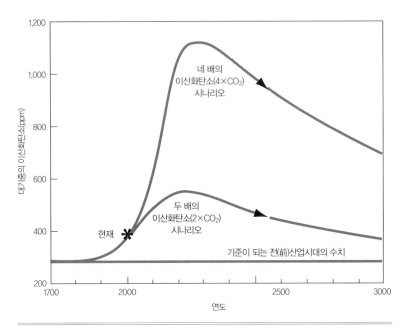

그림 16.1　대기중의 이산화탄소 농도는 화석연료 소비로 인해 향후 수 세기 내에 자연적인(전(前) 산업시대) 수준의 두 배에서 네 배에 달할 것으로 보인다.

한다.

　두 번째 시나리오는 흔히 '온실가스 배출량 전망치(business as usual, BAU: 온실가스를 감축하기 위한 어떠한 인위적 조치도 취하지 않을 경우 배출되리라 예상되는 온실가스 총량―옮긴이)'라고 불린다. 이것은 중요한 기술혁신도 온실가스를 줄이는 데 힘쓰는 강력한 정치적·공적 노력도 없다고 가정한다. 이 시나리오에 따르면 2200~2300년 무렵 이산화탄소 농도는 전(前)산업시대의 최소 네 배에 이르게 된다. 지난 5000만 년의 지구 역사 가운데 가장 높은 수준이다.

　둘 중 어떤 시나리오가 더 개연성이 있는가? 그것은 사실 너도 모르고 나도 모른다. 이산화탄소 배출량을 줄여주는 새로운 기술이 등장한다 하더라도 가난한 나라는 그것을 활용할 여력이 없을 테고, 부유한 나라는 경제적 경쟁력에서 우위를 잃을까 봐 그 기술의 사용을 꺼릴 수도 있다. 결과적으로 적어도 이산화탄소가 두 배에 이르는 상황은 피하기 어려워 보인다. 설사 탄소 배출 비율을 현재 수준에 묶어둘 수 있다 해도 여전히 '두 배의 이산화탄소'가 되는 단계에 도달할 것이다. 해마다 새로 이산화탄소를 더하는 속도가 이미 대기중에 존재하는 이산화탄소를 바다에 빼앗기는 속도보다 빠를 것이기 때문이다. 1997년 교토협약(Kyoto Treaty)은 미래의 이산화탄소 배출을 1990년대 말 수준으로 제한하는 것을 목표로 했다. 그러나 교토협약이 채택되었음에도 대기중의 이산화탄소 농도는 꾸준히 빠른 속도로 증가할 것이다. 우리가 앞으로 계속 현대적인 산업화를 추진하면 '두 배의 이산화탄소'가 되는 수준을 상회할 가능성이 있다.

미래의 온실가스 온난화 규모를 결정짓는 두 번째 요소는 기후 시스템이 '두 배의 이산화탄소'(동일하게 기여하는 다른 온실가스들도 포함)에 어떻게 반응하는가 하는 점이다. 나는 지금까지 이산화탄소 수치가 두 배로 늘어나면 전 지구 기온이 2.5℃ 높아지리라는 추정치를 여러 차례 인용했다. 이 추정치는 '정부간기후변화위원회(Intergovernmental Panel on Climate Change, IPCC)'의 과학자 모임에서 발표된 것이고, 다양한 종류의 기후 모델을 기반으로 한 추정치들(1.5~4.5℃)의 중앙값이다. 이 추정치들의 분포 범위는 적어도 방향만큼은 일치한다는 의미에서 보자면 고무적일 정도로 좁지만, 미래의 구체적 추정치를 알고자 하는 이들에게는 여전히 짜증 날 정도로 넓다.

기후 모델을 불확실하게 하는 데 가장 결정적인 구실을 하는 것은 구름이다. 높고 성긴 구름인 권운은 따뜻한 지구표면에서 방출된 역복사에너지(back-radiation)를 가로막고 그것을 대기중에 가둠으로써 기후를 따뜻하게 만든다. 낮게 깔리는 검은 구름인 적란운은 지구에서 나오는 역복사에 너지를 차단하는 양보다 입사 태양 복사에너지를 반사하는 양이 더 많아 서 기후를 냉각하는 경향이 있다. 대기중에서 저마다 다른 높이에 떠 있 는 다른 구름들의 역할에 대해서는 아직 잘 알려져 있지 않다.

대부분의 모델이 '두 배의 이산화탄소'가 상승시키는 기온 추정치들의 중앙값(2.5℃)을 가리키고 있지만, 일부 기후과학자들은 그에 동의하지 않 는다. 그보다 낮은 1.5℃ 미만일 거라고 주장하는 이들은 온실가스 증가 분이라고 알려진 수치에 비해 마지막 세기의 온난화 규모가 크지 않았다 는 사실을 지적한다. 그러나 이러한 비교는 최근 수십 년간 측정된 온난 화는 기후 시스템의 반응 지체 탓에 불완전한 것이라는 주장을 간과한 결 과다. 또한 이러한 관점은 중요한 에어로졸의 냉각 효과(15장)를 부정하고 있다. 그렇지만 현재로서는 기후 시스템의 반응 지체 규모도 에어로졸이 기후에 얼마만큼 영향을 미치는지도 잘 알려져 있지 않다.

그림 16.2는 온실가스가 '두 배의 이산화탄소', '네 배의 이산화탄소'에 상응하는 수준으로 증가할 경우 지구의 평균 기온이 얼마나 상승하는지 보여준다. 이 같은 온난화 정도가 무엇을 의미하는지는 분명하므로, 우리 는 지구 역사에서 이산화탄소 수치가 비교적 높았던 시기를 돌아보아야 한다.

최근에 지구의 이산화탄소 수치는 500만~2000만 년 전인 전(前)산업시 대의 두 배가 되었다. 그때는 지금보다 얼음이 훨씬 적었던 시기였다. 그 린란드에 빙상이 없었고, 북극의 해빙도 더 적었고, 스칸디나비아의 일부 산맥을 빼고는 산악빙하도 거의 없었다. 또한 남극에서는 해빙의 규모가 지금보다 훨씬 적었으며, 고위도 지방의 대륙빙상도 더 작았다. 극북 지역 의 식생도 지금과 달랐다. 지금처럼 북극해를 둘러싼 툰드라와 영구동토

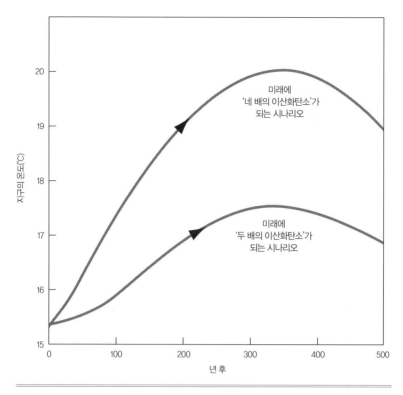

그림 16.2 이산화탄소를 비롯한 온실가스들이 대기에 더해지면 지구 온도가 몇 °C 정도 상승할 것으로 보인다.

가 드넓게 펼쳐져 있는 대신, 오늘날에는 툰드라 이남 지역에서나 볼 수 있는 침엽수림(가문비나무와 아메리카 낙엽송)이 자랐다. 기온이 더 따뜻했으므로, 수많은 종류의 식생이 오늘날보다 더 높은 위도상에, 더 높은 고도에서 살아갔다. 분명 지금 우리가 살고 있는 세계와는 확연하게 달랐다.

지금으로부터 2~3세기 뒤 우리 후손들이 살아가게 될 세계가 그와 같을까? 이 질문의 답에 대해서는 속단하기 어렵지만, 아마 그렇다와 아니다의 중간쯤이 될 것이다. 그 답은 당신이 기후 시스템의 어느 부분을 염두에 두고 있는가에 따라 달라진다. 기후 시스템의 각 부분이 미래의 온 난화에 반응하는 정도는 그 부분의 반응시간에 따라 결정된다.(표 15.1 참 조) 온실가스 농도의 정점과 그로 인한 온도의 정점은 약 200년 동안 지속 되므로, 기후 시스템 가운데 빨리 반응하는 부분은 급격하게 바뀌겠지만, 느리게 반응하는 부분은 영향을 한층 덜 받을 것이다.

기후 시스템 가운데 가장 느리게 반응하는 빙상은 기후 변화에 반응하 기까지 수천 년이 걸린다. 따라서 미래에 기후가 따뜻해지면 그린란드 빙 상의 아랫부분이나 좀더 따뜻한 가장자리는 녹아내리기 시작하겠지만, 빙상 덩어리는 온실가스 증가세가 둔화될 무렵까지도 크게 달라지지 않 을 것이다. (물론 최근의 분석들은 그보다 더 많은 영향을 받을 거라고 주장하고 있지만.) 남극대륙에 꽁꽁 얼어 있는 빙상은 아마 거의 영향을 받지 않을 것이다. 그곳의 기단은 찬 기운이 다소 누그러지고 따라서 더 많은 습기를 머금 어 극 쪽으로 날라줄 수 있다. 눈이 쌓이는 속도는 빙상 위 중앙 부분에서 빨라질 것이다. 반면 빙상의 아래쪽 가장자리를 따라서는 약간 더 따뜻한 바다가 얼음 사라지는 속도를 더해줄 것이다. 남극대륙의 빙상이 전체적 으로 느는지 주는지는 이 싸움에서 어떤 과정이 승리를 거두느냐에 달려 있다. 어느 쪽이든 빙상 크기에 큰 변화가 없을 가능성이 가장 높다.

상황은 산악빙하의 경우 더욱 자명하다. 이 작은 얼음덩어리들은 기후 변화에 몇 십 년 내로 반응하므로, 미래의 온난화에 크게 영향을 받을 테 고, 대부분은 완전히 사라질 것이다. 현재 실제로 지상의 모든 산악빙하 들이 이미 산업시대의 온난화에 반응하면서 녹아내리고 있다. 지난 세기 에 글레이셔국립공원(Glacier National Park)에 있는 빙하의 약 70퍼센트(대 부분 작은 것들)가 사라졌다. 현재의 속도대로라면 큰 빙하들도 2030년경에 는 모조리 사라져서 '글레이셔(빙하)국립공원'이라는 이름이 무색해질 것

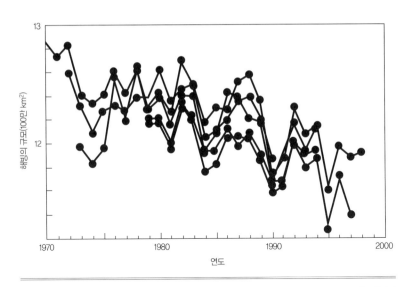

그림 16.3 인공위성에 기초한 여러 종류의 측정을 보면, 지난 수십 년 동안 북극의 해빙은 서서히 줄어들었음을 알 수 있다.

이다.

역시나 기후 변화에 비교적 빠르게 반응하는 해빙도 비슷한 운명을 맞을 가능성이 있다. 여름 해빙은 북극해 중앙에서 완전히 사라질 테고, 겨울 해빙도 더 이상 북아메리카와 유라시아의 북부 연안까지 내려오지 않을 것이다. 현재도 그러한 추세가 진행 중이다. 지난 30년 동안 인공위성을 기반으로 이루어진 여러 종류의 측정을 보면, 북극의 해빙 지역이 6퍼센트가량 줄어들었음을 알 수 있다.(그림 16.3) 더 불길하게도 북극해를 통과하는 잠수함에서 레이더로 측정한 바에 따르면, 1960년대에 그 지역의 해빙 두께가 평균 3.2미터이던 데에서 1990년대 중반에 이르자 단지 1.8미터로 40퍼센트나 줄어들었다. 만약 이처럼 얇아지는 추세가 앞으로 수십 년간 지속된다면 해빙의 감소 속도는 더욱 빨라질 것이다. 북반구의 눈 경계지역도 북극의 기후 시스템에서 반응이 빠른 부분들 가운데 하나다. 인공위성이 측정한 결과에 따르면, 북반구에서 적설지역은 지난 30년 동안 꾸준히 줄어들었다. 해빙과 잔설의 추세는 자연적인 진동 주기의 일부로 밝혀질 수도 있고, (앞으로 2세기 동안 더욱 강화될) 북극의 장기적인 해빙(解氷)이 막 첫발을 내디딘 결과일 수도 있다. 둘 중 어느 것이 맞는지는 시간이 흐르면서 차차 밝혀질 것이다.

북극을 둥글게 에워싸고 있는 영구동토 지대는 기후에 좀더 느리게 반응한다. 대부분의 지역에서 땅이 너무 깊게 얼어 있어서 여름 태양의 열이 쉽게 도달할 수 없는 것이다. 미래에 온실가스로 인한 온난화가 표층을 데우고 녹이고, 현재보다 연중 훨씬 더 긴 기간 동안 땅을 진창으로 바꿔놓겠지만, 그렇다고 꽁꽁 언 땅의 깊은 층 대부분을 녹이지는 않을 것이다. 훨씬 남쪽의 고산지대에서는 영구동토(와 툰드라)가 줄어들거나 사라질 것이다.

온대 위도상에서는 생장철의 길이가 늘어날 테고, 더불어 연중 숲과 초지가 푸른 시기의 비중도 증가할 것이다. 평균적으로 따뜻한 계절이 양쪽으로 합쳐서 한 달 정도 늘어날 것이다. 미래에는 4월이 오늘날의 5월, 11월은 오늘날의 10월과 같을 것이다. 지금도 역시나 이러한 변화가 진행 중이다. 즉 지난 20년 동안 인공위성과 지상관측으로 측정한 생장철은 봄에 일주일 정도, 가을에 3~4일 정도가 늘어났다. 이와 같은 변화는 부분적으로 대기중의 이산화탄소 농도가 높아지면서 비료 효과도 커졌다(즉 이산화탄소 농도가 높으면 마치 비료를 뿌린 것처럼 식물이 더 활발하게 광합성을 한다—옮긴이)는 것을 반영하지만, 부분적으로 최근의 온난화 탓이기도 하다. 또 한 가지 온대 위도상의 중대 변화는 겨울에 몹시 차가운 극지방의 기단(氣團) 수가 줄어들 것이라는 점이다.

미래의 기온 증가폭이 비교적 적을 것으로 예상되는 열대와 아열대 위도상에서는 주된 걱정이 가뭄과 홍수일 것이다. 지구 온도가 증가하면, 온도가 주로 증발률을 결정하므로 증발이 늘어난다. 해마다 더 많은 수증기가 대기에 유입되면 확실히 더 많은 비가 내린다. 만약 비가 완전히 균일하게 분포한다면, 모든 지역의 강수량 증가가 증발의 증가와 균형을 이루므로, 강수량 증가의 순효과는 거의 혹은 전혀 없다. 그러나 강수량은 지역에 따라 분포차가 크다. 따뜻한 여름에 뇌우가 일어서 한 해 동안 내릴 비의 거의 대부분을 쏟아낼 때는 특히 더 그렇다. 따라서 가장 가능성이 짙은 결과는 어느 지역에서는 널리 가뭄이 번지고 다른 지역에서는 폭우가 심각해지는, 그렇지만 그 위치가 어디일지는 한층 더 예측하기 어려워지는 상황이다.

그런가 하면 미래의 이산화탄소 농도가 '온실가스 배출량 전망치(BAU)'에 따라 전(前)산업시대의 네 배에 이른다면(그림 16.1, 16.2), 위에 적은 모든 추세는 가일층 강화될 것이다. 이산화탄소 농도가 네 배에 이른다는 것은 영구적인 얼음이 지상의 어느 곳에도(심지어 남극대륙에도) 존재하지 않았던 약 5000만 년 전 수준에 해당한다. 미래의 온난화 규모가 이토록 크다면 오늘날 존재하는 남극대륙의 빙상은 평형이 깨질 것이고, 그린란드의 빙상과 더불어 줄어들 것이다. 그러나 역시나 이산화탄소 농도가 최고조에 달하게 될 몇 세기는 몹시 빨리 지나가므로 남극대륙의 빙하 대부분을 녹이지는 못할 것이다. 앞으로 연안에 땅을 소유하게 될 사람들은 빙상의 반응이 느리다는 사실에 감사할 것이다. 남극대륙과 그린란드의 빙상에 갇힌 물이 모두 녹아내린다면 해수면이 약 66미터나 높아질 것이기 때문이다.

요컨대, 우리가 종국에 가서 '두 배의 이산화탄소' 수준에 이르든 '네 배의 이산화탄소'에 이르든, 혹은 (좀더 가능성이 있는 것으로) 그 중간쯤에 이르든 간에, 온실가스로 인한 온난화 규모는 자못 클 것이다. 우리는 지난 수천 년간 의도치 않게 소규모 빙하작용이 진행되지 못하도록 막았고, 그에 따라 이제 향후 1~2세기 동안 세계의 해빙과 산악빙하의 상당량을 녹일 테고, 겨울에 남아 있는 적설 면적의 경계선을 크게 후퇴시킬 것이다. 하지만 남극대륙과 그린란드의 거대 빙상은 거의 손상하지 않은 채 남겨둘 것이다.

우리 인간은 기후 시스템에 영향을 미침으로써 멀리 우주에서도 식별할 수 있을 만큼 지구의 기본 외양을 크게 바꿔놓을 것이다. 즉 지금은 하얀색인 북극지방의 대다수 지역이 (해빙이 녹아서) 짙푸른색으로, (눈으로 덮여 있던 툰드라 지역이 아한대 침엽수림에 자리를 내주어서) 진초록색으로 달라질 것이다. 우리는 수십 년간 축적된 인공위성 사진들을 보고 우리 스스로가 지구 북쪽 극지방의 색깔을 새로 칠하고 있음을 알게 되었다. 인간이 기후에 미치는 영향이 어떤 규모일지는 모두에게 너무나 자명해질 것이다.

17

∧∧∧∧

과거에서 먼 미래까지

인간이 지구 기후의 역사에서 담당한 역할은 크게 네 단계로 나뉜다.(그림 17.1)

1단계(8000년 전 이전)

8000년 전 이전까지는 자연이 통제력을 쥐고 있었다. 우리의 머나먼 선행 인류 선조들이 수백만 년 동안 지상에 존재했음에도 자연만이 기후 변화를 주도했다. 완전한 인류 선조들이 15만 년 전 이후 출현했을 때에도, 그들이 기후의 풍경에 미치는 영향은 여전히 미미했다. 인간은 '불쏘시개'를 이용해 초지와 삼림지역을 불태움으로써 사냥감을 내몰거나 트인 지역으로 유인했고, 산딸기류를 비롯한 천연식량이 자랄 수 있도록 했다. 이 초기 문화의 일부가 다습한 열대지역의 토양에 도입된 결과, 그곳에서는 열매와 견과를 맺는 나무들이 자랐다.

그러나 인간의 수와 그들이 풍경에 남긴 발자국은 작았고 대체로 지역

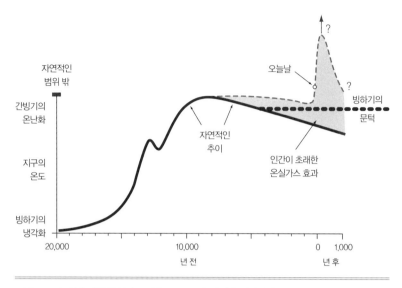

자연적인
범위 밖

간빙기의
온난화

지구의
온도

빙하기의
냉각화

자연적인
추이

오늘날

빙하기의
문턱

인간이 초래한
온실가스 효과

20,000   10,000   0   1,000
          년 전   년 후

그림 17.1 농업에 따른 온실가스 방출로 8000년 전 이후 자연적인 냉각의 일부가 상쇄되었으며, 그에 따라 새로운 빙하작용이 저지된 것으로 보인다. 현대 산업화에 의해 초래된 급속한 변화로 지구는 결국 수백만 년 동안 겪어보지 못한 온난화 수준에 도달할 것이다. 몇 백 년 뒤 화석연료가 더 이상 공급되지 못하면, 기후는 서서히 자연적인 수준으로 냉각할 것이다.

규모에 그쳤다. 불 사용의 결과는 번개에 의한 크고 작은 자연적인 화재의 효과와 별반 다르지 않았다. 수렵-채집 생활을 하는 인간은 한 지역을 불 지르고 다른 지역으로 이동했는데, 이러한 활동은 자연적인 사건과 크게 구분되지 않았다. 불을 지르는 인간의 수가 자연적으로 발생하는 화재의 수준을 넘어설 만큼 많지 않았던 것이다.

오늘날에 더 가까운, 1만 1000년 전 이전의 수천 년 동안, 지구 기후는 자연적인 원인에 반응하면서 커다란 변화를 겪었다. 북반구에서 높은 여름 태양 복사에너지는 북아메리카의 거대한 빙상, 그리고 스칸디나비아와 유라시아 극북 지역의 그보다 작은 빙상을 녹이기 시작했다. 이처럼 어마어마한 변화의 원동력이 되어준 강한 여름 태양이 중요한 두 온실가스―이산화탄소와 메탄―의 농도를 높여준 데 도움을 받은 결과였다. 태양과 두 온실가스는 함께 손잡고 지난 1만 년 동안 북반구의 거대 빙상을 녹였다. 그러나 이것은 북반구에서 빙하기 주기인 수백만 년 동안 진행되었던 것과 동일한 '자연적인' 과정이었다. 자연이 여전히 기후를 전면적으로 틀어쥐고 있었다.

빙상은 자연적으로는 그 어떤 기후 변화에도 느릿느릿 반응한다. '빙하기의(glacial)'라는 단어는 '느리디느린'과 동의어다. 따라서 약 1만 1000년 전처럼, 기후 변화가 최고조에 달해 빙상이 녹는 현상이 일어날 수 있다손 쳐도, 6000년 전까지는 실제로 빙상이 완전히 녹지는 않았다. 그 사이 기간인 5000년 동안, 북반구 기후의 통제권을 놓고 거대하게 길항하는 두 힘이 각축을 벌였다. 하나는 과거에 기후를 차갑게 유지시켰지만 이제 급속하게 녹아가고 있는 빙상이요, 다른 하나는 약 1만 1000년 전 최고(따뜻한) 수준에 도달했지만 이제 오늘날의 낮은 수치로 점차 하강하고 있는 태양 복사에너지와 온실가스들이다. 서로 다투는 두 세력 간의 싸움은 결국 타협으로 끝났다. 즉 최고 온도에 도달한 것은 약 8000년 전이었고, 그때는 빙상이 냉각 효과를 거의 발휘하지 못하는 크기로 대폭 줄어들었지만, 태양 복사에너지 수치는 여전히 기후를 따뜻하게 만들기에 충분할 만큼 높았던 것이다.

2단계(8000년 전에서 200년 전까지)

약 8000년 전, 북아메리카에서 거대 빙상의 마지막 잔해가 녹아버렸을 때, 인간은 유럽 남부와 중국 북부에서 농사에 자리를 내주기 위해 숲을 개간하기 시작했다. 그 후 수천 년 동안 산림벌채는 서서히 유라시아 남부의 다른 부분들까지 퍼져나갔다. 수목의 연소는 시간이 지남에 따라 처음에는 서서히, 그러나 점차 빠르게 대기중에 이산화탄소를 더해주었다. 이와 같은 탄소 배출은 과거 간빙기들 초기에 일어난 자연적인 이산화탄소 감소 추세를 역전시켰다. 인간은 농가를 조성하기 위해 숲을 파괴함으로써 지구의 온실가스를 통제하기 시작했으며, 이런 식으로 지구 기후에 작게, 그러나 점점 더 영향력을 행사하기 시작했다.

인간은 또한 5000년 전 동남아시아의 저지대에서 관개를 시작했다. 논농사를 지으려고 물을 댄 저지대는 또 한 가지 중요한 온실가스인 메탄을 대기에 더해주었다. 그에 따라 자연적인 메탄 수치 감소 추세가 역전되었고, 대기중의 메탄 추세는 떨어지는 게 아니라 도리어 증가하기 시작했다. 메탄 역시 인간의 통제 아래 놓이게 된 결과였다.

숲의 파괴와 논농사를 위한 관개는 청동기시대(약 6000년 전에 시작)와 철기시대(약 3000년 전에 시작) 내내 꾸준히 늘어났다. 사육된 말과 소가 금속 쟁기를 끌게 되자 농부들은 더 많은 땅을 개간하고 경작할 수 있었다. 산업시대가 열리기 한참 전, 유라시아 남쪽의 경작지 대부분은 숲을 잘라낸 땅이었으며, 아시아 저지대 삼각주의 대다수 지역에서 쌀농사가 이루어졌다.

산업시대가 시작될 무렵, 인간이 배출한 이산화탄소와 메탄은 과거에 볼 수 있었던 자연적인 변화폭의 절반에 해당하는 양만큼을 대기에 더해주었다. 대기중의 온실가스 농도는 자연적인 변화폭 내에 머물러 있었지만, 수치가 그 범위의 최고점에 다가가고 있었다. 인간이 낳은 온실가스 증가분은 고위도 지방에서 진행 중인 자연적인 냉각화의 상당 부분을 가려주는 온난화 효과를 발휘했다. 온난화 효과는 지난 수천 년 동안 캐나다 북동부에서 빙상이 커지지 못하도록 막아준 것 같다. 인간은 아직 기후(지구 온도)에 대한 장악력을 완전히 틀어쥐지는 못했지만, 이때쯤 거기에 미치는 영향력에 있어 거의 자연과 어깨를 겨룰 수 있을 정도가 되었다.

3단계(200년 전부터 향후 200~300년)

1700년대 말과 1800년대 중반에 시작된 산업시대는 인간이 기후에 미치는 단계들 가운데 세 번째 단계를 재촉했다. 삼림 파괴는 속도를 더해갔다. 제조업과 광산업에 필요한 연료를 공급하고, 열대지방에서 급속하게 증가하는 인구를 부양하기 위해 새로운 농경지를 확보해야 했던 탓이다. 1800년대 말부터 사용이 급증한 화석연료(처음에는 석탄, 나중에는 석유와 천연가스)는 급기야 인간에 의한 이산화탄소 배출의 주원천으로서 삼림 파괴를 대체하기에 이르렀다. 메탄 배출량도 가파르게 상승했다. 부분적으로는 관개를 하는 지역이 계속 늘어났기 때문이지만, 그보다 더 중요하게는 메탄을 방출하는 쓰레기 매립지, 천연가스 배출, 그 외 인간 활동들이 늘어난 결과였다.

1800년대 이후 대기중의 이산화탄소와 메탄 농도는 기하급수적으로 증가했다. 1900년대 말, 두 온실가스의 농도는 지난 수십만 년 동안의 얼음 코어에서는 볼 수 없었으며, 수백만 년 전 지구상에 마지막으로 나타났던 것으로 여겨지는 수치에 다다랐다. 2000년대 초, 이산화탄소 농도는 과거의 자연적인 간빙기들에서 전형적이던 수준보다 30퍼센트 정도 높았으며, 매년 0.5퍼센트씩 늘고 있다. 메탄 농도 역시 과거 간빙기들의 2.5배에 이르렀고, 매년 2퍼센트씩 증가하고 있다. 이산화탄소와 메탄이 해마다 새롭게 추가됨에 따라 온실가스 농도는 전대미문의 길에 들어서고 있다.

세계 기후는 지난 125년 동안 0.6~0.7℃ 정도 따뜻해졌다. 그 기간은 지구국(ground station: 통신 위성이나 우주 왕복선 따위에 탑재된 무선국과 교신하는 지상의 무선국－옮긴이)이 충분해서 지구 온도에 관해 꽤나 타당한 추정치를 얻을 수 있는 시기였다. 온실가스 수준이 자연적인 추세를 훌쩍 넘어서는 정도로까지 증가했음에도, 2000년대 초 지구 기온은 아직껏 지난 수십만 년간 겪은 과거 간빙기들의 수치를 넘어서지 않고 있다.

이처럼 모순되어 보이는 현상이 나타나는 것은 앞에서 다룬 여러 요소들 때문이다.

1. 지구 궤도가 새로운 빙하작용이 일어나기 좋은 쪽으로 변화함에 따라 지난 수천 년 동안 북반구의 태양 복사에너지 양이 자연적인 최저점께로 낮아졌다.(10장) 결국 인간이 야기한 전례 없는 온실가스 증가의 상당 부분이 진작 일어나고도 남았을 빙하작용을 상쇄하는 데 쓰였다.

2. 반응하는 데 수십 년이 걸리는 기후 시스템이 (결국에 가서 현재의 온실가스로 인해 초래되리라 예상되는) 온난화를 상당 정도 지연시켰다.(15장) 지구는 아마 간빙기와 빙하기를 반복하던 지난 수백만 년 동안 단 한 번도 겪어보지 못한 시대에 접어들 것이다. 물론 그때쯤이면 대기중의 온실가스 수준은 훨씬 더 증가할 테고, 지구 기온도 한층 더 높은 수준을 향해 치달을 것이다.

3. 산업시대에 만들어진 황산염 에어로졸이 (만약 그것이 없었다면 온실가스 배출로 인해 초래되었을) 온난화를 일부 상쇄해주었다.(15장)

온실가스 농도가 지금과 같은 속도로 증가한다면, 지구 온도는 가까운 미래에(10~20년 내에) 자연적인 간빙기·빙하기 변동 폭을 넘어서는 정도로까지 상승할 것이다. 이어지는 수십 년 동안 온실가스 농도가 지난 수백만 년 동안 겪어보지 못한 유례없는 속도로 증가하고 기후 시스템이 거기에 반응함에 따라, 지구 온도도 그 추세를 따를 것이다. 열대지방의 삼림 파괴도 이산화탄소 배출에 적잖은 역할을 하겠으나, 더욱 결정적인 요소는 남은 석유, 천연가스, 그리고 (특히) 석탄의 연소일 것이다. 지금 1세기 후의 온실가스 농도와 지구 기온을 예측한다는 것은 무리지만, 현재 우리가 알고 있는 지식에 따르면 그 추정치가 크리라는 것만큼은 확실하다. 높은 이산화탄소 수치를 저지할 수 있는 가장 희망적인 방법은 탄소가 굴뚝이나 배기관을 떠나기 전에 그것을 붙잡아두는 신기술을 개발하는 일이다. 지금으로서는 그것이 유일한 희망이다. 그러나 대규모로 경제적 실효를 거둘 수 있는 기술은 아직껏 개발되지 않고 있다.

4단계: 지금으로부터 200~300년 뒤

지금으로부터 몇 세기 뒤, 즉 경제적으로 수지타산을 맞출 수 있는 석유와 천연가스가 대부분 바닥나고도 한참이 지났을 때이자 이용 가능한 석탄의 공급 또한 내리막길을 걷고 있을 때, 인간이 화석연료를 소비함으로써 대기에 이산화탄소를 방출하는 속도는 줄어들 테고, 결국 바다가 인위적인 탄소 초과분을 흡수하는 속도보다 떨어질 것이다. 이 시점에 이르면 우리는 인간과 기후의 관계에서 또 다른 국면에 접어들 것이다. 즉 대기 중의 이산화탄소 농도는 떨어지기 시작하고, 마침내 산업시대에 배출된 여벌의 이산화탄소가 상당 정도 제거된다.

　이처럼 길게 보면, 바다가 흡수한 이산화탄소는 그 어떤 실험실에서 시도되는 것보다 더한 화학실험을 거친다. 이산화탄소 초과분은 오늘날에 비해 바다를 약간 더 산성으로 만들어준다. 이러한 산성화는 해저의 부드러운 백악질 퇴적물을 일부 용해해준다. 백악질 '연니(軟泥)'는 얕은 바닷물에서 살다가 죽은 뒤 해저에 내려앉은 플랑크톤의 탄산칼슘($CaCO_3$) 껍데기로 만들어진다. 4000미터 이하의 깊은 바닷물은 부식성을 띠며, 위에서 비처럼 떨어지는 껍데기를 대부분 용해한다. 깊은 바다 해분에는 대륙에서 바다로 불어온 갈색(탄산칼슘이 부족한) 부스러기 잔해가 쌓여 있는 반면, 백악질(탄산칼슘이 풍부한)의 퇴적물은 마치 산꼭대기에 쌓인 눈처럼 높은 고도상의 지형 위에만 쌓인다. 인간이 만들어낸 초과분 이산화탄소가 바닷물을 좀더 부식성을 띠게끔 만들어준 결과, 바닷물이 높은 해저 지형에 쌓인 탄산칼슘 연니 퇴적물을 공격하기 시작하고, 바다의 탄산칼슘 '설선(雪線)'은 얕은 바다 쪽으로 퇴각한다. 이런 식으로 인간이 만들어낸 이산화탄소는 거대한 화학실험—즉 해저의 탄산칼슘 용해—을 통해 서서히 소비된다.

한편 바다가 이산화탄소 초과분을 흡수해가면 지구 온도는 점차 자연적인 수준에 가깝게 냉각한다. 만약 온실가스 농도가 자연적인 수준으로까지 떨어진다면, 아마 지구는 충분히 차가워져서 캐나다 북동부에 빙상이 성장할 것이다. 말하자면 진작에 시작되었어야 마땅한 빙하작용이 비로소 시작되는 것이다. 그러나 그런 일은 일어나지 않거나, 최소한 수천 년 뒤에나 일어나기 십상이다.

전(前)산업시대와 산업시대에 발생한 이산화탄소의 일부(약 15퍼센트)는 수천 년 동안 대기에 남아 있으면서, 지구 기온을 자연적인 수준보다 더 따뜻하게 유지해줄 것이다. 더욱이 인간이 논농사를 위해 관개를 계속하고 메탄 방출의 주원천인 거대 매립지에 쓰레기를 내다버리는 한, 메탄 농도 역시 계속 높은 수치에 머문다. 이러한 인간 활동은 매년 다량의 메탄을 만들어내고, 대기중 농도를 자연적인 수준 이상으로 끌어 올린다. 그렇게 되면 우리는 이미 진행되었어야 하는 빙하작용으로 영영 돌아가지 못할 가능성마저 있다.

그러나 물론 누구도 앞으로 수백 년 뒤를 미리 정확하게 점칠 수는 없다.

맺음말

'전 지구적 기후 변화(global climate change)'—인위적인 온실가스로 인한 향후 기후 변화의 규모와 영향력을 아우르는 용어—는 과학의 영역을 통틀어 가장 극명하게 관점이 엇갈리는 주제 가운데 하나다. '전 지구적 기후 변화'의 영향력에 관한 과학적 평가는 운송·발전(發電)·냉난방 같은 핵심적인 경제 분야에 직접적인 시사점을 제공한다. 이 문제에 대한 반응으로 어떤 에너지 정책을 펼지와 관련한 정부 결정에 많은 돈이 걸려 있다. 이러한 관련성 때문에 '전 지구적 기후 변화'는 중요한 정치 의제로 떠올랐다.

'전 지구적 기후 변화' 논쟁에서 환경론자들은 그 의제와 관련해 한쪽으로만 치우치는 경향이 있다. 즉 만약 미래에 화석연료 사용으로 대규모 기후 변화가 초래된다면 환경이 어떤 해를 입을지에만 관심을 쏟는 것이다. 일부 기업은 그와 정반대 입장을 취한다. 즉 '전 지구적 기후 변화'의 영향을 완화하려는 노력이 경제에 피해를 입힐 소지가 있다는 것이다. 물론 이것은 어디까지나 일반론일 뿐 두 입장 내에서도 수많은 예외를 찾아볼 수 있다.

이러한 양극화 탓에 나로서는 몇 가지 디스클레이머(disclaimer: 상품의 사용상 주의사항이나 영화, TV, 언론 따위의 '미성년자 관람 불가', '실재 사실과 무관함' 등 책임 경감용 단서—옮긴이)를 다는 게 옳을 듯하다. 나는 '전 지구적 기후 변화' 의제에 관해 단 한 번도 견해를 밝힌 글을 발표한 일이 없다. 또한 환경단체든 기업이든 간에 어디서도 자금을 지원받은 적이 없다. 내가 과학자로서 받은 자금은 모두 정부에서 왔으며, 그 99퍼센트 이상은 다양한 견해를 지닌 정치인들이 잘 운영되는 정부자금제공(경쟁과 동료심사를 토대로 한다) 기관의 모범사례로 꼽는 국립과학재단에서 받았다. 이 책을 집필하는 데 쓴 자금도 모두 교육기관에서 받은 퇴직연금으로 충당했다.

내 연구는 대부분 지난 수백만 년의 빙하기 주기, 지난 수천만 년의 장기적인 냉각 등 오랜 과거의 기후 변화에 관한 것이었다. 나는 2001년 출간한 대학 교재(《지구의 기후: 과거와 미래(Earth's Climate: Past and Future)》를 말한다—옮긴이)에서 '전 지구적 기후 변화' 의제를 본격적으로 다루었다. 한 평자는 내 논의를 균형 잡힌 시각의 전형으로 평가했으며, 그 책은 극단적인 환경주의자나 기업 그 어느 쪽으로부터도 비판을 받지 않은 것으로 알고 있다. 한마디로 나는 그 의제에 관한 한 어느 쪽 옹호자로서의 전적도, 논의 결과에 재정적인 이해관계도 가지고 있지 않다.

그럼에도 '전 지구적 기후 변화'에 대해 내 나름의 의견은 있다. 다만 현재의 논의를 둘러싼 극단적인 대립을 고려해 내 의견을 본문으로부터 따로 떼어내 이 '맺음말' 부분에서 다루기로 했다.

'전 지구적 기후 변화' 논의의 양극단에는 왜곡이 존재한다. 환경주의 극단론자들은 대체로 불필요한 불안을 부추기는 과장법을 동원하는 반면, 친기업 극단론자들은 주류과학의 산물인 기본적인 지식을 체계적으로 공격하거나 심지어 부정하기까지 한다. 내가 보기에 이들은 기후과학 연구의 순수성에 해악을 끼칠 수 있는 지경으로까지 치닫고 있다.(18장)

환경 및 자원에 관한 우려라는 좀더 큰 틀 안에 놓고 보자면, '전 지구적 기후 변화'는 설령 변화폭이 클 가능성이 있긴 하지만 인류가 당면한 가장 중요한 문제는 아니다. 단기적으로는 다른 숱한 환경적 관심사들, 특히 중대한 생태적 변화들이 진작부터 더 큰 우려를 자아내고 있다. 장기적으로는 인류의 고민이 아마도 지구가 이제껏 무상으로 제공해주던 대체 불가능한 '선물'(화석연료·지하수·표토 등)이 서서히 고갈되고 있다는 사실로 옮아갈 것이다.(19장)

18

'전 지구적 기후 변화', 과학과 정치

미래의 지구 온난화 규모는 분명 클 것이다. 그렇다면 그것은 좋은가 나쁜가? 사람들에게 미치는 영향이라는 관점에서 보자면 경우에 따라 다르다. 그가 누구인지, 어디에 사는지, 직업은 무엇인지, 어떤 윤리적·심미적 가치를 지녔는지, 경제적·재정적 형편은 어떤지 따위에 달려 있는 것이다. 이러한 고려사항에 따라 가치판단이 달라지므로, 이 질문에는 딱히 한 가지 답만 있을 수 없다.

과학적 지식의 한계를 인식하고 있으며 가치판단의 복잡성에 유의하는 대다수 기후과학자들은 사실들 간에 균형을 잡으면서 자신의 결론을 도출하고자 한다. 그러나 '한편으로는 이렇고 다른 한편으로는 이렇다'는 식으로 복잡한 의제에서 균형을 이루고자 애쓰는 탓에, 대중들이 '전 지구적 기후 변화'에 관한 언론 보도에서 흔히 접할 수 있는 이들이 아니다. 언론은 영리하면서도 시원시원하게 말하는 사람을 선호하는 경향이 있다.

대중들은 지구 온난화 이슈의 양극단에 치우친 사람들, 즉 이익집단의 대변인을 자처하는 이들의 목소리를 주로 듣기 십상이다. 이들은 지극히 선별적인 방식으로 과학의 연구결과를 인용한다. 말하자면 전면적인 과학적 평가의 일부를 이루는 경고들을 빠뜨리고, 자기들이 인용하는 내용을 더 큰 맥락에서 바라보려 하지 않으며, 좀더 폭넓은 견해를 요구하는 모순된 정보들을 짐짓 묵살한다. 복잡한 의제에서 오직 한 면, 또는 다른 한 면만을 지지하기 위해 고립된 과학적 연구성과들을 끌어내 한데 엮는 것은 특별히 어려운 일이 아니다. 지나친 단순화일는지는 모르지만 지구 온난화 의제를 다루는 극단적인 입장은 크게 '환경'집단과 '기업'집단으로 나뉜다.

환경집단 측 대변인은 대개 환경단체의 대표들이다. 매일 자금을 모으려면 인위적인 환경 악화에 대중의 관심을 환기할 필요가 있으며, 사실 많은 단체들은 책임 있게 그 일을 해내고 있다. 과학자들이 1980년대에 미래의 지구 온난화 가능성을 제기하자 환경운동은 이 의제를 관심사항에 추가했다. 그러나 일부 극단주의자들은 지구 온난화 의제의 복잡성을 지나치게 단순화했고, 필요 이상의 불안을 부추기는 절반의 진실을 퍼뜨렸다. 대중들은 맥락과는 동떨어진 절반의 진실을 듣거나 읽게 되었다.

기업집단 측 극단주의자들 역시 같은 수법을 동원한다. 환경 문제에 열린 마음을 지닌 이들이 운영하는 기업도 많지만, 그렇지 않은 기업도 없지 않다. 환경 극단주의의 과도한 우려에 맞서기 위해, 기업 옹호자들은 지난 10년간 더러 정반대 오류를 드러내곤 하는 반격에 나섰다. 그들은 지구가 인간에 의한 하잘것없는 손상으로부터 쉽사리 회복될 수 있다고 보았고, 지구 온난화가 이미 시작되었고 앞으로 그 규모가 커질 것임을 보여주는 증거들이 속속 쌓여가는데도 어찌 된 일인지 그것들을 애써 무시했다.

복잡한 지식에 대한 정보를 대중에게 제공하고자 하는 언론은 흔히 이 양극단의 대변인들에게 기대곤 한다. '균형 잡힌 보도'를 외치는 언론은 한쪽으로 치우쳤다는 비판을 피하기 위해 양극단의 목소리를 고루 들려 주는 식으로 논의의 틀을 짜는 경향이 있다. 그러나 양쪽에서 쏟아지는 비판은 의제에 관한 일관된 견해로 모아지기가 어렵다. 당연히 대중들은 혼란에 빠질 수밖에 없다.

이러한 언쟁에서 흔히 나타나는 복잡함과 불균형의 사례를 두 가지 들 어보자. 첫 번째, 현재 일어나고 있고 미래에도 일어날, 산악빙하와 기타 얼음이 녹고 따뜻한 바닷물이 늘면서 해수면이 상승하는 현상이다. 해수 면은 다음 세기에 50센티미터 정도, 그다음 세기에는 100센티미터 남짓 상승할 것으로 예상된다. 환경 극단주의자들은 언론의 도움에 힘입어 때 로 그 같은 위협을 과대포장한다. 최근 몇 년 사이 남극대륙 '가장자리에' 붙어 있는 빙붕(ice shelf: 남극대륙과 이어져 바다에 떠 있는 300~900미터 두께의 얼 음덩어리―옮긴이)에서 크기가 로드아일랜드 주만 한 얼음덩어리들이 떨어 져나갔다. 언론은 이 사건을 남극대륙의 빙상 파괴가 임박했음을 알리는 신호탄이라고 해석한 환경단체 대변인들의 말을 인용한다. 기사와 함께 실린 지도는 남극대륙의 얼음이 모두 녹는다면 플로리다 주가 대부분 물 에 잠기게 된다고 잔뜩 겁을 준다.

그러나 진실은 그보다 훨씬 덜 극적이다. 일단 거대한 빙붕은 바다에 떠 있는데, 바다에 떠 있는 것은 무엇이든 간에 이미 물을 밀어내고 바다 의 수위를 높이고 있다. 그러므로 빙붕이 남극대륙에 계속 붙어 있느냐 떨어져나가서 북쪽의 따뜻한 바닷물에서 녹아버리느냐는 해수면과는 아 무런 상관이 없다. 해수면을 상승시키는 유일한 방법은 남극대륙 '위에' 존재하는 얼음이 녹는 것뿐이다.

거대한 얼음덩어리가 떨어져 나왔다는 말은 지극히 불길하게 들리지만 실제로는 그렇지 않다. 남극대륙 가장자리의 빙붕은 남극대륙의 안쪽에서 바깥으로 이동하는 얼음에 의해 끊임없이 다시 채워지며, 그 얼음 역시 내린 눈에 의해 계속 새로 보충된다. 다시 말해 얼음은 언제나 그 체제 내에서 돌아다니므로 빙상 크기에 어떤 변화도 일어나지 않는다. 거대한 얼음덩어리들이 더러 떨어져나간다는 사실은 장기적인 의미에서는 안정적인 체제의 정상적인 일부분이다. 오직 남극대륙을 둘러싸고 있는 '대부분'의 빙붕이 지난 세기들과는 다르게 '계속해서' 떨어져나가는 것으로 드러날 때에만 우리는 인위적인 온실가스 온난화가 그 같은 추세를 부추겼노라고 추론할 수 있다. 그러나 지금 우리가 알고 있는 바에 따르면 그러한 추세는 보이지 않는다. 현재로서는 남극대륙의 얼음이 안정적인 것 같다.

어쨌든 간에 해수면이 느리게나마 상승하고 있으므로 환경단체 대변인들은 해수면 상승이 마이애미비치처럼 인구밀도가 높은 연안도시에 미칠 영향을 우려한다. 마이애미비치에서는 진작부터 방파제가 해안에 들어선 높은 건물들을 보호하고 있다. 그들은 해수면이 전 지구적으로 상승하고 있으므로, 허리케인이 새로 밀려들면 재앙을 피하기 어렵다고 경고한다. 여기에 대해 지구 온난화 회의론자들은 미래의 허리케인은 재앙을 몰고 올 수도 있지만, 해수면 상승이 그 주범은 아니라고 맞선다. 다음번에 대형 허리케인이 선진국 지역을 공격하면 아마도 파괴적인 강풍과 함께 5~6미터의 폭풍해일이 밀려들 것이다. 전적으로 자연적인 이 현상은 지구 온난화가 야기한 수십 센티미터의 해수면 상승보다 한층 더 큰 피해를 낳는다. 이와 관련해서는 너무나 많은 이들에게 해안에 다닥다닥 건물을 짓고 살도록 허락해준 점이 문제라면 문제다. 재앙의 대부분은 자연적인 재해와 무분별한 건축 규정의 합작품인 것이다.

지구 온난화로 인한 해수면 상승은 몇몇 가난한 나라에게는 한층 더 심각한 시름거리다. 오늘날 낮게 자리한 태평양의 환초(環礁)에서 살아가는 소수의 사람들, 방글라데시와 그 밖의 아시아 강 삼각주에서 해수면 바로 위쪽 지대에 복닥거리며 살아가는 수많은 사람들에게 미래의 가장 큰 위협은 태풍 같은 천재지변이다. 특히 천재지변이 후자처럼 인구가 밀집한 취약지역을 강타할 경우 피해는 눈덩이처럼 불어난다. 이러한 지역에서는 지구 온난화로 인해 해수면이 조금만 상승해도 피해가 걷잡을 수 없이 커진다. 해수면이 50센티미터만 올라가도 거주지 상당 부분이 물에 잠겨서 사람들이 대피해야 하는 것이다.

지구 온난화 논쟁의 근원적인 복잡성을 보여주는 두 번째 예는 북극권의 기후 변화다. 북극 지역에서는 최근 몇 십 년 동안 해빙과 잔설층이 점차 얇아지거나 사라지는 현상, 영구동토의 용융(16장)을 비롯해 굵직한 변화들이 일어났다. 만약 기후가 따뜻해지면서 이러한 추세가 이어진다면 북극 지역은 크게 달라질 것이다.

기업 측은 암암리에 극지방은 지구표면에서 작은 부분을 차지하고 있으며 인구도 희박하다는 견해를 취한다. 그들은 극지방의 온난화가 몹시 추운 겨울기단이 줄어든다거나 그에 따라 극지방의 공기가 중위도 지역으로 진출하는 일이 적어지고, 결국 알래스카나 시베리아 같은 지역에서 생장철이 길어지는 등 오히려 이로운 영향을 끼칠 가능성이 있다는 논리를 편다. 또한 해빙이 줄어들어서 북극의 항구와 무역로들이 개방되는 이점도 누릴 수 있다고 덧붙인다.

환경단체 대변인들은 북극에서는 지구 행성 전반에서보다 미래의 온난화 정도가 한층 클 것으로 예측된다고, 또한 이러한 환경에서 살아가는 사람들은 심각한 타격을 입을 거라고 주장한다. 생태계는 줄어드는 해빙에 대한 적응력이 취약할 것이다. ……북극의 육지는 발아래 영구동토가 반쯤 녹아서 질퍽거리는 진창이 될 것이다…….

두 가지 견해는 저마다 나름의 타당성이 있으므로, 찬반 사이에 균형을 맞추는 것이 쉬운 노릇은 아니다. 주된 문제는 극단적인 두 견해 모두 자기 쪽 의제를 밀어붙이느라 그 이슈의 다른 쪽 측면을 제대로 다루지 못한다는 점이다. 내가 보기에는 우리가 북극 생태계(그리고 그곳에 기대어 살아가는 이들)에 미칠 수 있는 해악이 이미 식량이 남아도는 중위도 지역에서 여분의 식량을 재배하는 것으로 얻는 경제적 이득보다 한층 더 중요한 것 같다. 북극의 생태계는 300만 년이 넘는 기간 동안 겨울에 해안선을 따라 해빙이 존재하는 환경에 적응해왔다. 그런데 해빙이 겨울에 더 이상 해안선까지 이르지 않고, 여름에 북극 중앙 대부분의 지역에서 대거 사라진다면, 그곳 생태계(와 거기에 의존하던 문화)는 심각하게 교란될 것이다. 기업 측 극단주의자들이 이러한 사태를 부정하는 것은 결코 적절한 대응이 아니다.

대중들이 지구 온난화에 대해 취하는 대체적인 태도는 어떤 가치체계로 그 의제를 바라보는지에 따라 달라진다. 미래의 변화가 사람들이나 그들이 처한 환경에 미치는 영향, 그리고 그러한 영향을 방지하는 예방조치에 드는 비용, 가능한 두 가지 우려사항 가운데 어느 편이 더 중요해 보이는가? 지구 온난화에 관한 두 가지 상이한 관점을 알아보려거든, 스티브 슈나이더(Steve Schneider)의 《지구라는 실험실(Laboratory Earth)》과 팻 마이클스(Pat Michaels)와 로버트 볼링(Robert Balling)의 《악마의 가스(The Satanic Gases)》를 읽어보라.

지구 온난화 논쟁은 1997년 교토협약 당시 정점을 이루었다. 교토협약에서는 세계 선진국들이 늘어가는 자국의 온실가스 배출량을 2010년까지 1990년 수준으로 감축하자고 합의했다. 제안된 감축분은 주로 공장이나 발전소에서 연소하는 석탄의 이산화탄소 배출량을 줄이고, 자동차나 트럭의 휘발유 소비를 낮추고, 그리고 가정에서 석유와 천연가스의 소비를 줄임으로써 충당하기로 했다. 이 협약에 비준하기를 거부한 소수 국가들 가운데에는 세계 최대의 이산화탄소 배출국 미국이 포함되었다. 환경론자들은 미국의 이기주의, 오만, 환경과 지구 온난화로 삶이 달라지게 될 사람들에 대한 무관심을 보여주는 징표라면서 미국의 결정에 분노를 표시했다.

친기업 측은 이산화탄소 배출량 감축은 공연히 가정용 난방비, 차량용 휘발유 가격, 기타 나날의 비용을 상승시키기만 할 뿐, 정작 미래의 지구 온도에는 별반 영향을 주지 않을 거라고 반박했다. 감축 노력을 기울일 경우 감소하리라 예상되는 이산화탄소양은 이번 세기 말에 0.1~0.2℃가량 온난화를 막아줄 텐데, 이 수치는 감축 노력이 없을 경우 늘어날 것으로 예상된 지구 기온의 5~10퍼센트에 불과하다. 또한 지난 125년 동안 상승한 지구 기온 0.7℃의 극히 일부분에 지나지 않는다는 것이다. 교토협약의 또 한 가지 문제점은 당시 막 산업대국으로 부상하기 시작한 중국을 비롯해 몇몇 개발도상국이 교토의 요구조건을 면제받았다는 사실이다.

결국 미 상원은 세계 모든 국가가 부담을 나누어 지지 않는 한 미국이 환경적 실천에 헌신하도록 만드는 협약 체결을 반대하는 결정에 95 대 0의 압도적 지지를 보냈다. 정치인들은 일반적으로 유권자가 원하는 정책을 제안한다. 대다수 여론조사를 보면 미국인들이 지구 온난화 위협으로부터 환경을 보호하는 조치를 지지한다는 것을 알 수 있는데, 미국 정부는 왜 교토협약에 서명하기를 한사코 거부했을까?

그에 대한 첫 번째 설명은 이렇다. 교토 감축안으로부터 얻는 이득은 앞으로 수십 년 뒤에 보게 되고, 심지어 그때조차 사람들의 삶에 미치는 영향은 미미하겠지만, 그에 따른 비용은 일상적인 물가상승을 통해 피부에 와닿을 만큼 클 것이다. 그런데 정치인들은 그와는 정반대되는 조치—즉 이익은 가시적이되 비용은 먼 미래로 전가할 수 있는 정책—를 선호하는 경향이 있다. 두 번째 설명은 대중들이 예방적 환경정책을 광범위하게 지지하긴 하지만 그 지지가 그리 진지하지는 않다는 점을 정치인들이 예리하게 간파하고 있다는 것이다. 우리들 상당수는 지구 온난화를 해결하기 위해 희생의 정도가 감수할 만큼 작다면 뭐라도 하고 싶어 한다. 그러나 그 희생이란 것이 대형 SUV를 굴리는 대신 경차를 몰거나 대중교통을 이용하는 것을 의미한다면, 혹은 겨울에는 난방온도를 낮추고 여름에는 냉방온도를 높이는 것을 의미한다면, 여론조사에서 예방적 정책에 대한 지지는 시들해질 것이다.

나는 이 같은 추론 과정을 거치다 보면 양당 정치인들이 몇 가지 이유에서 묵과하고 있는 지구 온난화에 관한 숨은 진실과 마주할 수 있다고 생각한다. 현재와 미래의 온실가스 배출량을 예측된 미래 온난화의 '대부분'을 피할 수 있는 수준으로까지 감축하려면, 거의 대다수가 견디기 힘들다고 느낄 만큼 가혹한 경제적 희생을 감수해야 한다. 즉 여행이나 난방을 위한 연료값이 훨씬 더 비싸지고, 가정이나 직장에서 온도조절장치를 훨씬 낮거나(겨울) 높게(여름) 설정해야 하고, 상당 비용을 투자해 발전소를 개선하거나 아니면 완전히 새로 대체해야 한다. 이러한 시도들은 경제나 삶의 질에 현저한 방해가 될 테고, 그것을 반기는 시민은 거의 없을 것이다. 우리는 현재 기술로는 지구 온난화의 영향을 완화하는 데 필요한 노력을 기울일 만한 경제적 여력이 안 된다. 이 기저의 진실이 아무것도 하지 않는 것에 대한 변명이 될 수는 없겠지만, 현재의 논의를 좀더 분명한 관점에서 바라보도록 해주기는 할 것이다.

우리는 대다수 사람들이 지구 온난화를 정말로 피하고 싶어 하는지 솔직하게 질문해보아야 한다. 사람들은 대체로 겨울이 다가오면 투덜대고 여름이 시작되면 반가워한다. 눈이 내리지 않는 선벨트 지역(미국에서 연중 날씨가 따뜻한 남부 및 남서부 지역—옮긴이)에 사는 사람들은 중서부와 뉴잉글랜드 지역에 피해를 안겨준 눈과 착빙성 폭풍우에 관한 뉴스 보도를 접하면 그와 무관한 자신의 처지에 안도감을 느낀다. 수백만 명이 은퇴 후 남부로 이사를 떠나지만, 북부로 거처를 옮기는 이는 찾아보기 어렵다. 추운 주의 거주민들은 투표함 앞에서 어느 쪽에 표를 던질지 저울질해야 한다. 지금처럼 추운 날씨를 유지하기 위해 세금을 올릴 것인가, 아니면 세금은 현재 수준으로 묶어두고 미래의 3월은 지금의 4월처럼, 미래의 11월은 지금의 10월처럼 되게 할 것인가. 나는 그들이 결코 날씨를 더 춥게 유지하기 위해 더 많은 세금을 내는 결정을 내릴 것 같지가 않다. 지구 온난화에 대처하려는 대규모 기획은 어떤 것이든 결국에 가서는 저변에 깔린 이러한 태도와 부딪치게 될 것이다.

나는 지구 온난화를 해결할 수 있는 가장 효율적인 방법은 배출되는 탄소(특히 앞으로 200년 동안 석탄을 공급하게 될 텐데 그것을 연소시킨 결과 배출되는 탄소)를 줄여주는 기술에 투자하는 것이라고 생각한다. 동남아시아 같은 지역의 생활수준이 서구사회를 따라잡게 됨에 따라, 이용 가능한 화석연료는 단 몇 세기 만에 동이 날 것이다. 사회적으로 수용 가능한 생활수준을 유지하면서 다른 한편 이 같은 발전도 허용해주는 가장 확실한 방법은 화석연료를 사용할 수 있게 하되 이산화탄소는 덜 배출하는 획기적인 기술을 개발하는 것이다. 나는 우리가 끝내 그러한 신기술을 개발하게 되리라는 것을 낙관하는 편이다. 그러나 그 기술이 수십억 톤의 이산화탄소를 비용 효율적으로 처리할 수 있을지에 대해서는 비관적이다. 대체에너지 원에 투자하는 것도 좋은 방법이지만 그것은 아마 화석연료를 완전히 대체하기보다 화석연료를 모두 소비해버리는 시기를 몇 십 년 정도 늦추는 효과를 가져다줄 뿐이리라.

이 주제는 말도 못 하게 복잡하고 예측하기도 어렵다. 아마 미래의 온난화를 부분적으로라도 지연시킬 수 있다면 기술적인 해결책을 모색할 시간 여유는 더 많아질 것이다. 그리고 온난화가 서서히 진행되면, 아마 지금으로부터 몇 세기 내에 최고조에 이르지는 않을 것이다. 그러나 지금으로서 가능한 해결책은 비용이 너무 많이 드는 것이거나, 아니면 미래에 대해 그저 낙관하는 것이거나 둘 중의 하나이리라.

한편 '전 지구적 기후 변화'에 관한 공적 논의의 장에서 양진영은 이 주제를 놓고 너무도 사납고 소란스럽게 대치하고 있다. 알도 레오폴드(Aldo Leopold)는 《샌드 카운티 연감(A Sand County Almanac)》에서 "모든 직종은 몇 개의 표현들을 지니고 있으며, 그것을 드러낼 수 있는 장을 필요로 한다"고 썼다. 지금 지구 온난화 주제와 관련해서는 그 표현들이 공적 영역에서 날선 공방을 펼치며 난무하고 있다.

환경 극단주의자들은 기업 대변인들이 탐욕스러운 석탄 회사와 석유 회사로부터 재정 지원을 받음으로써 썩을 대로 썩었다고 성토한다. 그러나 자신들의 입장에서 비롯된 적극적인 조치들이 대중에게 큰(그리고 아마도 수용이 불가능한) 비용을 요구한다는 사실은 한사코 인정하지 않으려 든다. 환경 옹호론자들은 자신들의 입장이란 장 자크 루소가 주장한 '고결한 야만인'을 품위 있게 호소하는 것이라고 표현하곤 한다. 고결한 야만인이란 과거에 생존을 위해 필요한 만큼만 사냥할 뿐 그 이상은 조금도 탐하지 않은 채 환경과 완벽하게 조화를 이루며 살아가던 원주민들을 일컫는다. 그들은 소위 순정한 원시시대를 산업화가 급속히 진행된 지난 200년 동안의 악과 대비시킨다. 그리고 산업발달을 인간이 최초로, 유일하게, 진정으로 자연을 공격한 사건으로 묘사한다.

이 책은 순수한 자연세계라는 개념은 신화임을 보여주었다. 실상 전(前) 산업시대의 문화도 오랫동안 환경에 적잖은 영향을 끼쳐온 것이다. 최초의 영향은 여러 대륙에서 대부분의 대형 포유류와 유대목 동물을 멸종으로 내몬 개선된 사냥기술에서 비롯되었다.(6장) 그로부터 몇 천 년 뒤 인간은 농업 발달에 따른 직접적인 결과로 환경에 좀더 광범위한 영향을 끼쳤다. 대대적인 삼림 파괴와 관개로 인한 토지 이용 변경은 토양을 침식하고 악화시켰다.(7장) 수천 년 전의 농사 관행으로 온실가스가 다량 방출되었으며(8장과 9장), 지구 기후가 변화했다.(10장) 전(前)산업시대는 기술도 비교적 원시적이었으며 인구도 수십 억이 아니라 수억 단위였지만, 당시 우리 인류의 조상들은 지구의 환경과 기후에 커다란 족적을 남겼다.

실제로 적잖은 증거를 통해 철기시대, 심지어 석기시대 말엽에도 사람들이 오늘날의 평균적인 사람들보다 지구 풍경에 끼친 1인당 영향은 훨씬 더 컸음을 알 수 있다. 2000년 전에 태어난 사람들은 대부분 농사를 짓고 살 수밖에 없었으며, 대다수 지역에서 농사를 짓는다는 것은 다름 아니라 숲을 잘라낸다는 것을 뜻했다. 한 사람이 평생에 걸쳐 평균 수십 에이커의 숲을 파괴한 것으로 보인다. 반면 이 책을 읽는 사람들 가운데 개인적으로 그렇게나 많은 숲을 파괴한 사람이 과연 얼마나 되겠는가?

물론 나는 내 주장이 정당하다는 것을 드러내기 위해 문제를 단순화했다. 우리는 오늘날 화석연료를 사용함으로써 1인당 탄소 배출량을 크게 늘려놓았다. 진짜 문제는 우리 모두의 영향력을 전부 합친 결과다. 지금 지구상에는 너무나 많은 사람들이 살아가고 있어서 수십 억에 달하는 우리의 1인당 배출량을 모두 합하면 철기시대인들의 영향력을 다 합한 것보다 훨씬 커지는 것이다.

이 논쟁의 반대편에 선 수많은 기업 측 극단주의자들은 자연은 본래 자가치유력이 있어서 인간이 자연에 가하는 이른바 '사소한' 상처쯤이야 너끈히 해소할 수 있다고 확신하는 듯하다. 이러한 견해는 인간이 지구 환경을 크게 바꿔놓는 주요인으로 떠오르고 있다는 증거들을 하나같이 묵살한다. 인간이 영향력을 끼치기 시작한 것은 수천 년 전이고, 그 영향력은 산업시대에 접어들기 한참 전부터 이미 상당 규모에 이르고 있었다. 그리고 산업시대 이후에는 인간이 지구의 환경과 기후에 가장 막대한 영향을 끼치는 요인으로 떠올랐다. 자연은 이따금 가뭄·홍수·한파·열파 등으로 우리에게 자신의 힘을 일깨워주지만, 인간 활동은 해가 갈수록 더욱 중요한 요인이 되어가고 있다.

나는 한두 해 전까지만 해도 지구 온난화 논쟁의 양쪽 입장을 그저 예의주시하기만 했다. 그러는 동안 양쪽 극단주의자들이 주장하는 잘못된 정보를 믿지 않았고, 확고한 증거를 잘 따져본 뒤 내 자신의 견해를 마련하고자 노력했다. 그러나 최근에 이르러서는 공정하고 객관적인 태도를 견지한다는 것이 이상론에 불과하다는 것을 깨달았다. 논쟁이 놀라울 정도로 볼썽사나워진 것이다.

나는 우연한 계기로 이 문제에 발을 들여놓게 되었다. 내 가설을 담은 논문을 처음 발표한 뒤, 과학 담당 언론인들은 나의 결론이 지구 온난화 정책 논의와 관련이 있는지 물어왔다. 나는 그들에게 지구 온난화 의제는 벌집이나 마찬가지이므로 공연히 골치 아프게 건드리고 싶지는 않다고 답변했다. 그렇지만 지구 온난화 주제의 두 극단, 혹은 거기에 근접한 입장을 취하는 이들이 과연 내 논문을 보고 어떻게 나올지에 대해서는 기꺼이 들려줄 수 있다고 덧붙였다. 내 말의 요지는 이랬다. 기업 측은 내 결과가 온실가스들이 빙하작용을 중단시킨 듯하므로 '온실가스는 우리의 친구'라는 것을 보여주었다고 주장할 것이다. 그런가 하면 환경 측은 만약 상대적으로 수가 적었던 농민들이 빙하작용을 중단시키기에 충분할 만큼 많은 온실가스를 만들어냈다면, 온실가스를 훨씬 더 빨리 증가시킴으로써 자연적인 변동 폭을 훌쩍 넘어설 미래에는 우리 인간이 어디로 갈지 불 보듯 뻔하지 않겠느냐고 되받아칠 것이다. 그로부터 몇 달 뒤 내 예측은 고스란히 현실이 되었다. 즉 내 가설에 관한 기사가 기업과 환경단체의 회보에 각각 실렸는데, 그들은 내 결과를 제 목적에 맞게 아전인수 격으로 해석했다.

내 가설이 대대적으로 보도된 탓인지, 내 이름이 지구 온난화에 대해 회의적이거나 반대하는(사실상 친기업적인) 입장을 취하는 몇몇 회보의 수령인 목록에 더해졌다. 그 회보들은 나 역시 아주 부분적으로밖에 알지 못하는, 과학의 또 다른 측면으로 난 '평행우주(parallel universe: 현실과 동떨어진, 하지만 나름대로 돌아가는 세계를 비꼰 말―옮긴이)'의 창을 열어주었다. 회보 내용은 과학을 표방하고는 있지만 사실 공격적인 정치나 별반 다를 바가 없었다.

그들이 취하는 방법은 지구 온난화 주장을 지지하는 듯이 보이는 새로운 과학적 결과가 나오기 바쁘게 비평을 가하는 것이다. 동료심사를 거치는 과학논문이 출간되면 며칠 내로 그 내용이 틀렸다고 반박하는 기고문이 발표된다. 심지어 어느 때는 논문을 실은 (높이 평가받는) 저널의 객관성에 의문을 표하기까지 한다. 이러한 기고문의 저자는 흔히 잘 알려진 기후과학 반대파들이거나 경제학 같은 유관 분야의 종사자들이다. 이들 기고문은 대부분 반대의견을 게재하는 웹사이트에 실리는데, 이런 웹사이트는 업계로부터 상당량의 재정 지원을 받는다. 많은 경우, 그 기고문의 저자들은 글에 대한 보상을 기업으로부터 직접 받는다. 그들의 공격은 대체로 비판 대상이 된 논문의 중요한 결론에 거의 흠집을 내지 못하는 무시할 만한 생채기에 불과하지만, 논문의 결론이 완전히 잘못되었다고 주장하거나 혹은 그렇다고 암시한다. 정치에서는 이런 유의 반격을 이른바 '경쟁상대 뒷조사(oppo research)'라고 부른다. 또 다른 기법은 동일 주제를 다루되 기업 측 견해에 더 우호적인 결론을 얻어낸 기출간 논문을 인용하는 것이다. 내가 꽤 잘 아는 과학 분야의 경우, 이러한 글들은 원작의 엄밀함을 좀처럼 따라가지 못한다.

이 '평행우주'의 세계는 정말이지 놀랍다. 당신은 이 세계에서 이산화탄소가 그 어떤 지구 온난화도 일으키지 않는다는 것을 '배울' 수 있다. 또한 세계가 지난 세기에 따뜻해지지 않았다는 것을, 혹은 설사 따뜻해졌다 하더라도 그것은 태양이 점차 강해졌기 때문이지 온실가스 수치가 상승했기 때문은 아니라는 '사실'을 '깨달을' 수도 있다. 거기서는 어떻게 해서든 주류과학의 중요한 연구결과들을 부정하거나 무시한다.

일부 기후 변화 반대파들은 환경 극단주의자들이 과장법을 통해 불필요한 불안을 조장했다고 지적했는데, 그런 지적은 얼마간 먹혀들어간 것도 같다. 그러나 그들이 선택한 '평행우주'의 세계는 도무지 어불성설이다. 진실을 폭로한다는 미명 아래 끊임없이 일방적인 선전을 펼치고 있는 탓이다.

그렇다면 그들은 어째서 이런 유의 일에 시간과 정력을 바칠까? 한 가지 확실한 이유는 아마도 돈 때문일 것이다. 일부 기업은 자기의견을 굽히지 않은 채 논평을 쓰고 강연을 하는 과학자들을 재정적으로 지원한다.

일부 환경단체들도 마찬가지다. 재정 지원을 받았다고 해서 그 자체로 그 과학자의 의견이 한쪽으로 치우쳤다고 볼 수는 없지만, 그렇게 되면 아무래도 지적 독립성을 확보하기가 어렵다. 특히 그런 출처에서 소득의 상당 부분을 조달하는 이들이라면 두말할 나위가 없다.

또 하나 있을 법한 동기는 왜곡된 자아다. 기업이나 환경단체의 대변인들 가운데 일부는 주류과학에서 번듯한 명성을 얻지 못했거나 초기에 거둔 성공이 갈수록 흐지부지해지는 과학자들이다. 그들은 인정받지 못한 데 실망한 나머지 종전과는 다른, 좀더 대중적으로 튀는 길을 선택함으로써 새롭게 이름을 떨치기로 작정했는지도 모른다. 주류과학에서 성공하지 못한 데 따른 억하심정 탓인지 그들의 논평은 정통과학에서는 유례를 찾아볼 수 없을 만큼 거칠고 공격적인 방식으로 견해가 다른 이들을 조롱한다.

또 하나의 동기는 '백기사(인수합병 용어로 기업 매수의 위기에 처한 회사를 구제하러 나선 개인이나 조직을 일컫는다—옮긴이)', 즉 '영웅' 증후군이다. 즉 '진실'을 밝히는 영웅적인 행동만이 다가오는 재앙이나 어리석음으로부터 인류를 구원할 수 있다는 신념 말이다. 많은 기후 변화 반대파들이 주류과학자들을 친절한 연방 프로그램 관리자들이 나눠주는 상당량의 연구비에만 목을 매는 굴종적이고 아둔한 존재들이라 여기는 듯하다. 이런 관점에서는 오직 지구 온난화 문제는 실재하며, 심각하고, 위협적이라는 (주류과학의) 입장에 충직한 이들만이 연방정부의 연구비를 따내는 것으로 비칠 것이다. 바로 이 때문에 기후 변화 반대파들은 자신들처럼 분명한 비전을 지닌 외로운 선지자만이 인류를 곤경에서 구할 수 있다고 믿는다.

이러한 시각은 과학과 과학자에 대한 심각한 곡해다. 과학자들은 일반적으로 스스로 생각하고, 군중심리를 본능적으로 거부하는 독립적인 성향의 개인들이다. 우리는 여러 가지 이유에서 연구를 수행한다. 대부분은 그냥 연구가 좋아서이다. 하지만 뭔가 새롭고 중요한 어떤 것을 알아낸 최초의 사람이 되고 싶은 바람도 작용한다. 우리들 나날의 진보는 대부분 현재의 개념이 타당한지 아니면 폐기되어야 하는지 말해주는 새로운 정보를 내놓는 작은 발걸음들이 쌓여서 만들어진다. 우리는 때로 과거의 개념들을 대체하는 새로운 개념을 떠올림으로써 획기적인 발전을 이루기도 한다. 지극히 드물지만 대단히 위대하고 독창적인 기여를 함으로써 우리의 이름이 우리가 몸담은 과학 분야의 역사에 기록되어 후대에 남기도 한다.

전반적으로 과학자들이 사사로운 부에 집착하지 않는다는 것은 주지의 사실이다. 나는 너무나 좋아하는 일을 하면서 돈까지 받으니 기쁘기 그지없다는 이야기를 동료 과학자들에게서 심심찮게 듣는다. 큰돈을 벌기 위해 기후에 관한 기초연구 지원 연방보조금을 따려고 드는 사람은 내가 알기로 없다. 우리 대부분은 번듯하게 살아가지만, 다른 이력을 선택한 것에는 한참 못 미치는 돈을 번다. 대다수 대학에서 최고 수준의 과학자들도 축구팀 코치가 받는 돈의 극히 일부에 해당하는 봉급만을 받는다.

과학자들은 대학원생과 연구원 사무직원의 월급을 충당하고 실험실을 운영하고 현장연구를 수행하기 위해, 그리고 여름 시즌 봉급을 조달하기 위해 연구비를 따내는 피 튀기는 경쟁에 뛰어든다. 국립과학재단에서 연구제안서가 채택되는 비율은 20퍼센트가 채 안 된다. 나는 기초연구의 경쟁적인 과정을 소기업을 운영하는 이들이 직면하는 도전에 비유하곤 한다. 즉 우리 역시 성공하기 위해서는 경쟁력을 갖춰야 하는 것이다. 이 같은 까다로운 선별 과정은 반대파들이 묘사한 굴종적이고 아둔한 존재들로서는 결코 살아남을 수 없는 구조다.

다행히 우리나라의 존경받는 언론매체들은 대부분 지구 온난화 논쟁의 양극단에서 쏟아져 나오는 무분별한 정보들을 무시하는 것처럼 보인다. 분명 합리적인 언론매체들은 이들 집단이 복잡하기 이를 데 없는 주제의 한쪽 면에 대해서만 로비를 펼치고 있음을 잘 알고 있다. 하지만 점점 더 많은 이들(특히 젊은 세대)이 웹사이트를 통해 대부분의 정보를 얻는 세상인지라 그들의 로비 노력이 알게 모르게 영향을 미치지 않을까 염려스럽다. 끊임없이 어느 주제의 한쪽 면만 부각시킨 요란한 광고에 노출된 사람들은 영향을 받기 십상이다.

그렇다면 이 논쟁에서 좀더 균형을 맞추기 위해 할 수 있는 일은 없을까? 미국 수정헌법 제1조(언론·종교·집회의 자유)와 '학문적 자유의 보호' 조항은 모두 편파적이든 일방적이든 간에 모종의 견해를 규제하기 위한 그 어떤 상명하달식 시도도 반대한다. 따라서 우리가 취할 수 있는 한 가지 방법은 독단적인 논평을 쓰는 저자들에게 공개를 요구하는 것이다. 그들은 글을 쓰는 대가로 기업이나 환경단체로부터 돈을 받았는가? 좀더 포괄적으로, 지난 몇 년 동안 그들이 받은 보조금 소득이나 급여 가운데 어느 정도가 (경쟁을 통해 정부에서 따낸 게 아니라) 업계나 환경단체에서 온 것인가? 이러한 제안은 이익집단에서 급료의 상당 부분을 충당해온 이들의 반발에 부딪힐 공산이 크다. 하지만 최소한 그들을 난처하게 만드는 것만으로도 치우친 견해에 대한 하나의 경종이 되어줄 것이다.

이러한 접근법이 안고 있는 문제는 이익집단의 돈이 아무 해가 없는 것처럼 들리는, 이를테면 '환경을 걱정하는 노인 모임' 같은 이름의 시민행동위원회를 창립하거나 지원하는 데로 흘러 들어간다는 점이다. 이런 중재집단이라는 속임수 아래 몸을 숨긴 과학자들은 이익집단으로부터 실제 돈을 받았음에도 그 사실을 극구 부인하기 십상이다. 어물쩍 상황을 모면

하려는 이들을 폭로하는 방법은 '정보의 자유' 조항에 근거해 돈이 그 '위장조직'으로 흘러들었는지 추적하는 것이다. 최근에 환경단체들이 바로 그러한 일에 착수했는데, 기업에서 나온 돈의 액수는 매년 수백만 달러에 달하는 것으로 보인다. 그 돈은 모두 이른바 과학적 논쟁의 결과에 영향을 미치겠다는 분명한 목적에 쓰였다.

그러나 환경단체가 기업 활동을 조사하는 것은 객관성을 확보한 예가 되기 어렵다. 존경받는 언론인이나 언론이 이 논쟁에 뛰어든 기업과 환경단체의 관여를 전면적으로 조사하는 편이 한결 바람직하다. 나는 기업이 단연 많은 돈을 이 목적에 쏟아부었다는 인상을 받지만, 좌우간 적극적이고도 객관적인 조사를 하면 사실이 낱낱이 드러날 테고, 잘못을 저지른 사람은 얼굴을 못 들고 다닐 것이다.

이 주제와 관련한 의견과 반대의견의 홍수 속에서 갈피를 잡지 못하는 이들이 의지할 수 있는 유일한 방편은 그냥 상식에 기대는 것이다. 만약 특정 입장을 대변하는 사람이 늘 그 주제의 같은 면만 주장하고 결코 복잡한 찬반 사이에서 균형을 잡지 않는다면, 그의 말에 상당한 의혹을 품어야 한다. 그리고 어떤 이가 기업의 이익집단이나 환경 이익집단이 돈을 대는 회보나 웹사이트를 통해 수시로 의견을 개진한다면, 그에 대해서도 의구심을 가져야 한다. 그런데 만약 어떤 이가 초지일관 일방적인 견해를 취할 뿐 아니라 그와 동시에 양극단의 이익집단들 가운데 단 한 군데에서만 상당량의 돈을 받고 있다면, 의구심만으로는 턱없이 부족하다. 이러한 이력의 소유자들은 과학자로 훈련받은 사람일 수도 아닐 수도 있지만, 실질적으로 '전 지구적 기후 변화' 논쟁에서 일면만 지지하는 로비스트(유급 선전원) 노릇을 자처하고 있는 것이다.

내 개인적인 경험을 통해서도 분명하게 확인했듯이(11장), 새로운 연구

결과나 새로운 개념에 대한 도전은 정상적인 과학적 과정의 일부다. 하지만 나는 요즘 이익집단들이 회보나 웹사이트에서 과학에서는 본 적이 없는 방식으로 주야장천 기초과학을 맹렬히 공격하고 왜곡하는 광경을 접하고 있다. 이러한 공격은 정상적인 과학적 방법론보다는 정치의 추악한 측면과 흡사한 점이 더 많다. 환경 측이나 (특히) 기업 측 극단주의자들은 양쪽 다 과학적 과정을 간섭하지 말고 그냥 내버려두어야 한다.

19

∆∆∆∆

지구의 선물 소비하기

나는 미래에 기후 변화 규모가 클 거라고 주장하기는 했지만(16장), 다가오는 지구 온난화가 우리 시대의 가장 큰 환경문제라고는 생각하지 않는다. 나에게는 다른 환경 이슈들이 훨씬 더 시급하고 긴요하게 다가온다. 그리고 결국에 가서 내 관심은 고갈될 주요 자원들에 모아지지 않을까 생각한다.

이 책의 주제 가운데 하나는 인류가 지난 8000년 동안 꾸준히 지구표면을(처음에는 유라시아를, 그리고 나중에는 모든 대륙을) 변화시켜왔다는 것이다. 초기에 우리는 농사를 짓기 위한 땅을 개간함으로써 그러한 변화를 부채질했고, 나중에는 문명화된 삶의 여러 측면들이 농업과 결합하면서 그러한 변화를 이끌었다. 산업시대에 접어들기 한참 전부터 수천 년 동안 지구상에서 '자연적'이었던 것들이 무수히 사라지는 과정이 이어졌다.

1800~1900년대에 세계 인구는 10억에서 60억으로 불어났다. 인류사에서 전례가 없는 폭발적인 증가였다. 이것은 위생 상태가 좋아지고 의술이 발달하면서 질병의 발생이 줄고, 인간의 창의성이 농업혁신을 이끌어 훨

씬 더 많은 인구를 부양할 수 있게 된 결과였다. 그로써 이미 상당 규모에 이른 지구표면에 대한 인류의 장악력은 한층 더 빠르게 늘어났다. 2000년 대 초반 우리는 인류가 크게 바꿔놓은 세상에서 살아가고 있다.

대부분의 추정치에 따르면, 아직도 계속 폭발적으로 불어나고 있는 세계 인구는 90억~100억에 이르는(즉 대략 지금의 인구보다 50퍼센트가 증가한) 2050년을 기점으로 증가세가 주춤할 것이라고 한다. 인구가 안정화하리라고 예측하는 주된 이유는 그때쯤이면 사람들의 삶이 풍요로워질 텐데, 역사적으로 볼 때 풍요로운 시기에는 가족당 출산율이 낮아졌기 때문이다. 다행스러운 소식은 19세기 초 토머스 맬서스(Thomas Malthus)가 내놓은 끔찍한 예측—즉 인구 증가로 대규모 기아와 질병 같은 재앙이 초래될 것이다—을 피할 수 있게 되었다는 점이다.

다른 한편 삶이 윤택해지고 기술이 날로 발전하면 그것만으로도 환경에 가하는 부담이 커진다. 중국과 인도에서 10억이 넘는 사람들이 남·북아메리카나 유럽 사람들의 현행 생활양식을 따르기 시작하면, 그들이 추가로 지구 자원을 소비하는 양은 어마어마하게 불어날 것이다. 인구가 더이상 증가하지 않아도 인류는 새로운 방식으로 환경을 꾸준히 변모시킬 것이다.

수천 년간 계속 지구표면을 변화시킨 효과가 모두 모이면 자연은 어쩔수 없이 큰 대가를 치르게 된다. 우리의 행동이 야기할 수많은 문제들에 대해서는 생태학자나 환경에 해박한 이들이 다른 곳에서 상세히 다루었다. 우리 인간은 지구표면을 변화시키는 과정에서 생태계가 요구하는 공간을 조각조각 해체하고, 수많은 종(種)을 그들이 본래 살던 지역에서 내쫓아 다른 지역의 토착 동식물군에게 침략종 노릇을 하도록 내몰았으며, 결국 부지기수의 종들을 멸종으로 치닫게 했다.

인간 활동이 현재 미치는, 혹은 미래에 미칠지도 모를 효과를 주로 경제적인 각도에서만 바라보는 이들은 자연이 제공하는 것을 취하고 이용하는 데 따른 이득에 주로 초점을 맞춘다. 이러한 태도는 전혀 새로운 것이 아니다. 즉 우리는 기본적인 욕구를 충족하기 위해 수천 년 전부터 지금껏 삼림을 자르고 물길을 변경해온 것이다. 대부분의 경우 인간의 즉각적인 욕구를 인간이 환경에 끼칠지도 모를 위해에 대한 우려보다 앞세웠다.

환경을 걱정하는 이들은 최근 몇 십 년 동안 이 논쟁에서 자신들이 취하는 입장에 새로운 논의사항을 한 가지 추가했다. 생태학자들은 자연이 무상으로 제공해주는, 그러면서도 진정한 경제적 가치를 지니는 과정을 기술하기 위해 '생태계 서비스(ecosystem service)'라는 용어를 만들어냈다. 가령 언덕사면에 자라는 나무와 초목은 만약 그것이 없다면 토양을 침식하고 쓸려나가게 만들었을 빗물을 가둬둔다. 그렇게 보유된 물이 표층 아래로 스며들면, 토양은 서서히 그 물을 걸러서 우물이나 샘으로 퍼 올려 사용 가능한 깨끗한 식수로 바꿔준다. 빗물의 일부는 습지로 흘러들어 가서 훨씬 더 깨끗하게 정화되기도 한다. 자연은 우리에게 깨끗한 물을 다량 공급해준다.

그러나 나무를 잘라내고 습지를 메우면, 나무가 제공해주던 서비스는 사라지고 사회는 자연이 하던 일을 대신하는 비용을 떠안아야 한다. 나무를 제거함으로써 생기는 여분의 지표수를 처리하려면 인공 저수지를 건설해야 하는데, 그곳은 시간이 가면서 토사가 쌓이므로 정기적으로 유지보수를 해주어야 한다. 자연이 지하에서 정화해주던 물이 사라지므로 당국은 빗물처리 시설을, 가정은 정수기를 설치해야 한다. 하지만 이런 식의 조치로는 자연이 예전에 제공해주던 만큼 양질의 물을 얻기가 거의 불가능하다. 따라서 우리는 다른 지역, 혹은 심지어 다른 대륙에서 수송된 병에 담긴 생수를 구입한다. 대체로 보아 우리는 '생태계 서비스'를 대체하기 위해 경제적 대가를 치른다. '생태계 서비스' 상실을 만회하는 비용을 계산할 때 토지 이용 결정에 대한 '경제적' 분석을 포함시켜야 한다는 생태학자들의 주장은 지극히 당연하다.

아직까지는 '생태계 서비스' 상실에 따른 비용이 상대적으로 좁은 지역 차원을 넘어설 정도로까지 엄청나지는 않았다. 수천 년 전 티그리스-유프라테스 강 하곡에서는 관개수에 실려온 천연염분이 쌓이면서 관개를 기반으로 한 경작이 불가능해졌다. 건조한 환경에서는 비가 거의 내리지 않아서 토양에 쌓인 천연염분이 씻겨 내려가지 않고, 언젠가부터는 토양에 염분기가 너무 많아져서 대부분의 식물이 성장할 수 없게 된다. 관개는 티그리스-유프라테스 강 유역에서 최초로 시작되었고, 역시 처음으로 지역적 차원에서 농경지를 버리고 떠나게 만드는 결과를 낳았다. 900~1200년에 마야족도 가뭄이 들고 토양의 영양분이 계속 소실되는 상황이 겹치자 유카탄 반도에 마련한 농경지를 등지고 떠났다. 지역 차원에서의 자원 고갈 사례는 이 밖에도 한두 가지가 아니었다.

오늘날까지 자원 고갈은 전 지구 차원에서는 그다지 분명하지 않았다. 일부 소중한 광물자원의 접근 가능한 매장분은 채굴로 인해 전 세계적으로 사실상 바닥이 났다. 그러나 아직도 대부분의 매장분은 경제적·환경적 대가를 좀더 치르면서 (더욱 깊이까지 파내려가는) 에너지 집중적인 채굴을 통해 캐낼 수 있다. 현재 상당수 지역이 천연적인 담수(특히 깨끗한 식수) 한계에 근접하거나 그 한계를 넘어서고 있지만, 다시 한번 말하거니와 그것은 주로 지역 차원에 그칠 뿐 대륙 전체나 지구 전체 차원의 현상은 아니다.

지구 기후사에 대한 오랜 관심이 낳은 결과이겠지만, 미래를 향한 나의 걱정은 서로 연관되는 일련의 장기적인 문제들에 모아지는 경향이 있다. 즉 과거에 서서히 이루어진 과정을 거쳐서 자연이 우리에게 선사한, 일단 써버리고 나면 영영 사라져버릴 '선물' 말이다.

그 선물에 대한 나의 걱정은 간단하다. 즉 그것이 줄어들거나 완전히 고갈된다면, 우리 인간은 비교적 저렴한 대체물을 찾아낼 수 있을까, 하는 것이다. 은퇴할 즈음이면 많은 이들이 으레 그렇듯이, 나의 개인적인 관심 또한 우리 손자손녀들이 살아갈 세상까지 뻗어나간다. 나는 그애들이 '노년'에 이를 2075년 무렵이면 자연이 '무상으로' 제공하는 선물들의 일부가 더 이상 무한정한 자원이 아니라는 사실이 누가 봐도 분명해지리라 생각한다. 그때쯤이면 우리 손자손녀 세대는 1800년대 말에서 21세기 초반까지를 '짧았지만 너무나 운 좋은 버블의 시기', 즉 억세게 재수 좋은 인류 몇 대가 대체로 자기네가 무슨 일을 하고 있는지 인식하지도 못한 채 그 선물들을 대부분 써버린 시기였노라고 회고할 것이다.

우리는 오늘날 석유·천연가스·석탄 가격이 턱없이 저렴한 시대를 살고 있다. 자연이 습지와 내해와 연안해 지역에 유기탄소를 매장하고, 그 탄소에 알맞은 온도와 압력을 가함으로써 그 자원들의 세계적인 공급분을 마련하기까지는 수억 년이 걸렸다. 우리는 그저 1800년대 중엽에 그것을 다량 사용하기 시작했을 따름인데, 세계가 석유 생산과 소비에서 정점을 찍을 '피크오일'이 10~20년 앞으로 닥쳤다(그보다 더 빠르지는 않겠지만)는 최초의 신호를 이미 보고 있다.(16장) 세계의 천연가스 공급은 그보다 좀 더 길게 갈 테고, 석탄은 약 몇 백 년을 버틸 것이다. 나는 우리가 과연 이 탄소 '선물'만큼 값싼 대안을 찾아낼 수 있을지 궁금하다. 대체에너지를 연구하고 있지만, 지금으로서는 그 어느 것도 탄소를 기반으로 한 연료에 저장된 태양에너지만큼 널리 이용 가능하거나 저렴한 것 같지 않다.

이번 세기 초 어느 때쯤 이 중요한 자원들의 점진적인 고갈이 중요한 경제 의제로 떠오를 것이다. 일단 세계의 석유 생산량이 매년 1퍼센트 남짓 감소하기 시작하면 지구촌 경제가 굴러가는 데 드는 비용이 대폭 늘어날 것이다. 사실상 정상적인 유형의 인플레이션에 새로운 형태의 내장형 인플레이션을 추가하는 꼴이다. 자동차와 트럭에 사용되는 연료만이 유일한 고민거리가 아니다. 석유화학제품으로 만들어지는 방대한 유의 상품들도 우리의 삶을 구성하는 기본요소들이다. 그 모든 것을 생산하는 데 드는 비용도 덩달아 늘어난다.

또한 나는 장기적으로 물이 어떻게 공급될지도 궁금하다. 우리는 지표수의 절반 이상을 이미 관개를 비롯한 여러 활동에 소비하고 있으므로, 특히 많은 이들이 진출해 있는 건조지대와 반건조지대는 수년 동안 깊은 땅속의 대수층(帶水層)에서 물을 퍼 올려 사용해왔다. 미국 서부의 깊은 대수층에 저장된 물은 수만에서 수십만 년 전 거대 빙상의 가장자리가 녹은 물, 그리고 기후 조건이 오늘날보다 훨씬 따뜻했던 시기에 눈과 비가 녹아서 생긴 물이 남쪽으로 흘러 내려가서 생긴 것이다. 최근 몇 십 년 동안 자연이 바로바로 다시 채울 수 없는 깊이에서 물을 끌어 올린 결과 대수층들은 점점 더 낮아졌다.

더 깊은 곳에서 물을 퍼내려면 더 많은 탄소 연료가 필요하고, 결국 탄소 연료는 더욱 비싸질 것이다. 물을 더 깊은 곳에서 추출할수록 용해 염분의 농도는 높아져서 관개가 이루어지는 논밭에 남고, 그로 인해 농사짓는 일은 한층 어려워질 것이다. 결국 지하에 저장되어 있는 이용 가능한 물은 모두 고갈될 것이다. 농업은 건조한 서부 고원지대에서 천연 강수량만으로 농사를 감당할 수 있는 대륙 중부의 미시시피 강 유역으로 서서히 옮아갈 것이다. 전 세계적으로 지하수를 광범위하게 사용하고 있는 여느 지역들에서도 같은 상황이 벌어질 것이다.

지하수가 각 지역에서 한계에 다다를 시점이 언제일는지는 모르지만, 뉴스 기사에 따르면 몇몇 곳에서는 그것이 조만간 문제가 될 것 같다. 최근 뉴멕시코 주의 산타페 시정부는 물을 보존할 목적으로 주택 건설업자들에게 새로 집을 한 채 지을 때마다 추가로 사용될 물의 양을 상쇄하기 위해 물 사용 효율을 높이는 방향으로 기존 가옥 여섯 채를 수리하도록 요구하기 시작했다. 팬 손잡이처럼 튀어나와 있는 오클라호마 주 북서쪽과 텍사스 주 북쪽 지역에서 석유업자이자 투자자인 T. 분 피켄스(T. Boone Pickens)는 빙하기에 형성된 오갈라라 대수층의 지하수에 관한 권리를 사들였다. 이렇게 시정부들이 지역 주택 건설업자들에게 가외의 부담을 안겨주거나 석유 거부들이 희소자원인 지하수에 투자하게 되면 문제가 어렴풋하게나마 드러날 게 분명하다.

따라서 나는 내 손자손녀들이 지금으로부터 몇 십 년 뒤 경제적으로 이용 가능한(그리고 마실 수 있는) 지하수 대부분을 건조한 미국 서부 및 기타 지역에서 끌어 올리는 세상에서 살게 될지 궁금하다. 또한 그들이 지금 시기를 믿을 수 없을 만큼 저렴하고 비교적 깨끗한 지하수를 사용할 수 있었던 짧은 버블의 시기로 기억하게 될지 궁금하다. 한편 자연이 이 문제를 해결해줄 만큼 신속하게 지하수 저장고를 다시 채울 수는 없다. 석유와 마찬가지로 이 '선물' 역시 어느 지역에서 고갈되면 그것은 사실상 영영 사라지고 만다.

나는 또한 표토가 어떻게 될지도 궁금하다. 미국에서 가장 생산성이 높은 중서부 농가들은 그런 표토를 가능하게 해준 빙상이 고마울 것이다. 캐나다 중부와 북부에서 얼음이 계속 기반암에 찰흔을 내고 오래된 토양을 긁어댄 결과 침식한 부스러기를 남쪽으로 밀어냈다. 그 부스러기는 빙하가 녹으면서 생긴 개울을 타고 강 하곡에 이르렀고 바람에 실려 서부 초원지대 전역에 뿌려졌다. 1800년대에 농부들은 초원의 거친 표토층, 즉 뿌리가 깊이 뻗은 식물에 의해 단단하게 제자리를 지키고 있는 표토층을 파헤치기 시작했다. 그리고 세계는 전에 한 번도 겪어보지 못한 규모로 농사를 지었다. 미국 중서부가 농업에서 일으킨 기적은 인류사 최대의 성공사례 가운데 하나였다.

그러나 이 같은 대성공은 대가를 톡톡히 치렀다. 거듭되는 경작으로 비옥한 초원의 토양이 수십 년 동안 메마른 바람과 홍수에 속절없이 노출되었다. 추정치들에 따르면 미국 중서부는 원래 표토층의 절반 정도를 소실했으며, 그 대부분은 미시시피 강을 타고 멕시코 만으로 흘러내렸다고 한다. 1900년대 말, 농부들은 이 귀중한 선물이 급속도로 사라지는 것을 줄여준(하지만 완전히 막지는 못한) 새로운 기술을 도입하기 시작했다. 이러한 방법들과 여타 보존의 노력에 힘입어 이전만큼 빠르게 토양을 잃지는 않지만, 더 이상 초원의 식생이 자연적으로 토양을 지켜주지 못하는 만큼 표토가 느리게나마 조금씩 소실되는 것은 피할 길이 없다.

농부와 농업기업들은 이제 매년 작물 생산과 자연적 침식으로 빼앗기는 양분을 보충하기 위해 비료 생산에 엄청난 돈을 쏟아붓고 있다. 비료는 석유화학제품들로 만들어진다. 따라서 역시나 앞으로 몇 십 년 내에 탄소 기반 상품들이 서서히 줄어들거나 비싸질 것이다. 다시 한번 말하거니와 자연이 더 많은 표토를 생산하기까지는 정말이지 오랜 시간이 걸린다. 즉 다음번 빙하가 비옥한 부스러기를 남쪽으로 밀어붙여 주기까지 족히 5만~10만 년은 기다려야 한다.

나는 앞 장(18장)에서 환경 극단주의자들의 과장법과 지나친 불안 조장에 반대한다는 뜻을 분명히 했다. 따라서 수많은 자연의 선물, 특히 탄소를 기반으로 한 에너지원이 서서히 고갈되고 있다는 데 대해 공연히 불안을 부추길 뜻은 없다. 그럼에도 여전히 궁금하다. 그 자원들이 점차 희소해지면 인류는 어떻게 할 것인가? 인간종(種)은 지략을 써서 새로운 길을 열어나갈까, 아니면 자원 고갈이라는 위기에 속절없이 손을 놓고 있을까? 나로서는 먼 미래에 제기될 이 중요한 질문에 대한 답을 도저히 알아낼 재간이 없다.

후기
△△△△

'프린스턴 과학총서' 판에 부쳐

내가 《인류는 어떻게 기후에 영향을 미치게 되었는가》(2005년 출간)를 출간한 지 어언 5년이 지났다. 새로 '프린스턴 과학총서' 판을 내게 되면서 이 책에서 다룬 기후과학이 발전해온 길을 찬찬히 더듬어볼 기회가 생겼다. 1부와 2부는 기본적인 배경 정보를 다루었던 만큼 논의 주제와 관련해 달라진 게 거의 없었다. 5부는 주로 현대와 미래의 기후를 다루었는데, 5년 동안 가장 괄목할 만한 변화는 인간이 지난 125년 동안 약 0.7℃의 지구온난화를 일으킨 주범이라는 사실에 대해 좀더 강력한 합의가 이루어졌다는 점이다.

한편 3부와 4부에서 다룬 '초기인류 연원 가설'은 몇몇 새로운 과학적 연구결과가 나오긴 했지만 여전히 계속되는 논란거리로 남아 있다. 내가 해마다 그것을 주제로 여남은 차례 초청강연을 한 것도 여전히 거기에 대한 관심이 지대하다는 것을 보여주는 반증이다. 과학계는 아직까지도 지난 수천 년간의 이산화탄소와 메탄 증가가 자연적인 원인에 의한 것인지 인간 활동에 따른 결과인지를 놓고 의견 통일을 보지 못하고 있다.

후기에서는 지난 5년간 이 주제에 대해 이루어진 연구성과를 6개 영역으로 나누어 정리하고자 한다. 그 가운데 일부는 때로(불가피하게) 다소 전문적이므로 논의를 면밀히 추적하는 데 관심이 있는 이들에게 적합할 것이다.

6개 주제는 대체로 11장에서 다룬 '초기인류 연원 가설'에 대한 도전들과 관련된 진척사항이다. 11장을 쓴 것은 처음 가설을 발표하고 1년이 지났을 때인데, 가설에 대한 주된 비판들은 거기서 이미 다루었다. 지난 5년간 이들 비판은 이전과 다름없이 남아 있었고, 비판한 이들은 대부분 진작 다른 주제들로 관심을 돌린 듯했다. 결과적으로 여기에 요약한 내용은 그 최초의 도전들에 관한 새로운 정보와 생각들이다. 몇 가지 진척된 결과는 나의 '초기인류 연원 가설'을 더욱 확고하게 뒷받침해주었다.

일사량과 온실가스 추세

'초기인류 연원 가설'은 단순한 측정—즉 현재 간빙기(홀로세: 약 1만 년 전부터 현재까지의 지질시대로, 현세 또는 충적세라고도 한다—옮긴이)의 온실가스 추세가 과거 세 차례 간빙기들과 다르다—에 기원하고 있었다. 5단계〔여기서 단계란 엄밀하게 말하면 해양동위원소단계(Marine Isotope Stage, MIS)다. 해양동위원소단계는 심해 코어의 (온도차를 반영하는) 산소동위원소 데이터로부터 추론한 빙하기·간빙기 단계를 말한다—옮긴이〕, 7단계, 9단계 간빙기의 처음 1만 년 동안에는 온실가스 추세가 떨어졌지만, 홀로세에는 그 기간의 절반, 혹은 절반 이하에만 온실가스들이 감소하다가 (이산화탄소는 약 7000년 전〔본문에서는 계속해서 '8000년 전'이라고 적고 있는데, 여기서는 '7000년 전'으로 달라져 있어서 다소 의아할 것이다. 그 까닭은 본문에서는 보스토크 얼음 코어의 연대측정 결과(8000년 전)를 따른 데 반해, 뒤에 덧붙인 후기는 더 나중의 기록인 돔 C 얼음코어의 연대측정 결과(7000년 전)를 반영했기 때문이다—옮긴이〕, 메탄은 약 5000년 전 무렵) 방향을 바꾸어 도리어 증가하기 시작했다. 이처럼 역전이 이루어진 시기는 온실가스를 배출하리라고 예측되는 농업활동—즉 이산화탄소를 배출하는 초기의 삼림 파괴, 벼농사를 위한 초기의 관개, 가축 사육, 그리고 메탄을 방출하는 바이오매스 연소—이 처음 시작된 시기와 일치했다. '초기인류 연원 가설'에서 가장 중요한 것은 초창기의 농업이 온실가스를 증가시켰다는 주장이었다.

이내 몇몇 연구들이 약 40만 년 전인 11단계 간빙기에 맞춘 논의로 '초기인류 연원 가설'에 대한 반격에 나섰다. 11단계 간빙기를 택한 것은 일사량 추세가 내가 선택한 과거 세 차례 간빙기들보다 오늘날과 더 유사했기 때문이다. 11단계 간빙기에서 지구 궤도의 이심률 값은 홀로세만큼 낮았으므로, 이심률에 의해 조절된 세차운동 진폭이 5단계, 7단계, 9단계 간빙기보다 홀로세에 더 가까웠다.

또한 몇몇 연구들은 온실가스 배출량이 11단계 간빙기 초기에 떨어지지 않았고, 지난 몇 천 년과 가장 유사한 시기 동안 계속 높은 상태를 유지했다고 결론지었다. 따라서 현재 간빙기의 따뜻함이 앞으로 1만 6000년 남짓 유지될 거라고 주장했다. 나는 11장에서 이 연구들이 일사량 추세가 같아지도록 11단계 간빙기와 현재 간빙기(홀로세)를 나란히 놓지 않은 것은 잘못이라고 지적했다. 이 연구들은 이전 두 빙하후퇴기(빙하기와 간빙기를 잇는 시기—옮긴이) 초기를 동일선상에 나란히 놓고 '경과시간'을 산출하였는데, 이 방법은 천문학적으로 계산된 일사량 추세에 비추어 대조했을 때 커다란 불일치를 드러냈다. 즉 현재의 일사량 최저점이 11단계 간빙기의 일사량 최고점과 동일점에 놓인 것이다. 반면 두 간빙기를 일사량 추세를 토대로 동일선상에 놓으면, 최근 수천 년과 가장 유사한 11단계 간빙기에 온실가스 농도가 떨어지고 있다는 사실이 드러난다. 이 결과는 나의 '초기인류 연원 가설'과 일치했다.

몇 년 뒤 '유럽남극대륙얼음코어시추프로젝트(European Project for Ice Coring in Antarctica)', 즉 EPICA에 의한 얼음 코어 시추로 종전보다 80만 년 더 넘게 과거 기록을 확보할 수 있었다. 이 기록이 종전까지 밝혀지지 않았던 몇 번의 간빙기에 관해 말해주었으므로 초기 간빙기들의 온실가스 추세를 살펴보는 게 가능해졌다. 초기 간빙기들 가운데 두 번은 이렇게 비교하기에 알맞다. 두 간빙기는 직전에 빠른 빙하후퇴기를 거쳤고, 결국 초기 간빙기 정점이 선명하게 윤곽을 드러냈기 때문이다.

그림 A.1는 과거 여섯 차례 간빙기들의 메탄·이산화탄소 추세를 홀로세(1단계 간빙기)의 메탄·이산화탄소 추세와 비교한 것이다. 이 추세는 EPICA 집단의 시간척도에 따라 도표화한 것이다. 기록을 오늘날의 일사량 최저점과 동일선상에 놓기 위해 과거 간빙기들의 첫 일사량 최저점을 '0점'으로 사용하였다.

이산화탄소·메탄 추세는 몇 가지 특징을 공유한다. 기록의 앞부분에서는 이전의 빙하기가 간빙기에 자리를 내주면서 온실가스 농도가 증가했다. 그런 다음 그 농도는 '0점'으로부터 약 1만 1000년 전 무렵, 즉 간빙기의 기후 시스템에 들어설 무렵, 최고점을 찍었다. 그 정점에 이어 온실가스 수치는 어느 간빙기에서는 빠르게, 어느 간빙기에서는 천천히 낮아지기 시작했다. 여섯 차례에 걸친 이전 간빙기들 모두에서 온실가스 농도는 오늘날에 상응하는 시기 내내 계속 떨어졌다. 그런데 홀로세에서만큼은 그 추세가 방향을 달리했고 지난 몇 천 년간 꾸준히 올라갔다. 따라서 홀로세의 이산화탄소·메탄 추세는 과거 여섯 차례 간빙기들과 비교해볼 때 이례적이었다.

이러한 추세는 홀로세의 이산화탄소·메탄 증가의 원인을 기어코 자연

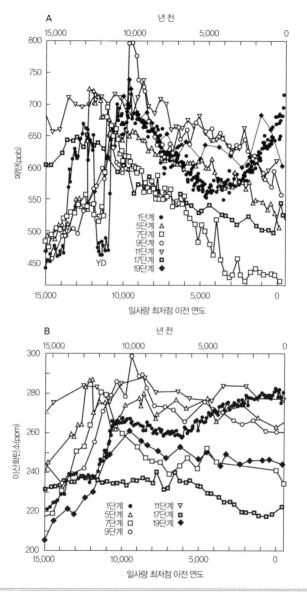

그림 A.1 유럽의 얼음 코어 시추 협력단 'EPICA가 돔 C(EDC)'의 기록 분석 결과에 토대한 메탄 (A)과 이산화탄소(B) 추세를 EDC3 시간척도에 따라 동일선상에 배치했다. 검게 칠한 원은 현재 간 빙기의 추세다. 다른 도형들은 과거 여섯 차례 간빙기 초기의 추세를 나타낸다.

적인 것이라고 설명하려 드는 이들에게 중요한 문제를 제기한다. 만약 홀로세의 온실가스 증가가 자연적인 기후 시스템의 작용에 따른 것이라면 과거 간빙기들 초기에도 일사량이 비슷할 때 유사한 추세가 나타나리라고 기대할 수 있다. 그러나 그림 A.1에 따르면 과거 간빙기들 가운데에는 그 어디에서도 동일한 기간에 이산화탄소·메탄이 증가하지 않았다.

19단계 간빙기는 유독 흥미롭다. 11단계 간빙기를 포함한 과거 그 어느 간빙기들보다 홀로세에 더 가까운 일사량을 보이기 때문이다. 19단계 간빙기는 1단계 간빙기와 마찬가지로 진폭이 낮은 세차운동 신호를 보이지만, 일사량에 기여하는 별개의 두 기여분, 즉 지축 기울기와 세차운동 주기가 더욱 유사한 위상(phase)을 보인다. 반면 11단계 간빙기에서는 지축 기울기와 세차운동 주기가 홀로세와 크게 어긋나 있다. 19단계 간빙기와 홀로세의 이산화탄소 추세는 상당히 흡사하다. 두 경우 다 처음에 거의 동일한 빙하기 수치인 약 185ppm(그림 A.1B에 나타나 있지는 않다)에서 시작해 거의 간빙기 초기의 정점인 260~270ppm까지 올라가고, 그런 다음 비슷하게 감소하기 시작한 것이다. 앞에서 지적한 대로, 홀로세의 추세는 약 7000년 전에 방향이 역전되었으며, 전(前)산업시대 말, 정점인 280~285ppm에 도달했다. 반면 19단계 간빙기 추세는 계속 하락하다가 오늘날에 상응하는 시기에 약 245ppm에 이르렀다. 19단계 간빙기의 값은 '초기인류 연원 가설'에서 제기한 자연적인 범위 240~245ppm의 위쪽 끝에 위치하며, 최근 홀로세(1200년경)의 최고 농도 약 283ppm보다 35~40ppm가량 낮다.

과학이 작동하는 한 가지 기제는 바로 반증(反證)이다. 가설을 증명할 수는 없다 해도 강력한 증거에 의해 그것이 틀렸음을 입증할 수는 있는 것이다. 이 경우, 기후 시스템이 실행하는 여섯 차례 실험으로부터 홀로세의 온실가스 증가 원인이 자연적인 데 있다고 보는 일군의 가설에 관한 결과를 얻는다. 그런데 과거 여섯 차례의 간빙기들 가운데 온실가스 농도가 홀로세와 비슷하게 증가한 사례가 단 한 번도 없으므로, 자연에서 원인을 찾는 가설들은 열두 번의 연속적인 실험(이산화탄소 여섯 번, 메탄 여섯 번)에서 모두 실패한다. 이러한 실패에 힘입어 어떤 식으로든 자연이 원인이라는 설명은 모두 틀렸음이 입증되었다고 주장할 수 있다.

기후·탄소 모델

홀로세의 이산화탄소 증가가 무엇 때문인지 탐구하는 데에는 기후 시스템의 물리학적 부분과 주요 탄소 저장고와의 상호작용을 모의실험하는 모델들이 쓰였다. 이산화탄소 증가가 자연적인 원인에서 비롯되었다는 가정에서 출발한 이 모델들은 후기 홀로세의 이산화탄소 증가를 모의실험했지만, 지목된 원인은 육지 바이오매스의 감소, 해수온 상승, 산호초 건설의 증가, 과거 수천 년간 쌓여온 불균형에 대한 바다 화학작용의 적응 지체 등 저마다 달랐다.

　기후·탄소 모의실험들은 하나같이 지금껏 해결되지 못한 까다로운 도전에 직면했다. 다름 아니라 홀로세의 이산화탄소 증가 추세만이 아니라 과거 간빙기들의 이산화탄소 농도 감소(그림 A.1B)를 동시에 모의실험으로 보여야 한다는 문제다. 그림 A.2에 개략적으로 도식화해놓은 이 도전은 모델들이 사용하는 가정—즉 일사량 강제력(insolation forcing)이 모든 경우에 이산화탄소 변화의 주요 동인이다—과 관련된다. 만약 홀로세에 상대적으로 낮은 진폭의 일사량 추세가 관측된 이산화탄소 증가를 추동했다면, 더 높은 진폭의 일사량 추세를 보이는 과거 간빙기들에는 더 많은

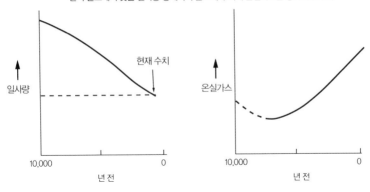

만약 홀로세의 **낮은** 일사량 강제력이 홀로세 후기에 온실가스를 증가시켰다면.

현재 수치

일사량

온실가스

10,000   0
년 전

10,000   0
년 전

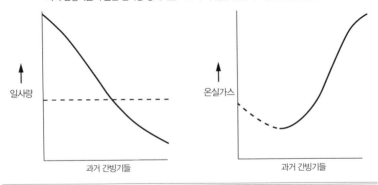

과거 간빙기들의 **높은** 일사량 강제력은 그보다 **더 많은** 온실가스 증가분을 만들어냈어야 한다.

일사량

온실가스

과거 간빙기들

과거 간빙기들

그림 A.2 사고(思考) 실험. 만약 홀로세에 낮은 진폭의 일사량이 관측된 이산화탄소 증가분(위)을 추동했다면, 과거 간빙기들 동안 큰 진폭의 일사량은 그보다 훨씬 더 많은 이산화탄소 증가분을 만들어냈어야 한다(아래). 하지만 실제 얼음 코어의 기록에서는 과거 간빙기들 동안 이산화탄소가 되레 감소했다.

이산화탄소가 방출되었어야 한다고 추정하는 게 논리적이다. 그러나 (크든 작든 간에) 모의실험한 이산화탄소 증가는 하나같이 얼음 코어에서 발견된 추세와 모순되었다.

이 무렵 홀로세와 과거 간빙기들 가운데 하나의 이산화탄소 추세를 모의실험하기 위한 시도는 가이 슈르허스(Guy Schurgers)와 그의 동료들에 의해 딱 한 번 이루어진 상태였다. 이 기후·탄소 모델은 홀로세의 이산화탄소 7ppm 증가(관측된 양의 3분의 1)와 제5단계 간빙기의 이산화탄소 22ppm 증가를 동시에 모의실험으로 보였다. 그러나 실험 결과 제5단계 빙하기의 이산화탄소 수치는 전혀 증가하지 않았을 뿐 아니라 도리어 약간 하향곡선을 그렸다. 모델 연구는 도전에 부응하지 못했다.

　이 책을 쓰고 있는 지금 이 순간에도 과거 간빙기들을 모의실험하려는 시도들은 계속되고 있다. 홀로세 때 이산화탄소가 자연적인 요인 때문에 상승한다는 가정 아래 모의실험하는 모델들은 한결같이 얼음 코어에서 실제로 관측된 결과와 달리, 과거 간빙기들 초기에 이산화탄소가 훨씬 더 크게 상승한 추세를 얻게 될 텐데, 과연 이를 피해갈 방도가 있을지 모르겠다.

토지 이용과 인구

'초기인류 연원 가설'에 대한 또 한 가지 일반적인 비판은 수천 년 전에 온실가스 추세를 좌지우지하고, 이후 몇 천 년 동안 그 추세를 상승시킬 만큼 인구가 많을 수는 없었으리라는 생각에 바탕을 둔다. 가장 근사한 추정치에 따르면, 2000년 전 역사시대가 시작될 무렵 지구 인구는 약 2억 명이었다. 그 이전의 인구가 얼마쯤이었는지는 잘 알려져 있지 않지만, 1000년마다 인구가 갑절이 된다는 가정 아래 추산해보면 6000년 전에는 1000만~2000만 명이었을 것이다.(그림 A.3A)

　나는 7장에서(그림 7.2) 이산화탄소가 증가하기 시작한 때(연대측정 결과 보스토크 얼음 코어에서는 8000년 전으로, 나중에 돔 C 얼음 코어에서는 7000년 전으로 나왔다)는 농업이 최초로 보급되고 유럽의 숲 지대에서 삼림이 잘려나가던 시

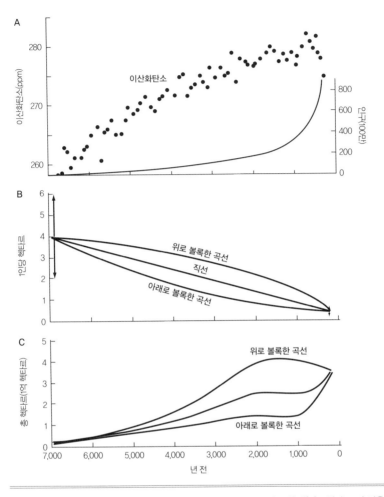

그림 A.3 홀로세 중엽과 말엽의 대기중 이산화탄소 농도와 지구 인구 추세(A), 1인당 토지 이용 면적 추정치(B), 파괴된 총 삼림 면적(C).

기와 일치한다고 주장했다. 그러나 이산화탄소 수치가 처음에는 증가하다가 2000년 전 이후 증가세가 둔화된 현상은 뒤쪽으로 갈수록 가파르게 상승하는 인구곡선(그림 A.3A)과는 거의 닮은 구석이 없다. 이러한 불일치는 인간이 이산화탄소 증가의 주원인이었다는 가설을 부정하는 유력한 증거처럼 보였다. 이 비판을 더욱 뒷받침해주는 것으로, 모델 연구를 기반으로 한 몇 가지 전(前)산업시대의 토지 이용 추정치들(삼림 파괴로 얻은 총 육지 면적과 인구 크기는 밀접한, 즉 거의 선형의 관련성을 보인다고 가정한다)은 지상의 삼림 파괴가 대부분 지난 300~400년 동안 이루어졌는데, 이 시기는 인구가 급증한 전(前)산업시대이고, 이산화탄소 증가 초기보다 훨씬 뒤라고 결론지었다.

그러나 토지 이용과 인구가 밀접한 관련성을 띤다는 가정은 몇몇 현장지향적인 학문에서 얻은 결과들로는 뒷받침되지 않는다. 여전히 화전농법 같은 유랑농업을 고수하는 오늘날의 문화권을 두루 고찰한 인류학 연구는 수천 년 전에는 농사가 온통 그러했을 터이므로 당시의 농사 관행을 추측할 수 있도록 도와준다. 토지 이용 고고학, 고생태학, 고식물학, 퇴적학 연구는 농업의 규모와 형태의 변화, 자연적인 초목을 재배작물로 서서히 대체해나간 현상, 삼림 파괴와 농경지 경작으로 헐벗은 산사면의 침식이 심화하는 현상 등이 토지 이용에 가한 제약을 보여준다. 우리는 이 현장지향적인 학문들로부터 지난 7000년 동안 1인당 토지 이용은 상수로 남아 있지 않았으며(즉 토지 이용은 인구와 선형의 관련성을 띠지 않았으며), 오히려 대폭 감소했다는 사실을 알 수 있다.

수십 년 전, 경제학자 에스터 보제룹(Ester Boserup)은 인구가 증가하면서 토지 이용이 어떻게 달라졌는지를 개괄해 발표했다.(표 A.1) 농업이 발달한 초기이자 인구가 적었던 단계(휴경기가 길었던 단계)에는 농부들이 작은 숲에 불을 지르고 검게 그을린 나무둥치 사이 재로 비옥해진 땅에 씨앗을 심었다. 몇 년 뒤 토양의 양분이 떨어지면 사람들은 그저 다른 장소로 떠났다. 그 과정을 되풀이하다 보면 원래 장소로 돌아오는 것은 20~25년,

표 A.1 보제룹이 제시한 홀로세의 토지 이용 변화 단계

농업 유형	유랑농업		집약농업	
	긴 휴경기	짧은 휴경기	연중재배	다작물재배
인구	적음	>	>	많음
1인당 헥타르	2~6	1~2	0.3~0.6	0.05~0.3

아니 그보다 훨씬 더 나중이었다. 이런 식의 농사는 필요로 하는 1인당 노동력이 낮았지만, 끊임없이 이 장소 저 장소 떠돌아다니는 탓에 엄청난 양의 토지를 필요로 했다.

시간이 흘러 인구밀도가 높아진 지역에서 사용 가능한 땅이 줄어들자 농부들은 휴경기간을 줄이지 않을 수 없었다. 그들은 인구가 계속 늘어나는 터라 어느 때부터인가 매년 같은 토지에 묶여 지내게 되었다. 그렇게 연중재배(annual cropping) 방식이 자리 잡은 것이다. 그들은 쟁기, 가축 끌기, 관개, 비료 개선 등 에이커당 수확량을 늘려주는 기술혁신의 도움을 받기 시작했다. 마침내 수많은 농부들이 같은 논밭에서 해마다 두 번 남짓 작물을 윤작하고, 광범위하고 정교한 관개 시스템을 개발했다. 이 집약농 단계는 철기나 기타 신기술이 안겨준 이점에도 불구하고 거름과 퇴비를 만들어 작물에 뿌리기, 거름의 대부분을 제공해주는 가축 돌보기, 잡초와 벌레 제거하기, 관개수로 유지보수하기 등 1인당 노동력을 훨씬 더 많이 필요로 했다.

그림 A.3B는 토지 이용 분야의 전문가 얼 엘리스(Erle Ellis)와 내가 제안한 '보제룹 단계'에 따른 1인당 토지 이용의 변화 추정치다. 농사짓는 사람이라면 누구나 긴 휴경기를 가졌던 초기 단계에는 토지 이용이 1인당 몇 헥타르(최상의 추정치는 4헥타르)나 되었다. 후기 단계인 전(前)산업시

대에는 토지 이용이 1인당 0.4헥타르 정도로 크게 떨어졌고, 더 나중인 1800~1900년대에는 훨씬 더 낮은 수치인 평균 0.2~0.3헥타르가 되었다. 그 사이에 낀 기간의 추세는 알려져 있지 않으므로, 몇 가지 가능한 궤적을 생각해볼 수 있다. 다만 우리는 역사시대 동안 기술혁신이 광범위하게 확산되었음을 보여주는 수많은 증거들을 토대로 실제 추세는 모종의 위로 볼록한 곡선일 거라고 짐작한다.

전 지구적으로 시간이 가면서 개간된 총 토지 면적은 지구 인구(그림 A.3A)와 1인당 토지 이용 추세(그림 A.3B)의 결과물로 추정할 수 있다. 세 가지 추세(그림 A.3C) 모두 전 지구적인 개간이 약 2000년 전에는 수평 상태를 유지했음을 말해주며, 볼록한 곡선은 심지어 1500년 전 이후 총 토지 이용이 약간 줄어들었음을 보여주기까지 한다. 1200년 전 이후 이 추세가 수평 상태를 유지한 가장 중요한 요인은 1인당 토지 이용의 감소다. 이것이 급속한 인구 증가의 효과를 일부 혹은 전부 상쇄한 것이다. 보제룹이 제안한 홀로세 후기의 토지 이용 추세를 고려해보면, 장기적인 총 토지 이용 추세(그림 A.3C)는 이산화탄소 농도의 추세(그림 A.3A)와 흡사해 보인다.

그러나 대기중의 이산화탄소 농도는 삼림 파괴의 '총량'보다 그 '속도'에 좌우된다. 더욱이 토지 이용의 변화와 대기중의 이산화탄소 농도를 전면적으로 비교하려면 다른 요인들도 고려해야 한다. 초기 농업은 토지가 비옥하고 물 공급이 원활한 하곡에 집중되었으므로, 이 지역에서 잘려나간 숲은 좀더 최근에 잘려나간 언덕사면이나 경사면의 숲보다 탄소 밀도가 더 높았을 공산이 크다. 이처럼 탄소 밀도의 점진적 변화를 고려하면 초기 홀로세의 이산화탄소 방출 속도는 최근 시기와 비교할 때 한층 더 빨랐을 것이라 짐작된다. 결국 제대로 비교하려면 상당히 긴 대기중 이산화탄소 체류시간을 고려해야 한다. 대기중에 투입된 이산화탄소 총량의

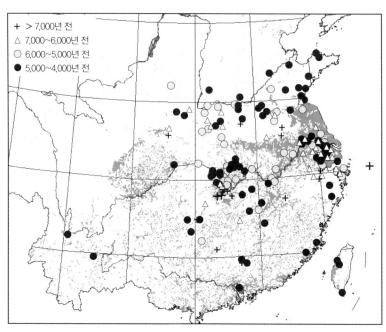

그림 A.4 수백 곳의 고고학적 발굴 결과를 토대로 4000년 전 이전 중국에서 쌀농사가 이루어진 지역의 지도를 완성했다. 바탕에 칠해진 회색은 오늘날의 쌀농사 지역이다.

15~20퍼센트는 무수한 세월 동안 거기에 머물러 있기 때문이다.

'초기인류 연원 가설'에 관한 두 번째 비판은 과연 초기 농업이 약 5000년 전 메탄 추세의 역전을 설명해줄 수 있느냐 하는 의혹이었다. 나는 베이징의 궈정탕(郭正堂, Zhengtang Guo)과 그의 동료들이 진행한 공동 연구에서 중국 수백 곳에서 이루어진 고고학적 발굴 결과를 토대로 메탄 역전이 일어났을 때 쌀 잔해가 발굴된 지역 수가 크게 불어났음을 보여주는 새로운 증거를 찾아냈다.(그림 A.4) 7000년 전 이전에는 건기에 적응한 자연적인 벼품종이라 여겨지는(나중에 좀더 촉촉한 지역에 이식되었을 수도 있다) 잔해의 발굴 지역이 여기저기 흩어져 있었다. 벼 잔해가 고고학적 기록에서 조금 더 많아지기 시작한 7000~6000년 전에는 방사성탄소 연대측정으로 연대가 밝혀진 목재 인공수로 등 관개가 이루어졌음을 보여주는 직접적인 증거들이 최초로 나타났다. 6000~4000년 전에는 다습한 기후에 적응한 벼품종을 물 댄 논에서 재배하는 기술이 중국 남부와 중부 지역(오늘날에도 관개를 이용해 벼농사를 짓는 곳이다)으로 급속하게 퍼져나갔다.

연대측정 결과 5000~4000년 전으로 밝혀진 장소는 8000~7000년 전으로 밝혀진 곳보다 숫자가 열 배가량 불어났다. 이것은 약 5000년 전 메탄 추세의 역전 현상과의 인과적 관련을 암시하기에 충분할 정도의 급격한 증가세다. 더욱이 고고학자들은 빠르게 확산된 중국 남부와 중부의 논농사, 그리고 중국 북부와 중부의 건조지역 농업이 이 기간에 인구가 크게 불어난 원인이었다고 결론지었다. 인구가 급증하자 돌봐야 하는 가축 수가 증가하고, 바이오매스 연소량이 늘어나고, 인간이 배출하는 쓰레기가 쌓이는 등 부가적인 요인으로 훨씬 더 많은 메탄이 만들어졌을 것이다.

이 같은 고고학적 성과물들은 인간이 약 5000년 전 메탄 추세를 역전시키는 데 일정한 역할을 했다는 주장을 뒷받침한다. 하지만 둘의 관련성은 쉽사리 정량화될 수 없다. 당시 중국(그리고 남아시아 전역)에 흩어져 있던 논의 숫자를 오늘날 정확하게 계산해내기란 사실상 불가능한 탓이다. 아마도 족히 몇 천만 개는 될 것이다. 반면 고고학적 자료는 불과 몇 백 개의 발굴 장소─그것도 대부분 실제 크기조차 알려지지 않은 논 근처의 옛 부지─에 한정되어 있다.

탄소예산과 이산화탄소 되먹임

'초기인류 연원 가설'을 향한 가장 강력한 비판은 유라시아 남부의 대부분, 그리고 남·북아메리카와 아프리카의 상당 부분에서 삼림이 파괴되었다손 쳐도 그것으로는 전(前)산업시대에 이산화탄소를 약 20ppm(내가 제안한 이산화탄소 비정상치 35~40ppm 전부를 설명해주기에는 턱없이 모자란 수치)까지 상승(그림 A.1B)하게 만들 수 없었다는 주장이다. 나는 11장에서 나를 비판한 이들(가장 눈에 띄는 인물은 포르투나 조스(Fortunat Joos)와 그의 동료들이었다)이 옳았다고 인정했다. 그리고 2007년 발표한 논문에서는 삼림 파괴로 인한 직접적인 인류 연원 배출량, 그리고 중국에서의 초기 석탄 연소와 유라시아 일부에서의 심각한 토양 악화 등 그보다 작은 기여분은 이산화탄소 증가분 35~40ppm의 약 25퍼센트인 9~10ppm만을 설명해줄 뿐이라고 결론지었다.

일부 과학자들은 이러한 승복이 나의 본 가설이 옳지 않았음을 자인하는 것이라고 판단했다. 그러나 그들은 여전히 지난 7000년 동안의 이산화탄소 추세가 과거 간빙기들의 이산화탄소 추세와는 35~40ppm만큼 차이가 난다는 사실을 간과했다. 결국 그 비정상치는 사라지지 않은 것이다. 두 관측은 커다란 수수께끼를 안겨준다. 즉 35~40ppm이라는 비정상치는 인위적인 것이 틀림없지만, 삼림 파괴로 인한 직접적인 기여분은 그 일부인 9~10ppm에 그치는 것이다.

나는 11장(그림 11.4)에서 그 수수께끼에 대한 답은 필시 기후 시스템의 되먹임에 있다고 주장했다. 기후 시스템의 되먹임이란 여분의 이산화탄소를 방출함으로써 삼림 파괴와 초기의 석탄 연소 같은 직접적인 이산화탄소 증가를 더한층 북돋워주는 작용을 말한다. 나는 다음과 같이 추론했다. '직접적인' 온실가스(이산화탄소와 메탄) 배출량으로 야기된 대기 온난화가 다시 바다를 따뜻하게 만들어주거나 적어도 차가워지지 않도록 막아주었을 것이다. 이렇게 해서 비정상적으로 따뜻해진 바다는 '간접적인',

그렇지만 여전히 인류 연원의 효과를 통해 다시 대기에 '양(positive)'의 이산화탄소 되먹임을 제공할 수 있었다.

얼핏 이 설명은 믿기 어렵게 들린다. 직접적인 인류 연원 배출량에서 비롯된 9~10ppm의 이산화탄소 첫 '마중물'이 어떻게 26~30ppm에 달하는 이산화탄소 되먹임을 쏟아낼 수 있었을까? 그러나 문제를 이런 식의 틀에 끼워넣으면 역시나 중요한 역할을 하고 있는 메탄이 배제된다. 인류가 농사를 지음으로써 발생시킨 메탄 비정상치는 250ppb로 추정되었는데, 이것은 이산화탄소 12ppm에 상당하는 영향력을 기후에 행사했을 것이다. 이 같은 메탄의 부가적인 도움에 힘입어 대략 이산화탄소 21~22ppm에 해당하는 직접적인 온실가스 배출량은 기후·탄소시스템에 최초의 '마중물'이 되어 결국 모두 26~30ppm에 달하는 이산화탄소 되먹임 효과를 불러온다.

11장에서 나는 이산화탄소 되먹임의 가장 유망한 원천은 바다, 특히 심해와 남극해(Southern Ocean)라고 주장하기도 했다. 심해와 남극해 둘 다 빙하기·간빙기 주기의 자연적인 이산화탄소 변화에 중요한 역할을 해온 것으로 알려져 있다. 이제 새로운 증거가 이 주장을 뒷받침해주고 있다.

바다 바닥에서 살아가는 유공충의 산소동위원소비($\delta^{18}O$)는 지난 여섯 차례의 간빙기에서는 예외 없이 더 무거운 쪽으로 기울었다.(그림 A.5A) 이러한 추세는 새로운 빙상이 자라고 있었다거나, 혹은 깊은 바닷물이 차가워지고 있었다는 것, 혹은 (더 있을 법하게는) 둘 다가 일어나고 있었다는 것을 암시한다. 반면 7000년 전 이후 홀로세의 산소동위원소비($\delta^{18}O$) 추세는 더 가벼운 쪽으로 올라 있다. 이 기간에는 빙상이 자라지도 그렇다고 상당량이 녹지도 않았으므로, 산소동위원소비($\delta^{18}O$)가 가벼운 쪽으로 오른 추세에 따르면 심해의 수온이 홀로세 중기와 후기에 따뜻했다〔그러다가 전

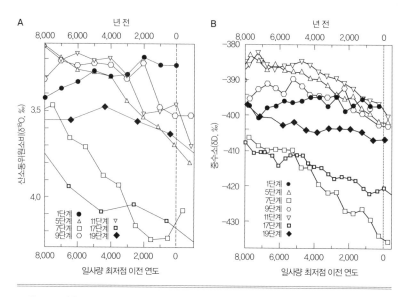

(前)산업시대 후반에는 약간 차가워졌지만]는 것을 알 수 있다. 산소동위원소비가 약 0.2‰ 줄어들면 심해는 0.84℃만큼 따뜻해진다. 이산화탄소는 따뜻한 물에서는 용해가 덜 되므로, 바다가 따뜻해지면서 대기중으로 이산화탄소가 방출되어 그 농도가 더욱 높아졌을 것이다.

남극대륙의 얼음 코어에서 얻은 중수소비(δD)는 홀로세 동안 그와 유사한 정도의 '비정상적인 따뜻함'을 보여준다. 과거 여섯 차례의 간빙기들 초기에, 그 비율은 모두 좀더 낮은 쪽으로 향했다. 이것은 남극대륙의 빙상 상층 대기의 온도가 차가워지고 있다는 것을 뜻했다.(그림 A.5B) 하지만 홀로세에서만큼은 그 비율이 약간 달라지다가 결국 7000년 전과 엇비슷한 값에 이르렀다. 이 경우 남극대륙에는 '비정상적인 따뜻함'—과거 여섯 차례의 간빙기들에서 모두 관측된 '정상적인' 냉각이 아니라는 의미에서—이 기록으로 남았다.

결국 남극대륙 부근 바다의 수온 역시 따뜻해진 상태를 유지했을 테고, 해빙은 과거 간빙기들 초기와 마찬가지로 성장하지 못했을 것이다. 이러한 변화로 남극해의 바닷물은 대기와의 접촉면이 넓어졌고, 이것은 여러 개념적인 모델에 따르건대 이산화탄소 농도가 줄어들지 않도록 막아주었을 것이다. 이 부가적인 이산화탄소 되먹임 효과가 어느 정도 규모인지는 밝혀지지 않았다.

위스콘신 대학의 대기과학자 존 쿠츠바흐, 스티브 배브러스, 그리고 그웨나엘 필리퐁(Gwenaelle Philippon)과 협력해 출간한 새로운 모델링 결과는 바다의 관측과 얼음 코어의 관측에서 얻은 증거를 뒷받침한다. 우리는 초기의 인위적인 온실가스들이 대기와 해양에 끼치는 영향을 평가하기 위해 역동적으로 상호작용하는 바다가 포함된 대기대순환모형(atmospheric general circulation model, AGCM)으로 실험을 진행했다. 모의실험 결과 산소동위원소나 중수소 증거에서와 유사한 온난화 효과를 얻어냈다. 초기에 인간이 초래한 온실가스들은 산소동위원소 추세(그림 A.5A)가 암시하는 것보다는 다소 작은 규모로 심해를 온난화했을 것이다. 또한 남극대륙의 대기를 중수소 데이터가 암시하는 비정상적인 온기(그림 A.5B)와 거의 맞먹는 정도로 온난화했을 것이다.

홀로세에 0.5~0.84℃가량 따뜻해진 심해는 부가적인 이산화탄소를 대기중에 내보냄으로써 그 농도를 5~6ppm 정도 올려주었을 것이다. 이 부가적인 이산화탄소가 직접적인 인류 연원 배출량과 관측된 추세 사이의 간격을 상당 부분 메워줄 것이다.(그림 A.6) 전(前)산업시대 후기(1600~

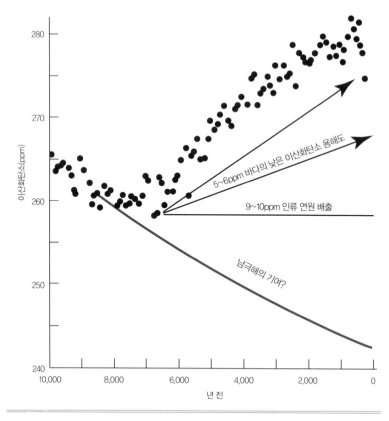

280

270

이산화탄소(ppm)

260

5~6ppm 바다의 낮은 이산화탄소 용해도

9~10ppm 인류 연원 배출

남극해의 기여?

250

240
10,000   8,000   6,000   4,000   2,000   0
년 전

그림 A.6   지난 7000년간의 비정상적인 이산화탄소 추세에 기여했을 가능성이 있는 요소들을 나타낸 '원그래프'. 여기에는 심해의 온난화(이산화탄소 용해도를 감소시킨다), 직접적인 인류 연원 배출량, 그리고 남극해의 비정상적인 따뜻함 지속 등의 항목이 포함된다.

1750년)의 이산화탄소 값들 가운데 더 낮은 것을 '표적'으로 삼으면 더욱 그렇다. 현재로서는 과거 간빙기들과 비교해볼 때 홀로세 동안 더 따뜻한 상태를 유지하고 있는 남극 지역의 (해수와 대기 간) 탄소 교환을 정량화하기가 불가능하다. 따라서 따뜻한 남극해에서 추가된 이산화탄소가 과연 35~40ppm에 달하는 이산화탄소 비정상치(그림 A.6) 전체를 설명하는 데 필요한 남은 '탄소 간극'을 메워줄지는 알 수 없다.

빙하작용은 진작 이루어졌어야 하나

'초기인류 연원 가설'에는 만약 이산화탄소와 메탄 수치가 초기 농업활동에 따른 배출량으로 상승한 게 아니라 자연적인 추세에 맞게 떨어졌더라면 지금쯤 새로운 빙상이 형성되기 시작했어야 한다는 주장도 들어 있었다. 나는 10장에서 공저자인 위스콘신 대학의 스티브 배브러스, 존 쿠츠바흐와 함께 실시한 제네시스(GENESIS) 대기대순환모형 실험의 결과를 다루었다. 배핀 섬의 산악지대를 따라 격자 꼴 상자를 몇 개 설치하고 연중 적설 면적을 모의실험한 결과였다. 우리는 여름을 이겨낸 잔설이 해가 가면서 점차 두꺼워지는 현상을 빙하작용이 시작되는 증거라고 보았다. 10장에서 나는 이 모의실험을 통해 홈런을 치고 싶은 마음이 간절했지만, 결과를 보고는 내야 안타를 친 데 그친 아쉬운 심정이었노라고 털어놓은 바 있다.

나는 이어지는 몇 해 동안 스티브 배브러스, 존 쿠츠바흐, 그웨나엘 필리퐁과 함께 미국 국립대기과학연구센터(National Center for Atmospheric Research, NCAR)의 전지구규모기후 모델(Community Climate System Model, CCSM) 버전3으로 여러 차례 모의실험을 실시했다. 모든 실험에서 대조군 조건은 '초기인류 연원 가설'에서 제안한 값과 일치시켜 대기중의 이산화탄소 농도 240ppm, 메탄 농도 450ppb로 낮추어 잡았다. 한 모의실험은 모델의 기본 대기 버전을 사용했고, 다른 모의실험들에서는 위에서 언급한 식생-알베도 되먹임(vegetation-albedo feedback: 알베도란 지표면에 반사되는 입사 태양 복사에너지의 백분율을 말한다. 식생-알베도 되먹임은 알베도와 태양 복사에너지 흡수를 바꾸는 식생 변화로 초기의 온도 변화를 더욱 증폭하는 양의 되먹임을 지칭한다―옮긴이), 바다 역학, 고해상도의 지세도 등을 포함하는 모형을 썼다.

모든 경우에서 캐나다와 유라시아 북부의 높은 고도 지역이나 고위도

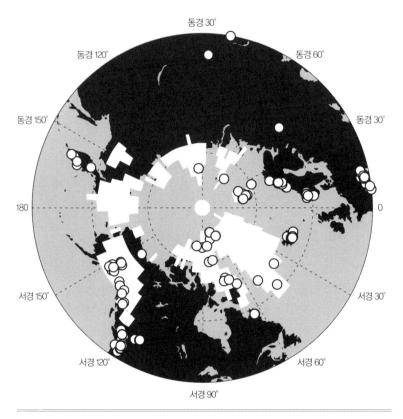

그림 A.7 1년 내내 잔설이 남아 있는 지역들(빙하작용이 막 시작된 흰색 지역들). 대기중 이산화 탄소 240ppm, 메탄 450ppb('초기인류 연원 가설'에서 인간이 개입하지 않았다고 가정했을 때의 예측치)로 설정한 대기대순환모델 모의실험에서 얻어낸 결과다. 흰 원은 오늘날 만년설과 산악빙 하가 있는 곳이다.

지역에서 1년 내내 적설 면적을 모의실험했다. 예를 들어 해양의 역학 실 험에서는 로키 산맥 북부, 캐나다 군도, 캐나다 북동부의 배핀 섬, 시베리 아 동부, 시베리아 북쪽에 산재한 북극 섬들 몇 개에서 연중 적설 면적을 조사했다.(그림 A.7) 이 실험에서는 1년 내내 잔설이 남아 있는 지역(그린란 드 제외)을 모두 합친 면적이 오늘날의 그린란드 빙상 크기보다 30퍼센트나 더 넓었다.

격자 꼴 상자에 눈이 쌓인 지역들은 대부분 오늘날 만년설과 산악빙하가 남아 있는 곳 부근이다. 만년설과 산악빙하는 전(前)산업시대(소빙기)에는 한층 더 넓은 면적을 차지하고 있었지만 계속 녹아내려 현재 상태에 이르렀다. 이것은 온실가스의 상대적 수치를 비교해볼 때 사리에 닿는 결과다. 만약 이산화탄소 농도 270~275ppm, 메탄 농도 670~690ppb이던 소빙기에 작은 지역들에서 산악빙하와 만년설이 생성되거나 성장할 수 있었다면, 이산화탄소 농도를 240ppm, 메탄 농도를 450ppb로 설정한 실험에서는 적설 면적이 훨씬 더 넓어지리라 기대할 수 있을 것이다.

실험결과들은 최소 장타를 날린 정도는 되었다 싶지만 샴페인을 터뜨리며 성공적인 예측이었노라고 자축하기에는 멋쩍은 감이 있다. CCSM 버전3은 적설 면적이 늘어나는 경향이 있는, 여름이 약간 추워지는 결과를 얻었다. 그리고 '오늘날' 온실가스 수준에 맞춘 대조군 모의실험에서는 유라시아 북극권 섬들에 설치한 격자 꼴 상자들에 눈이 1년 내내 녹지 않고 남아 있음을 확인했다. 오늘날에는 그 섬들에서 여름철에 사실상 눈이 완전히 사라지고, 오래된 만년설이 조금씩 녹아내리고 있다. 우리가 얻은 연구결과가 모델 편차의 결과가 아니라는 것을 분명히 하려면, 미국 국립대기과학연구센터(NCAR)가 곧 실시할 예정인 새로운 전지구규모기후 모델(Community Climate System Model, CCSM) 버전4를 포함한 다른 모델들로 비슷한 실험을 실시해볼 필요가 있다.

전염병, 대량 사망, 이산화탄소 진동

이 책 4부에서는 '초기인류 연원 가설'의 부차적인 결과로 수백 년 동안 네댓 번 정도 이산화탄소 농도가 대폭 감소한 현상을 다루었다. 나는 그것이 전적으로 자연적인 데 기원을 두지는 않으며, 적어도 부분적으로는 대량 사망에 이르게 한 역사시대 몇몇 사건들(관련 증거가 충분하다)의 산물이라고 주장했다. 골자는 대량 사망으로 버려진 땅에 다시 숲이 들어서고, 숲이 대기중의 탄소를 앗아가고, 그에 따라 이산화탄소 수치가 낮아졌다는 것이다. 당시 그 주장을 증명하는 데 사용할 수 있었던 것은 남극 대륙에서 얻은 두 이산화탄소 기록뿐이었다. 즉 연대측정은 정확하지만 1000년에 약간 못 미치는 시기까지만 포괄하고 있는 로 돔과 연대측정은 정확하지 않지만 역사시대 전부와 그 이상까지 포괄하고 있는 테일러 돔 말이다. 테일러 돔 얼음은 연대측정을 개선할 필요가 있는 화산 기원층에 대한 분석이 그제껏 이루어지지 않은 상태였다.

2006년 뉴질랜드의 맥파링 뮤어(MacFarling Meure)와 그의 동료들은 상세하고 연대측정이 잘된 로 돔의 이산화탄소 기록을 발표했다.(그림 A.8) 지난 1000년을 포괄하는 새로운 분석은 과거 분석들과 한 치의 어긋남도 없이 정확하게 일치하며, 과거의 기록을 거의 2000년가량 넓혀놓았다. 이산화탄소 기록 아래쪽에는 역사시대(산업화 이전)에 대량 사망을 초래한 중요한 사건들을 요약해놓았다. 두 신호 간의 상관관계는 뚜렷하다. 즉 이산화탄소가 크게 감소한 경우는 예외 없이 유럽과 중국 혹은 남·북아메리카에서 발생한 대량 사망 사건과 동일한 추세를 보이는 것이다. 이산화탄소 수치가 안정되거나 늘어난 시기에는 대량 사망을 낳은 재난이 없었다.

이 책에서 지적한 대로, '세계적 유행병'이 인구 감소의 주요인이었다. 바로 로마시대 말엽(200~600년) 발발한 흑사병 등의 여러 질병들, 중세시대 말기(1348~1400년)에 재발한 흑사병, 1492~1700년 사이 유럽인들이 남·북아메리카의 '처녀지'에 들여온 유행병들 말이다. 나는 뒤이어 질병

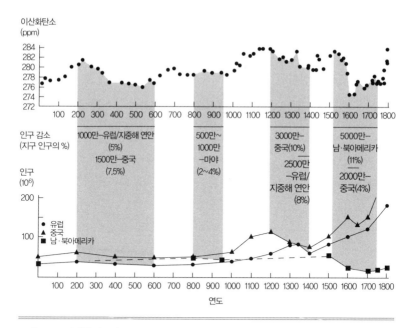

그림 A.8 선명한 남극대륙 로 돔의 이산화탄소 분석 결과를 보면 이산화탄소가 감소한 시기는 유럽과 남·북아메리카에서의 '세계적 유행병', 중국에서의 사회 갈등으로 인구가 대량 사망한 시기와 일치함을 알 수 있다.

역사 전문가인 퍼듀 대학의 앤 카마이클(Ann Carmichael)이 수행한 연구를 통해 중국에서 인구 감소를 초래한 두 사례는 '세계적 유행병' 때문이 아니라 1200년대에 몽골인(칭기즈칸과 그 후예들)의 침략에 따른 극도의 사회 갈등 탓이었음을 좀더 분명하게 확인할 수 있었다.

상관관계가 곧 인과관계는 아니지만, 그림 A.8에서 볼 수 있는 놀라운 일치는 내가 주장한 대량 사망과 이산화탄소 감소의 관련성을 확실하게 뒷받침해준다. 반면 좀더 자세한 이산화탄소 기록을 보면 이산화탄소 감소(특히 중세시대인 1200년 무렵의 높은 수치에서 1600~1700년 소빙기에 낮은 수치로 무려 10ppm이나 감소한 것)가 자연적인 원인 때문이라는 설명은 확실히 의구심을 불러일으킨다. 12장에서 지적한 대로, 기후·탄소 모델은 지구 기온이 1℃ 낮아질 때마다 이산화탄소가 12ppm씩 감소함을 보여준다. 바다가 차가워지면서 이산화탄소 용해도는 높아지고, 또 부분적으로 산화작용이 줄어들거나 땅에 흩어져 있는 식생의 탄소 방출량이 줄어든 결과다. 프록시(proxy: 프록시 기후 지시자란 시간상 그 이전의 기후 관련 변동들의 일부 결합을 표현하기 위해 물리학 및 생물리학적 원칙을 활용해 해석하는 국지적 기록을 말한다. 이러한 방법에서 유래하는 기후 관련 자료를 프록시 자료라 부른다. 프록시의 예로는 나무의 나이테, 산호초, 얼음 코어, 해양 및 호상 퇴적물 코어 따위가 있다—옮긴이)를 기반으로 한 북반구의 기온은 이제 1200년에서 1700년까지 0.2~0.5℃의 범위 내에서 냉각이 일어난 것으로 나타나고, 최대·최소의 산술평균으로 주어지는 중앙값은 0.3~0.35℃ 범위의 냉각을 나타낸다. 모델들에 따르면 그 정도의 냉각은 이산화탄소 3~4ppm의 감소를 설명해줄 수 있으므로, 그 추정치는 관측된 감소치의 나머지 3분의 2는 인류 연원 강제력 같은 다른 요인으로 설명되어야 함을 시사한다.

나는 최근 몇 년간 버려진 농경지가 탄소 수십 억 톤을 제거하는 효과를 모의실험하고자 했다. 그 결과를 보면 삼림 복구가 관측된 이산화탄소 감소량 10ppm 가운데 적어도 4ppm의 직접적인 원인임을 알 수 있다. 이러한 분석은 만약 바다(특히 남극해)의 이산화탄소 되먹임이 직접적인 반응을 부추긴다면, 인류 연원 배출량은 더욱 늘어날 여지를 남겨놓는다.

추정치들이 좀더 엄밀해지려면 농부 1인당 '숲 발자국'에 관한 개선된 데이터가 필요하다. 그래야 그 결과로 제거되는 탄소량을 좀더 정확하게 계산할 수 있기 때문이다. 또 한 가지 여전히 불분명해서 좀더 주의를 기울여야 하는 문제가 있다. 바로 농부가 사망한 뒤 버려질 수도 있었지만, 가족 구성원이나 이웃이 대신 차지해서 야생으로 되돌아갈 기회를 놓친 농경지가 얼마나 되느냐 하는 것이다. 로마시대 말엽 지중해 연안 지역의 인구밀도는 아마 이런 유의 재점유가 상당 정도 이루어질 만큼 높았을 것이다. '세계적 유행병'인 흑사병이 창궐하던 시기, 유럽 서부와 중부의 상당 지역에서도 인구가 제법 많아서 그 같은 재점유가 빈발했을 것이다. 인구가 적은 발트 해 연안과 러시아 등 유럽 북동부 지역에서는 그렇지 않았을 테지만 말이다. 이러한 재점유, 그리고 1500년 무렵 인구가 '세계적 유행병' 발발 이전 수준으로 놀랍도록 빠르게 회복된 점 때문에 유럽의 흑사병이 이산화탄소 감소에 남긴 자취는 감지하기 힘들 정도였다고 할 수 있겠다.

반면 1500년에서 1700년 사이 남·북아메리카를 휩쓴 '세계적 유행병'은 자그마치 토착인구의 85~90퍼센트를 죽음으로 몰아간 결과 버려진 농경지를 재점유할 사람이 거의 남지 않았고, 그 땅은 모두 숲으로 돌아갔다. 이 '세계적 유행병'은 1600년 무렵 이산화탄소 농도를 낮추는 데 결정적인 구실을 한 것으로 보인다. 1750~1800년까지도 남·북아메리카에서는 유럽인 인구가 적었으므로, 이 대규모 '세계적 유행병'으로 삼림이 복구된 지역은 수 세기 동안 숲인 채로 유지되었다.

요약하자면 《인류는 어떻게 기후에 영향을 미치게 되었는가》를 출간하고 몇 년 동안 '초기인류 연원 가설'의 여러 측면을 시험하고 탐구하기 위한 후속연구가 다채롭게 진행되었다. 내 (완전히 공평무사하지는 않은) 생각에 이 같은 새로운 노력들은 두 가지 결과를 낳았다. 첫째, 홀로세의 온실가스 증가를 자연적인 원인으로 돌리려는 시도들은 하나같이 취약점을 드러내고 있다는 사실이 좀더 확연해졌다. 가장 큰 취약점은 지극히 단순한 다음의 질문에 여전히 제대로 답하지 못한다는 것이다. 만약 홀로세 후기의 이산화탄소와 메탄 농도 상승 추세가 자연적인 원인에 의한 것이라면 어째서 과거 간빙기들의 비슷한 시기에서는 그와 같은 상승세가 드러나지 않았는가 하는 질문이다. 거듭하거니와 이 질문에 답하지 못하는 것은 자연에서 원인을 찾는 설명이 잘못임을 말해준다.

둘째, 새로운 연구들은 '초기인류 연원 가설' 가운데 가장 중요한 비판들을 본격적으로 다루었다. 이 연구들은 논의를 완전히 마무리짓지는 못했지만, 모든 중요한 비판에 타당한 답이 되어줄 증거를 마련했다. 나는 이 새로운 연구에서 거둔 성과들을 통해 '초기인류 연원 가설'은 틀리지 않았으며 여전히 건재한 상태임을 확인할 수 있었다.

참고문헌

ᄾᄼᄼᄼ

다음은 이 책을 쓰는 데 유용했던 책들로, 모두 관련 분야를 전공하지 않은 독자들도 쉽게 접할 수 있게끔 대중적인 문체로 쓰여 있다.

2부　자연이 통제하다

Alvarez, W. *T. rex and the Crater of Doom*. Princeton: Princeton University Press, 1997.

Chorlton, W. *Ice Ages*, Alexandria, VA: Time-Life Books, 1983.

Imbrie, J., and K. Imbrie. *Ice Ages: Solving the Mystery*. Short Hills, NJ: Enslow, 1979.

Tudge, C. *The Time before History*. New York: Touchstone, 1997.

3부　인간이 통제를 시작하다

Diamond, J. M. *Guns, Germs, and Steel*. New York: W. W. Norton, 1999.

Roberts, N. *The Holocene*. Oxford: Blackwell, 1998.

Smith, H. *The World's Religions*. San Francisco: Harper, 1991.

Williams, M. A. *Deforesting the Earth*. Chicago: University of Chicago Press, 2003.

4부　질병이 기후 변화에 개입하다

Bray, R. S. *Armies of Pestilence*. New York: Barnes & Noble, 1996.

Cartwright, F. E. *Disease and History*. New York: Dorset Press, 1972.

Denevan, W. M., ed. *The Native Population of the Americas in 1492*. Madison: University of Wisconsin Press, 1978.

Krech, S. *The Ecological Indian*. New York: W. W. Norton, 1999.

McEvery, C., and R. Jones. *Atlas of World Population History*. New York: Penguin Books, 1978.

McNeil, W. *Plagues and Peoples*. Garden City, NY: Doubleday Press, 1976.

Times Atlas of World History. Maplewood, NJ: Hammond, 1982.

5부 인간이 통제권을 쥐다

Deffeyes, K. *Hubbert's Peak*. Princeton: Princeton University Press, 2001.

맺음말

Leopold, A. *A Sand County Almanac*. New York: Oxford University Press, 1949.

Michaels, P. J., and R. C. Balling, Jr. *The Satanic Gases*. Washington, DC: Cato Institute, 2000.

Schneider, S. H. *Laboratory Earth*. New York: Basic Books, 1997.

후기

Boserup, E. *The Conditions of Agricultural Growth*. New York: Aldine, 1965.

지구 기후사에 관한 일반적인 정보는 다음을 참조하라.

Ruddiman, W. F., *Earth's Climate*. New York: W. H. Freeman, 2001.

다음과 같은 동료심사 논문도 참조했다.

3부와 4부

Ruddiman, W. F. "Cold Climate during the Closest Stage 11 Analog to Recent

Millennia." *Quaternary Science Reviews* 24 (2005): 1111-1121.

_____. "How Did Humans First alter Global Climate?" *Scientific American* (March 2005): 46-53.

_____. "Humans Took Control of Greenhouse Gases Thousands of Years Ago." *Climatic Change* 61 (2003): 261-293.

_____. "Orbital Insolation, Ice Volume, and Greenhouse Gases." *Quaternary Science Reviews* 22 (2003): 1597-1629.

Ruddiman, W. F., and M. E. Raymo. "A Methane-based Time Scale for Vostok Ice." *Quaternary Science Reviews* 22 (2003): 141-155.

Ruddiman, W. F., and J. S. Thomson. "The Case for Human Causes of Increased Atmospheric CH_4 over the Last 5000 Years." *Quaternary Science Reviews* 20 (2001): 1769-1777.

후기

Joos, F., S. Gerber, I. C. Prentice, B. L. Otto-Bleisner, and P. Valdes. "Transient Simulations of Holocene Atmospheric Carbon Dioxide and Terrestrial Carbon since the Last Glacial Maximum." *Global Biogeochemical Cycles* 18 (2004), GB2002, doi: 10.1029/2003GB002156.

Kutzbach, J. E., W. F. Ruddiman, S. J. Vavrus, and G. Phillipon. "Climate Model Simulation of Anthropogenic Influence on Greenhouse-Induced Climate Change (Early Agricultural to Modern): The Role of Ocean Feedbacks." *Climate Change* (2009), doi: 10.1007/s10584-009-9684-1.

Meure, M., et al. "Law Dome CO_2, CH_4, and NO_2 Ice Core Records Extended to 2000 Years BP." *Geophysical Research Letters* 33 (2006), doi: 10.1029/2006GL026152.

Ruddiman, W. F., and A. G. Carmichael. "Pre-Industrial Depopulation Episodes and Climate Change." In *Global Environmental Change and Human Health*, edited by M. O. Andreae, U. Confalonieri, and A. J. McMichael, 158-194. Vatican City: Pontifical Academy of Science, 2006.

Ruddiman, W. F., and E. Ellis. "Effect of Per-Capita Land Use Changes on Holocene Forest Clearance and CO_2 Emissions." *Quaternary Science Reviews*

28 (2009): 3011-3015, doi: 10.1016/j.quascirev.2009.05.022.

Ruddiman, W. F., Z. Guo, X. Zhou, H. Wu, and Y. Yu. "Rice Farming and Anomlous Methane Trends." *Quaternary Science Reviews* 27 (2008), doi: 10.1016/j.quascirev. 2008.03.007.

Vavrus, S., W. F. Ruddiman, and J. E. Kutzbach. "Climate Model Tests of the Anthropogenic Influence on Greenhouse-Induced Climate Change: The Role of Early Human Agriculture, Industrialization, and Vegetation Feedbacks." *Quaternary Science Reviews* 27 (2008), doi: 10.1016/j.quascirev.2008.04.011.

그림 출처
△▽△▽△▽

1.1 W. F. Ruddiman, "The Anthropogenic Greenhouse Era Began Thousands of Years Ago," *Climatic Change* 61 (2003): 261-293.

2.1 P. B. deMenocal, "Plio-Pleistocene African Climate," *Science* 270 (1995): 53-59.

2.2 A. C. Mix et al., "Benthic Foraminifer Stable Isotope Record from Site 849 [0-5 Ma]: Local and Global Climate Changes," *Ocean Drilling Program Scientific Results* 138 (1995): 371-412.

3.1 W. F. Ruddiman, *Earth's Climate* (New York: W. H. Freeman, 2001).

3.2 Ruddiman, *Earth's Climate*.

3.3 Ruddiman, *Earth's Climate*.

4.1 A. S. Dyke and V. C. Prest, "Late Wisconsinan and Holocene History of the Laurentide Ice Sheet," *Geographie Physique et Quaternaire* 41 (1987): 237-263.

4.2 M. E. Raymo, "The initiation of Northern Hemisphere Glaciation," *Annual Reviews of Earth and Planetary Sciences* 22 (1994): 353-383.

5.1 Ruddiman, *Earth's Climate*.

5.2 COHMAP Project Members, "Climatic Changes of the Last 18,000 Years: Observations and Model Simulations," *Science* 241 (1988): 1043-1052.

5.3 W. F. Ruddiman and M. E. Raymo, "A Methane-based Time Scale for Vostok Ice," *Quaternary Science Reviews* 22 (2003): 141-155.

7.1 J. Diamond, *Guns, Germs, and Steel* (New York: W. W. Norton, 1997).

7.2 D. Zohary and M. Hopf, *Domestication of Plants in the Old World* (Oxford: Oxford University Press, 1993); Diamond, *Guns, Germs, and Steel*.

8.1 T. Blunier et al., "Variations in Atmospheric Methane Concentration during the Holocene Epoch," *Nature* 374 (1995): 46-49; Ruddiman, "The Anthropogenic Greenhouse Era."

9.1 Ruddiman and Raymo, "A Methane-based Time Scale for Vostok Ice."

9.2 A. Indermuhle et al., "Holocene Carbon-Cycle Dynamics Based on CO_2 Trapped in Ice at Taylor Dome, Antarctica," *Nature* 398 (1999): 121-126; Ruddiman, "The Anthropogenic Greenhouse Era."

9.3 J. W. Lewthwaite and A. Sherratt, "Chronological Atlas," in A. Sherratt, ed., *Cambridge Encyclopedia of Archeology* (Cambridge: Cambridge Press, 1980).

10.1 Ruddiman, "The Anthropogenic Greenhouse Era."

10.2 J. Imbrie and J. Z. Imbrie, "Modeling the Climatic Response to Orbital Variation," *Science* 207 (1980): 943-953.

10.3 Ruddiman, "The Anthropogenic Greenhouse Era."

10.4 W. F. Ruddiman, S. J. Vavrus, and J. E. Kutzbach, "A Test of the Overdue Glaciation Hypothesis," *Quaternary Science Reviews* 24 (2005): 1-10.

11.1 Ruddiman, "The Anthropogenic Greenhouse Era."

11.2 W. F. Ruddiman, "Cold Climate during the Closest Stage 11 Analog to Recent Millennia," *Quaternary Science Reviews* 24 (2005): 1111-1121.

11.3 Ruddiman, "Cold Climate."

11.4 Ruddiman, "Cold Climate."

12.1 Indermuhle et al., "Holocene Carbon-Cycle Dynamics."

12.2 H. H. Lamb, *Climate-Past, Present and Future*, vol. 2 (London: Methuen, 1977).

12.3 M. E. Mann, R. S. Bradley, and M. K. Hughes, "Northern Hemisphere Temperatures during the Past Millennium," *Geophysical Research Letters* 26 (1999): 759-762.

13.1 Ruddiman, "The Anthropogenic Greenhouse Era."

14.1 J. T. Andrews et al., "The Laurentide Ice Sheet: Problems of the Mode and Speed of Inception," *Proceedings WMO/IMAP Symposium Publication* 421 (1975): 87-94.

14.2 Ruddiman, "The Anthropogenic Greenhouse Era."

15.1 H. H. Friedli et al., "Ice Core Records of the $^{13}C/^{12}C$ Ratio of Atmospheric CO_2 in the Past Two Centuries," *Nature* 324 (1986): 237-238; M. A. K. Khalil and R. A. Rasmusen, "Atmospheric Methane: Trends over the Last 10,000 Years," *Atmospheric Environment* 21 (1987): 2445-2452.

15.2 P. A. Mayewski et al., "An Ice-Core Record of Atmospheric Responses to Anthropogenic Sulfate and Nitrate," *Atmospheric Environment* 27 (1990): 2915-2919; R. J. Charlson et al., "Climate Forcing by Anthropogenic Aerosols," *Science* 255 (1992): 423-430.

16.1 H. S. Kheshgi et al., "Accounting for the Missing Carbon Sink with the CO_2-Fertilization Effect," *Climatic Change* 33 (1996): 31-62.

16.2 Ruddiman, *Earth's Climate.*

16.3 K. Vinnikov et al., "Global Warming and Northern Hemisphere Sea-Ice

Extent," *Science* 286 (1999): 1934-1939.

17.1 W. F. Ruddiman, "How Did Humans First alter Global Climate?," *Scientific American* (March 2005): 46-53.

A.1 (A) L. Loulergue et al., "Orbital and Millennial-Scale Features of Atmospheric CH_4 over the Past 800,000 Years," *Nature* 453 (2008), doi:10.1038/nature 06950. (B) D. Luthi et al., "High-Resolution Carbon Dioxide Concentration Record 650,000-800,000 Years before Present," *Nature* 453 (2008), doi:10.1038/nature 06949.

A.3 CO_2 trends—Luthi et al., "High-Resolution Carbon Dioxide Concentration." Populations trends—C. McEvedy and R. Jones, *Atlas of World Population History* (New York: Penguin, 1978); W. M. Denevan, *The Native Population of the Americas in 1492* (Madison: University of Wisconsin Press, 1992). Land-use estimates—W. F. Ruddiman and E. Ellis, "Effect of Per-Capita Land Use Changes on Holocene Forest Clearance and CO_2 Emissions," *Quaternary Science Reviews* 28 (2009): 3011-3015, doi:10.1016/j.quascirev.2009.05.022.

A.4 W. F. Ruddiman, Z. Guo, X. Zhou, H. Wu, and Y. Yu, "Rice Farming and Anomalous Methane Trends," *Quaternary Science Reviews* 27 (2008), doi:10.1016/j.quascirev.2008.03.007.

A.5 (A) L. E. Lisiecki and M. E. Raymo, "A Plio-Pleistocene Stack of 57 Globally Distributed Benthic d18O Records," *Paleoceanography* 20 (2005), doi:10.1029/2004PA001071. (B) J. Jouzel et al., "Orbital and Millennial Antarctic Climatic Variability over the Past 800,000 Years," *Science* 317(2007): 793-797.

A.7 J. E. Kutzbach, W. F. Ruddiman, S. J. Vavrus, and G. Phillipon, "Climate Model Simulation of Anthropogenic Influence on Greenhouse-Induced Climate Change (Early Agricultural to Modern): The Role of Ocean Feedbacks," *Climatic Change* (2009), doi: 10.1007/s10584-009-9684-1.

A.8 (위) M. Meure et al., "Law Dome CO_2, CH_4, and NO_2 Ice Core Records

Extended to 2000 Years BP," *Geophysical Research Letters* 33 (2006), doi:10.1029/2006GL026152. (아래) McEvedy and Jones, *Atlas of World Population History*; Denevan, *The Native Population of the Americas in 1492.*

옮긴이의 글

△▽△▽△▽

'과학'과 '정치'의 정직한 만남을 위해

기후는 태양계 내 주변 행성들의 움직임이나 태양의 활동은 물론, 지구라는 생물권을 살아가는 온갖 생명체들의 생존과 진화, 특히 인류의 자원 활용을 포함한 경제활동 방식으로부터 일차적인 영향을 받는다. 여기까지는 아마도 하나 마나 한 말일 것이다. 그러나 이 일차적인 요인들 간의 상호작용에서 파생되는 효과를 일일이 헤아리고 그 효과들의 경중을 따지기란 (기후과학의) 알베르트 아인슈타인에게도 결코 녹록지 않은 일일 것이다.

기후는 이른바 복잡계(complex system) 과학의 대표적인 연구 주제다. 수많은 구성요소들 간의 얽히고설킨 상호작용이 빚어내는 패턴으로서 기후는, 이들 요소 간의 되먹임(feedback)을 포함하는 지극히 비선형적인 문제라서 인과론적 직관을 쉽사리 허용하지 않는다. 많은 경우 이들 구성요소의 상호작용에 관한 우리의 지식은 불완전하기 짝이 없으며 정량화하기도 어렵다. 게다가 소행성 충돌 같은 확률적인 사건들도 여전히 상존한다. 따라서 기후를 결정하는 방정식을 세우는 것이란 수많은 단순화 가정과 대담한 가설의 바탕 위에 모래성을 쌓는 일과 같을지도 모르겠다.

그럼에도 불구하고 정량적 관측과 실험적 사실을 바탕으로 반증 가능한 과학적 방법론을 통해 우직하게 기후 변천사를 연구해온 러디먼의 통찰은 새로운 세기의 화두로 떠오른 기후 변화 문제에 차분한 울림을 준다. 그는 지구의 기후 변화를 장구한 지질학적 관점에서 조망하면서 기후 변화의 예측 가능한 주기를 찾아내고, 거기서 벗어나는 예외가 등장하면 그 원인이 무엇인지 탐색하고자 한다. 그 과정에서 그의 '초기인류 연원 가설'이 탄생한다. 러디먼은 최근의 기후 변화는 흔히 생각하듯 산업혁명이 시작된 때로부터, 즉 최근 100~200년 사이에 이뤄진 일이 아니라는 논지를 편다. 인간이 기후에 개입한 것은 그보다 훨씬 더 오래전, 즉 약 1만 2000년 전 인류가 농업을 도입한 사건과 함께 일찌감치 시작되었다는 것이다.

그는 인류가 기후에 개입한 역사를 3P, 즉 농업(Plows), 역병(Plagues), 석유(Petroleum)라는 세 가지 키워드를 중심으로 조망한다. 그가 몇 번인가 본문에서 인용한 재레드 다이아몬드의 책 《총, 균, 쇠》는 총(Guns), 균(Germs), 쇠(Steel)라는 세 가지 키워드로 인류 문명의 불균일한 발전사를 다룬 책이다. 러디먼이 3P를 중심으로 인간이 기후에 영향을 미친 역사를 추적하고 그것을 책 제목(이 책의 원제는 *Plows, Plagues, and Petroleum*이다)에까지 반영한 것은 아무래도 다이아몬드에게서 영향을 받은 흔적이지 싶다.

근래 들어 겨울이 이례적으로 따뜻해졌다거나 가뭄·홍수·한발 같은 기상이변의 빈도가 느껴질 만큼 잦아졌다는 것은 수치적이고 정량적인 여러 지표로도 잘 드러난다. 이러한 변화가 단지 장기적인 기후 주기 패턴에서의 일시적 요동에 불과할 뿐 인간 활동과는 무관하다는 주장도 더러 제기되기는 하지만, 그것은 과학적 논증과는 거리가 먼 이해당사자의 의

건 이상도 이하도 아닌 것으로 정리되고 있는 듯하다.

산업혁명으로 가능해진 대량생산·대량소비와 기후 변화 사이의 상관관계는 일면 '상식적인' 것처럼 보인다. 그러나 기후 변화의 실천적 함의에 관한 논의에 이르면 문제는 쉽게 휘발성 강한 정치적 논쟁으로 번진다. 기후 변화 자체를 부정하는 일군의 유사과학자와 그들을 지원하는 이해당사자 집단, 그리고 그 반대편에서 기후 변화 의제를 지나치게 단순화하고 필요 이상의 불안을 부추겨온 집단, 이들의 극단적인 대립에 힘입어 '회의론자'와 '환경론자' 간의 이분법적 진영 구도가 공고해진 것이다.

기후과학의 전문가가 아닌 다음에야 대다수 일반 독자들은 주로 언론의 영향으로 이런 진영 논리에 익숙해 있고, 자신의 가치체계에 따라 그중 어느 한 쪽에 경도되어 있기 십상이다. 그러므로 이 책을 읽고 나면 외려 기후 변화, 혹은 기후 온난화 의제를 어떻게 바라봐야 하는지와 관련해 종전보다 더욱 혼란스러워졌다고 느낄지도 모르겠다. 그런데 아무래도 저자는 그런 혼란스러움이야말로 더욱 진솔하고 진실에 다가가는 감정이라고 말하고 싶었던 것 같다. 앞서 말했듯이 기후 문제는 복잡하기 이를 데 없고, 그 복잡성에 비하면 인간의 지식은 너무나 보잘것없는데, 문제를 단순화하는 것은 명료하게 들릴지는 몰라도 실상을 호도하기 십상인 것이다. 이러한 깨달음이 이 책을 읽고 나서 얻게 되는 중요한 소득이 아닐까 싶다.

평생 기후과학에 몸담아온 저자는 책을 내고 언론의 과학 담당기자들과 이야기를 나누면서 기후 변화 이슈에 대해 자기 나름의 의견이 없지는 않지만, 거기에 가담하는 것은 마치 벌집을 들쑤시는 꼴이라며 의견 표명을 유보했다. 이미 '지구 온난화'는 과학적 사실에 관한 논쟁이 아니라 정치적 논쟁이 되어버렸고, 이를 긍정하는 축이든 부정하는 축이든 듣고 싶은 것만 듣고 보고 싶은 것만 보려 하는 세태에서 저자가 기후과학자로서 느꼈음직한 당혹감이 어렴풋하게나마 감지된다.

러디먼이 기후 온난화 논쟁과 관련해 어떤 태도를 취하고 있는지는 18장에 설핏 드러나 있다. 저자는 이 책에서 과거 기후과학 분야가 일궈낸 지식을 정리하고 거기에 자신의 가설을 더했다. 그는 이처럼 엄밀한 과학적 논의 과정을 보여줌으로써 앞으로 기후 온난화 논쟁이 일면적 진실이 아닌 전면적 진실에 바탕을 두고 좀더 이성적으로 이루어지기를 촉구한다. 그럴 때에만 그를 기반으로 실현 가능하면서도 올바른 정책을 내놓을 수 있기 때문이다. 아무쪼록 저자의 바람대로 '과학'과 '정치'가 정직하게 마주해 유익한 결실을 맺을 수 있기를 바란다.

2017년 6월 울산 문수산 자락에서

김홍옥

찾아보기

△▽△▽△▽